本书的翻译获中山大学"三大建设"专项资助

Totalité et Infini

Essai sur l'extériorité

Emmanuel Levinas

总体与无限

论外在性

〔法〕伊曼努尔·列维纳斯 著 朱刚 译

著作权合同登记号　图字：01-2010-2092
图书在版编目(CIP)数据

总体与无限：论外在性/(法)列维纳斯著；朱刚译. —北京：北京大学出版社,2016.8
　(同文馆·哲学)
　ISBN 978-7-301-27249-7

Ⅰ.①总… Ⅱ.①列…②朱… Ⅲ.①现象学—研究 Ⅳ.①B81-06

中国版本图书馆 CIP 数据核字(2016)第 148528 号

Translation from the French language edition：
Totalité et infini：Essai sur l'exté riorité
by E. Levinas
Copyright © Springer Science + Business Media B. V. 1988
Springer Science + Business Media B. V. is a part of Springer Science + Business Media
All Rights Reserved

书　　　名	总体与无限：论外在性 ZONGTI YU WUXIAN
著作责任者	〔法〕伊曼纽尔·列维纳斯（Emmanuel Levinas）　著 朱　刚译
责 任 编 辑	田　炜
标 准 书 号	ISBN 978-7-301-27249-7
出 版 发 行	北京大学出版社
地　　　址	北京市海淀区成府路 205 号　100871
网　　　址	http：//www.pup.cn　新浪微博：@北京大学出版社
电 子 信 箱	pkuwsz@126.com
电　　　话	邮购部 62752015　发行部 62750672　编辑部 62750577
印 刷 者	北京中科印刷有限公司
经 销 者	新华书店 965 毫米×1300 毫米　16 开本　21.25 印张　306 千字 2016 年 8 月第 1 版　2023 年 7 月第 5 次印刷
定　　　价	75.00 元

未经许可，不得以任何方式复制或抄袭本书之部分或全部内容。
版权所有，侵权必究
举报电话：010-62752024　电子信箱：fd@pup.pku.edu.cn
图书如有印装质量问题，请与出版部联系，电话：010-62756370

致马塞尔(Marcelle)和让·华尔(Jean Wahl)

目 录

前 言　1

第一部分　同一与他者

第一章　形而上学与超越　3
　第一节　对不可见者的欲望　3
　第二节　总体的破裂　6
　第三节　超越不是否定　12
　第四节　形而上学先于存在论　13
　第五节　作为无限观念的超越　20

第二章　分离与话语　26
　第一节　非神论或意志　26
　第二节　真理　34
　第三节　话语　38
　第四节　修辞与非正义　45
　第五节　话语与伦理　47
　第六节　形而上者与人　52
　第七节　面对面,不可还原的关系　55

第三章　真理与正义　58
　第一节　被质疑的自由　58
　第二节　对自由的授权(l'investiture)或批判　61

第三节　真理预设正义　66

第四章　分离与绝对　81

第二部分　内在性与家政

第一章　分离作为生活　87
第一节　意向性与社会关系　87
第二节　享用……(享受)。实现的观念　88
第三节　享受与独立　94
第四节　需要与身体性　95
第五节　作为自我之自我性的感受性　97
第六节　享受之自我既非生物学的亦非社会学的　100

第二章　享受与表象　102
第一节　表象与构造　103
第二节　享受与食物　107
第三节　元素与事物、用具　111
第四节　感性　115
第五节　元素的神秘格式　121

第三章　自我与依赖　124
第一节　快乐及其未来　124
第二节　对生活的爱　126
第三节　享受与分离　128

第四章　居所　134
第一节　居住　134
第二节　居住与女性　136
第三节　家与占有　138

第四节　占有与劳动　140
　　第五节　劳动、身体、意识　146
　　第六节　表象的自由与赠予　152

第五章　现象世界与表达　159
　　第一节　分离是一种家政　159
　　第二节　作品与表达　161
　　第三节　现象与存在　164

第三部分　面容与外在性

第一章　面容与感性　171
第二章　面容与伦理　178
　　第一节　面容与无限　178
　　第二节　面容与伦理　182
　　第三节　面容与理性　186
　　第四节　话语创建表示(含义)　189
　　第五节　语言与客观性　194
　　第六节　他人与诸他者　198
　　第七节　人之间的不对称性　201
　　第八节　意志与理性　203

第三章　伦理关系与时间　207
　　第一节　多元论与主体性　207
　　第二节　商业、历史关系与面容　214
　　第三节　意志与死亡　221
　　第四节　意志与时间：忍耐　226
　　第五节　意愿的真理　230

第四部分　超逾面容

第一章　爱的两可性　244

第二章　爱欲现象学　246

第三章　生育　259

第四章　爱欲中的主体性　263

第五章　超越与生育　267

第六章　子亲关系与兄弟关系（博爱）　272

第七章　时间的无限　275

结　语　280

一、从相似到同一　280

二、存在是外在性　281

三、有限与无限　283

四、创造　284

五、外在性与语言　285

六、表达与形象　289

七、反对关于中性之物的哲学　290

八、主体性　291

九、主体性的维持——内在生活的现实和国家的现实——主体性的意义　292

十、超逾存在　293

十一、被授权的自由　294

十二、存在作为善良——自我——多元论——和平　297

术语对照表　301

专有名词对照表　312

译后记　313

附录　从"多元"到"无端"

　　——理解列维纳斯哲学的一条线索　316

前　言

每个人都易于认可这一点:知道我们是否没受道德的欺骗极其重要。

清醒,也就是说心智向真实敞开,难道不就在于隐约看见战争的持久可能性吗? 战争状态把道德悬置起来;它使永恒的制度与永恒的义务丧失其永恒性,并因此暂时废除那些无条件的命令。它事先就把它的阴影投射在人的行为之上。战争不仅是道德所经受的诸多磨难之一(最大磨难),它还陷道德于荒谬。因此,政治作为借助一切手段以预见和赢得战争的技艺,就成了理性的练习本身,并且成为必不可少的了。政治之对立于道德,正如哲学之对立于幼稚天真。

无需赫拉克利特的那些晦涩的残篇就能证明:对于哲学思想来说,存在显示为战争;而战争则又影响着存在——不仅作为最明显的事实影响之,而且还作为实在的显现本身或真理影响之。在战争中,现实把掩盖着它的语词与影像全都撕碎,以便在它的赤裸与严酷中凸显自身。严酷的现实(这听起来就像同义反复!),严酷的事实教训:在存在闪现的一刹那,幻象的帷幕燃烧起来了,作为纯粹存在之纯粹经验的战争爆发了。在这黑色的光芒中显露出来的存在论事件,是对直到那时为止仍被固定于其同一性之中的诸存在者的驱动,是通过一种人们无法逃避的客观秩序而进行的对诸绝对者的动员。强力的考验就是实在的考验。但是,暴力主要并不在于损害和毁灭人;它更在于中断他们的连续性,使人们扮演着那种他们在其中不再能够认出自己的角色;使他们背叛:不仅背叛诺言,而且背叛他们自己的实质;使他们完成那些要把行为的一切可能性都摧毁的行为。一如现代战争,任何战争都使用一些反过来针对其持有者的武器。战争创建出一种没有人能与之保持距离

2　总体与无限

的秩序。因此没有什么是外在的。战争并不显示外在性和作为他者的他者;它摧毁**同一**①之同一性。

在战争中显露的存在的面孔,固定于总体这一统治着西方哲学的概念之中。在这个概念中,个体被还原为那些暗中统治着它们的力量的承担者。个体正是从这种总体中借取它们的(在这一总体之外不可见的)意义。每一当前之唯一性都不停地为一个这样的将来牺牲自己,此将来被要求去释放出那一当前的客观意义。因为,唯有那最终的意义才是至关重要的,唯有那最后的行为才使诸存在者变为它们自身。诸存在者就是那些将会在史诗的始终可塑的形式中显现的东西。

唯当和平的确定性统治了战争的明见性,道德意识才能承受住政治的嘲讽目光。这种确定性并不能通过诸反题的简单推演而获得。来自于战争的帝国的和平建立在战争之上。它并不能把丧失了的同一性归还给那些异化了的存在者。在此需要的是一种与存在的原初且独特的关系。

历史地看,当关于弥赛亚式的和平的末世论置身于关于战争的存在论之上时,道德就将与政治相抗衡,并将超越明智的功能和美的法则,以便把自身宣布为无条件的和普遍的。哲学家们则对这种末世论表示怀疑。当然,也为了能预告和平,他们从这种末世论中也受益良多;他们从古今战争中都起关键作用的理性那里推导出最终的和平:他们把道德莫基于政治之上。但是在他们看来,作为对于未来之主观任意的预测,作为缺乏明见性且依赖于信仰的启示的结果,末世论自然完全属于**意见**。

虽然如此,先知末世论的超常现象并不执意要通过被同化为哲学的明见性以赢得其在思想中的公民权。当然,在宗教中,甚至在神学中,如神谕一般,末世论似乎"补全"了哲学的明见性;它的信仰——推测自认要比明见性具有更多的确定性,似乎通过对存在之终极目的的揭示,末世论给哲学的明见性补充了一些对于将来的澄清。但是,一旦被还原到明见性,末世论就会接受那种源自战争的总体的存在论。末世

---

① "同一"原文为"le Même",原文中开头字母大写的单词,在译文中用黑体字表示。——中译注

论的真正内涵在于别处。末世论并不在总体中引入目的论系统,也不在于给历史指定方向。它使我们与超出于总体②或历史的存在发生关系,而不是与超出于过去和当前的存在发生关系。这种关系并不是与这样一种虚空的关系:这种虚空可能包围着总体,并且在这种虚空中,人们可能会随心所欲地设想任何事物,并因此促进如风一般自由的主体性的权利。它是与一种总是外在于总体的盈余③之间的关系,似乎客观的总体并不能满足存在的真实尺度,似乎一个别样的概念——无限这个概念——必须来表达出这种相对于总体的超越,这种无法包含在总体中并与总体同样原初的超越。

然而,这种对于总体和客观经验的"超逾"(au-delà),并不是以一种纯粹否定的方式得到描述。它是在总体和历史的内部,以及经验的内部被反思到的。末世论性质,作为对历史的"逾越",使诸存在者从历史和将来的裁决中摆脱出来——在它们的完全的责任中激发起它们,并呼吁它们承担起这种责任。它把历史的整体提交审判,自己却置身于标志着历史之终点的战争本身之外;由此它便恢复了每一时刻在该时刻本身中的完全的含义:一切诉讼都已时机成熟,可以听审。重要的不是那最后的审判,而是对生者于其中受到审判的那一时间中的每一时刻的审判。末世论的审判观念(与历史的审判相反,黑格尔在历史的审判中以扭曲的方式看到对末世论审判的理性化)意味着存在者在拥有永恒性"之前",在历史完成之前,在时间已逝去之前,在依然还有时间的时候,就拥有了同一性;意味着存在者确然实存于关系之中,却是从其自身出发而非从总体出发。溢出于历史之外的存在这一观念使得如此这般的存在者得以可能:它们既介入存在同时又是人格性的,它们被唤上前来回应对它们的诉讼,因此,它们已经成年;但由于同样

---

② 原文中的斜体字在译文中用加点字表示。——中译注

③ "盈余"的原文是"surplus"。该词在这本书里是个关键词,意指他人所标志的绝对外在性或无限总是超出于总体之外,也溢出于自我关于他人的"观念",或者换言之,我关于他人的观念相对于他人而言总是"不够的""不相即的"。因此,无论是对于客观的总体而言还是对于我的思想或观念而言,他人所标志的外在性总是一个"surplus"即"超出""溢出""多余"或"盈余"。——中译注

4　总体与无限

的原因,溢出历史的存在观念也使得如下的存在者得以可能:它们能够说话,而不是历史的匿名言辞④的传声筒。于是和平就作为此种说话的能力而产生出来。末世论的视见⑤打破了人们在其中缄默不语的战争与帝国的总体。它并不指向被理解为总体的存在中的历史之终点——而是使我们处于与存在之无限的关系之中,这种无限溢出了总体。末世论的最初"视见"(因此区别于实证宗教的启示的观点)实现出末世论的可能性本身,亦即:总体的破裂,一种没有语境的表示⑥的可能性。道德经验并非始自这一视见——它完成这一视见,伦理是一

---

④　"言辞",原文为"la parole"。在这本书里,它有时指所说的言辞(话),有时指说话本身。我们随语境译为"言辞(话)"或"说话"。——中译注

⑤　Vision 在这里似指人与人之间的面对面的直接相见,这种直接相见超逾出任何总体(无论是国家、历史、还是民族)的中介。伦理就发生在这种直接的视见之中。我们将之译为"视见"。亦可参见原书第 51 页(即中译本边码):"作为参与到上帝神圣生活中去的对上帝的理解,所谓直接的理解,是不可能的,这是因为参与(到上帝神圣生活中)就是否定神圣;是因为没有什么比面对面更直接,面对面乃率直本身。不可见的上帝,并不只是意味着一个不可想象的上帝,而且还意味着一个可在正义中通达的上帝。伦理是精神性的看法。……为了通往上帝的开口能够产生,必须要有正义的工作,也就是面对面的率直之工作——而'视见'(vision)在这里正与这正义的工作相一致。"此外,在这本书中列维纳斯也专门讨论到那种通常意义上的 vision,即"具有总括性的和总体化的客观化性能"的"vision",我们将这种意义上的"vision"译为"观看"(尤其参见本书第三部分第一章)。列维纳斯有时会给前一种意义上的"vision"(视见)加上引号,但并不总是如此,这也给我们的翻译带来一定困难。——中译注

⑥　"表示"(signification,此乃伍晓明先生建议的译名)在列维纳斯这里是从伦理出发被理解的,首先指的是进行表示(signifier)的主体之表达自身、向他人示意/致意这回事情,用列维纳斯《总体与无限》中的话说就是:"它的原初事件是面对面"(边码 181 页)。它比理解为现象之同一化、主题化的存在论上的含义(signification)更本原,后者奠基于前者、要回溯到前者才可理解。更深刻地说,"伦理的表示"是那首先不是在主题化和表象(再现)中产生,而是在亲近性(proximité)中产生的本原的表示、语言(见 *Le vocabulaire de Lévinas*, Rodolphe Calin et François-David Sebbah, Ellipses Édition Marketing S. A., 2002, p. 55)。我们把上述两种不同意义上的"signification"分别译作"表示"和"含义",有时列维纳斯会同时在两种意义上使用该词,以揭示这两种意义之间的滑动、演变,这时我们会译作"表示(**含义**)"或"含义(**表示**)"。括号中的圆体字皆表示可替换的译法,下同。——中译注

种看法。⑦ 但这是没有图像的"视见",缺乏(通常意义上的)⑧观看(vision)所具有的总括性的和总体化的客观化性能,而这正是本书试图加以描述的一种完全异类的关系或意向性。

与**存在**的关系是否只产生于表象,(亦即)明见性的自然位置之中?当**存在**有别于图像、有别于梦幻、有别于主观抽象的时候,那种由战争显露其严酷性和普遍强力的客观性,是否提供出了**存在**将自身强加给意识的唯一的和原初的形式?对一个对象的理解,正好等同于与真理的关联在其中得以编织的架构本身吗?对于这些问题,目前的这本著作将给以否定的回答。关于和平,只能有末世论。但是这并不意味着从客观上断言,和平只能由信仰相信,而不能由知⑨知道。这首先意味着,和平并不在由战争揭示的客观历史中占有一席之地,无论是作为这种战争的终点还是作为历史的终点。

但是,战争的经验难道不是否定了末世论,一如它否定了道德?我们不是从承认总体的不可驳斥的明见性开始的吗?

真正说来,自从末世论把和平与战争相对立以来,战争的明见性就保持在一种本质上伪善的文明中,亦即一种同时既热衷于真又热衷于善,因此同时热衷于两个对立面的文明中。也许现在是时候了:从这个伪善中不仅要识别出人的偶然的卑劣缺陷,而且要识别出一个同时既属于哲学家又属于先知的世界的深层分裂。

---

⑦ "l'éthique est une optique."这是一句谜一般的话。也有人翻译为"伦理学是一种光学"。列维纳斯的意思似乎是说,伦理是发生在人与人之间的"视见"(vision)中的:伦理首先要求人与人之间要直接地"面对面",故是一种特定的"看法"(optique)。亦可参见本书第51页所说"伦理是精神性的看法"。需注意,伦理的看法,又与下文的"全景式的展现"(l'exposition panoramique)(见"前言"第XVII页)相对而言:它是从一定角度看出去的(透视),并不是一种全景式的掌握(把一切都纳入到一个总体中)。亦参见前面引言中列维纳斯认为人总是处于与他人的特定的社会性关系中,而不是处于社会之外的旁观者。——中译注

⑧ 括号中的楷体字皆为译者为补足原文的意思和语气而添加。——中译注

⑨ "知",原文为"savoir",作名词时,既指作为"知识"的"知",也指、甚至在某些语境中首先指作为"认识活动"的"知"。列维纳斯说它的本质是批判。我们将之译为"知",以同时兼顾这两方面意思。——中译注

6 总体与无限

但是对于哲学家来说，战争经验和总体经验，难道不是径直与经验和明见性一致？终究，哲学本身难道不是被定义为一种在明见性中开始、与邻人的意见以及某人自己的主观性之幻觉和幻想相对立的生活的尝试？处于这种经验之外的关于和平的末世论，难道不是依赖于主观的意见和幻觉而存活？除非哲学的明见性由其自身出发而指向一种处境，这种处境不再能够用"总体"的术语来述说。除非哲学的知由之开始的那个无知并不是与纯粹虚无相一致，而只是与对象的虚无一致。无须用末世论来取代哲学，也无须从哲学上"论证"末世论的"真理"，我们就能从总体经验出发回溯到这样一种处境：在这种处境中，总体破碎了，而该境况却成为总体本身的条件。这样一种境况就是外在性的绽现，或他人面容中的超越的绽现。这样一种严格展开的超越概念，可通过无限这个词得到表达。无限的这种启示并不导致对任何独断内容的接受；而如果人们以关于无限观念的先验真理之名来坚持这种独断内容的哲学合理性，那么人们也是错的。因为，我们刚刚描述的那种回溯和坚持在客观确定性之前(的那一境况)⑩的方式虽然接近于人们习惯称为先验方法的那种东西，但这个概念却并不必定要包含先验观念论的那些技术程序。

对于精神来说，暴力就在于迎接一个与它自己并不相即的存在者。这种暴力会与引领哲学的自治理想，亦即在明见性中的哲学真理之母相矛盾吗？但是与无限的关系(如笛卡尔称呼的**无限**观念)在一种完全不同于意见的意义上溢出思想。当思想触及意见时，后者立刻随风而去，或者自行暴露为已经处于这种思想中的东西。在无限观念中得到思考的，是那总是保持于思想之外者。而作为一切意见的条件，它同时也是一切客观真理的条件。无限观念，就是那尚未把自己呈交给下述区分的精神，即精神凭其自身所揭示之物和精神从意见那里所接受之物之间的区分。

---

⑩ "客观确定性之前(的那一境况)"原文为"en deçà de la certitude objective"，这里应是指前文所描述的那种从总体出发所回溯到的境况，即那种构成了总体本身之条件的境况，这一境况处于客观确定性之前或之先。——中译注

的确,与无限的关联并不能用经验的说法来表达——因为无限溢出思考无限的思想。无限之无限化本身恰恰在这种溢出中产生,以致必须要通过与客观经验的说法不同的说法来言说与无限的关系。但是,如果经验恰恰意指着与绝对他者的关系——就是说,与那总是溢出思想的事物的关系,那么,与无限之关系就特别实现了经验。

最终,末世论的视见并不把人们以其个人的自我主义之名甚或得救之名所进行的抗议与总体的经验相对立。这样一种从自我之纯粹主体主义出发的道德宣告,为战争所拒绝,为战争所揭示的总体性所拒绝,为诸种客观必然性所拒绝。我们用一种源自末世论的视见的主体性来反对战争的客观主义。无限观念把主体性从历史的审判中解放出来,以便宣布主体性在每一时刻都已为审判做好准备,并(我们将要表明)被召唤上前参与到那没有它就不可能的审判之中。正是在无限面前——比客观性更客观的无限,而不是在一种与存在相隔绝的无力的主体主义面前,严酷的战争法则才分崩离析。

诸特殊存在者是在它们的外在性消失于其中的全体中献出它们的真理呢,还是相反,存在的终极事件是在这种外在性的完全绽现中上演?——我们由之开始的问题正归结于此。

因此本书将表现为对主体性的保卫,但它将不在其对总体的单纯自我主义的抗议的层次上来理解主体性,也不在主体性面临死亡时的焦虑中来理解主体性,而是把它理解为奠基在无限观念中的主体性。

本书将通过区分总体观念(l'idée de totalité)与无限观念(l'idée d'infini)、通过确定无限观念在哲学上的优先性而展开。它将阐述无限如何在**同一**与**他者**的关系中产生,以及不可逾越的特殊者与个人如何以某种方式吸引住无限的这一产生在其中发生的那个领域。"产生"这个词同时既指存在的实现(事情"发生了",汽车"生产出来了"),又指存在被展露出来或存在的展现(一个论证"被提出来",一个演员"登场")。⑪ 这个动词的两义性正表达了下面这种运作的本质的

---

⑪ 括号中的"发生了""生产出来了""被提出来""登场",在法文中都是一个词:"se produit"。——中译注

双重性：借着这种运作，一个实体的存在既努力实现自身（s'évertue）又启示自身（se révèle）。

无限观念并不是这样一个概念：一个主体为了反思一个在其外部遇不到任何限制的实体、一个逾越任何界限因而是无限的实体而偶然锻造出来的一个概念。无限实体的产生不能与无限观念分离开，因为对界限的逾越正是在无限观念与它是其观念的无限之间的不相称中发生。无限观念即是无限的存在方式——无限的无限化。无限并非首先存在，以便随后被启示出来。它的无限化是作为启示、作为置其观念于自我之中而发生的。它是在这样一种难以置信的事实中发生的：在此事实中，一个固持在其同一性中的、（与无限）分离的存在者**同一者**、**自我**，却在自身中包含了那凭其单纯的同一性的德能（vertu）既不能包含，也不能接受的东西。主体性实现了这些不可能的苛求：即包含了比它能包含的东西更多的东西这个令人惊讶的事实。本书将要呈现出的主体性是作为对他人的迎接、作为好客的主体性。无限观念即在这种好客中完成。因此，思想于其中保持着与对象的相即性（adéquation）的意向性，就并没有在其根本的层次上界定意识。一切作为意向性的知都已经设定了无限观念，即卓越的不相即性（l'inadéquation）。

思想所包含的超出其能力所及，这并不意味着思想包括或囊括存在之总体，或至少能够在事后凭借构造性思想的内在作用而对存在总体进行说明。所包含者超出其能力所及——就是在任何时候都打破所思内容的框架，跨越内在性的障碍，但是这种向存在的下降又并不再一次还原为下降的概念。一些哲学家试图用行为的概念（或使其得以可能的肉身化概念）来表达这种向实在的下降，而被解释为纯粹之知的思想的概念却会把这种向实在的下降保持为一种幻觉。思之行为——作为行为的思——可能要先行于正思考着或正意识着一个行为的思想。行为概念本质上包含着一种暴力，那种为思想之超越所缺乏的传递性（transitivité）暴力。这种思想的超越仍封闭于它自身之中，尽管有其全部的冒险，这种冒险最终仍是纯粹想象的或如尤利西斯所经历的那种为了回家的冒险。那在行为中喷薄而出作为本质性的暴力的东西，乃是存在超出于思想——它声称包含存在——的盈余，乃是无限观念的奇迹。因此,只有当超出相即性,观念之所观念化者(idéatum)对观念的溢出(即无限观念)动摇了意识,意识的肉身化才能被理解。无限观念并非是对无限的表象,它承载着行动本身。人们将之与行动相对立的理论性思想、知和批判,具有同样的基础。那就其自身来说并不是对无限之表象的无限观念,乃行动与理论的共同根源。

因此,意识并不在于把存在与表象等同起来,不在于追求那种人们于其中寻找相即性的充分的光;相反,意识就在于溢出这种光的游戏——这种现象学——在于完成这样一些事件:这些事件的最终含义(与海德格尔的设想相反)并不等于解蔽(dévoiler)。哲学的确揭一蔽(dé-couvre)这些事件的含义,但是这些事件之自行发生无须这种去蔽(découverte)(或真理)作为它们的命运;甚至也无须任何先行的去蔽来照亮这些本质上处于夜间的事件的发生;或者,对面容的迎接和正义的运作(它们构成了真理本身诞生的条件)也无须被解释为解蔽。现象学是一种哲学方法,但是现象学——凭借(把事物)带入光明而(对事物进行)统握(**理解**)——并不构成存在本身的终极事件。**同一**与**他者**之间的关系,并不总是能还原为**同一**关于**他者**的知识,甚至也并不总是能还原为根本上已不同于解蔽的**他者**向**同一**的启示。⑫

佛朗茨·罗森茨威格《拯救之星》(由于该书频繁出现于本书之中,以致我们无法标明对它的引用)一书中提出的那种对总体观念的反对,已经给我们烙下了强烈印象。但是,(我们)对所采用概念的提出和展开还是要完全归功于现象学的方法。意向分析是对具体的探寻。然而,在界定着概念的思想的直接注视下而获取的概念,仍被揭示为植根于此思想所毫不怀疑的境域之中。而这种植根并不为此种素朴

---

⑫ 在我们于本书最后开始讨论那被我们置于面容之外的关系时,我们遇到了这样一些事件:它们既不能被描述为指向意向相关项的意向行为,也不能被描述为实现计划的主动的参与活动,当然也不能被理解为散布到群众(masses)中的物质力量。这涉及存在中的局势(conjonctures),对于它来说,戏剧(drame)这个词也许是最合适的,如果它是下述意义上的戏剧:尼采于《瓦格纳事件》结尾处悲叹人们把该词扭曲地译为行动(action)时想要采用它。但正是由于由此导致的模棱两可,我们才放弃这个词。

的思想所知道。这些境域赋予概念以意义——这就是胡塞尔的根本教导。⑬ 在就字面意义来看的胡塞尔现象学中,这些不受怀疑的境域自身是否又被解释为瞄向对象的思想,这并不重要! 重要的是那种溢出——被遗忘的经验对那赖之而存活的客观化的思想的溢出——的观念。思想的形式结构(意向行为的意向相关项)在它所隐藏的事件(但是事件又承载着形式结构并恢复其具体含义)中的破裂,构成一种推理——必然的但非分析的。在我们的表述中,此种推理由诸如"这就是说""确切地说""这就导致"(ceci accomplit cela)或"这个作为那个产生出来"(ceci se produit comme cela)等所标志。

本书中,现象学的推理把关于存在的理论思考和对存在本身的全景式的展现都回溯到表示上,而这种表示并不是非理性的。对彻底的(因此被称为形而上的)外在性的渴望,对这种首先必须"让存在"的形而上的外在性的尊重——构成了真理。这种渴望激励着这项事业,并表明了它对于理性之理智主义的忠实。但是,由客观性理想引导的理论思考并没有穷尽这种渴望。这种理论思考还满足不了它的雄心。如果伦理关系应当引导(如本书将要表明的那样)超越达其终点,这是因为伦理的本质因素就在于其超越的意向之中,以及并非任何超越的意向都有意向行为—意向相关项这样的结构。伦理,就其自身来说,已经是一种"看法"。它并没有局限于为那种可能会垄断超越的思想准备理论练习。从形而上学的超越出发,理论与实践之间的传统对立将被抹去。与绝对他者的关系或真理将在这种超越之中建立,而伦理乃是此种超越的康庄大道。迄今为止,理论与实践之间的关联还只被设想为一种密切的关联或等级秩序:行动奠基在照亮它的知识的基础上;知识则向行为要求对物质、灵魂和社会的控制——技术、道德、政治——此控制为思想的纯粹练习带来必要的和平。我们则走得更远,并且冒似乎混淆理论与实践的危险:我们将二者视为形而上学超越的(两种)模式。这种表面的混淆是故意的,并且构成本书的论点之一。胡塞尔

---

⑬ 参见我们《埃德蒙德·胡塞尔(1859—1959)》(*Edmund Husserl 1859—1959*)中的文章。《现象学丛书》(*Phaenomenologica*) 4,pp. 73-85。

的现象学使得这种从伦理向形而上学的外在性的过渡成为可能。

在这篇前言中,我们距本书第一句话所宣告的主题仍是如此之远。甚至在这应当直接说出所从事工作之意义的开场白中,也已经有了涉及如此多的其他事情的问题。无论如何,哲学研究并不像一篇访谈、一句神谕或箴言那样来回答问题。我们能够像我们从来没有写过它,就像是它的第一个批评者那样来谈论一本书吗?我们能够因此瓦解那样一种不可避免的独断论吗?在这种独断论中,一段陈述围绕着它的主题聚在一起并得到反复推敲。在读者(他们对于这场追求的一波三折自然是如此的无动于衷)的眼中,这就像一座深林,在其中没有任何东西能够向我们保证找到猎物。但至少我们想促请读者不让自己由于某些小路的崎岖坎坷和最初的艰难而气馁退缩。必须要突出最初部分的准备特征,但是全部这些研究的视域也要在这里得到勾画。

然而,试图打通由书本身横亘在作者与读者之间的屏障的前言,并不表现为诺言(une parole d'honneur)。它只属于语言的本质本身,后者通过前—言(l'avant-propos)或注释时时刻刻瓦解着它的语句,反驳着所说,努力不拘礼节地重述那在不可避免的繁文缛节中已被误解之物,而所说却在这种繁文缛节中心满意足。

第一部分

同一与他者

第一章 形而上学与超越

第一节 对不可见者的欲望

"真正的生活是不在场的。"但我们却在世界之中。① 形而上学即出现于这一不在场的证明之中,并于其中得以维持。它转向"别处",转向"别样(的维度)",转向"他者"。因为,在它于思想史中所采取的最一般的形式下,它一度显现为一种运动:从一个我们所亲熟的世界——无论与这个世界所接壤的或为这个世界所遮蔽的那些尚属未知的地方是怎样的——出发,从我们所住的"家"(un"chez soi")②出发,

---

① 这两句话来自对兰波《地狱一季》诗中的一句诗的改写,该句诗原文是:"La vraie vie est absente. Nous ne sommes pas au monde. "("真正的生活是不在场的。我们不在这个世界上。")列维纳斯由对兰波这句诗的改写,开始他的讨论。在兰波这里,真正的生活是不在场的,我们不在这个世界上。在他那里,这个世界,是要被彻底拒绝的,我要成为他者。在列维纳斯这里,他又是在何种意义上说"真正的生活是不在场的"? 根据列维纳斯,真正的生活是与他人的关系。同时,他人之为他人乃绝对他者,而绝对的他者是不能在场化的、不能内化到我之世界中的。在这个意义上"真正的生活是不在场的"。于是就出现了这样的情况:处于世界之中的我们与不在世界中的绝对他者之间就有了一道距离。而正是这一距离构成了形而上学得以产生的理由或借口、托词。在列维纳斯看来距离产生欲望。对他者的欲望,正是形而上学。——中译注

② 英译注:对于列维纳斯来说,"Chez soi"——对黑格尔的"bei sich"的翻译——表达着一个实存者实现"自为"实存的本原而具体的形式。我们将(相当笨拙地!)用"at home with oneself"来翻译"chez soi"。但是也应当记住,正是在"居家"存在中,就是说,在居住的行为中,自身的回环才浮现出来(见 Levinas, *Totality and Infinity*, tr. by Alphonso Lingis, Martinus Nijhoff Publishers, the Hague, 1979, p.33)。[中译按:德译本将此处的"chez soi"译为"Zuhause"(家,住处),有时又译为"bei sich"、"bei sich zu Hause"。可参见第90页(边码)转引的德译注。中译本将随语境译为"居家""在家"与自身在一起""家"等]。

向着一个陌异的他乡、向着一个彼处而去。

这个运动的终点——别处或他者——被称为卓越意义上的他者。环境和背景的任何变迁、任何变化都不能满足趋向这个意义上的他者的欲望。被以形而上学的方式欲望的**他者**不是像我吃的面包、我居住的国家、我欣赏的风景这样的"他者",也不是像有时候我对自己而言的"我"这个"他者"。我能够"享用"这些实在之物,在很大程度上,还能够用它们来满足我自己,好像它们只是我的缺乏之物。因此,它们的他异性就被吸收在我的同一性中,思考者或占有者的同一性中。形而上学的欲望则趋向完全别样的事物,趋向绝对他者。对欲望的习惯分析并不能为这种形而上学的欲望的独特要求进行辩护。在通常理解的欲望的基础上,矗立着的会是需要;(如此理解的)欲望会标志着一种贫乏的、不完整的或从其过去的伟大上跌落下来的存在。它会与那种对于丧失之物的意识相一致。本质上它会是怀乡病,是对返回的渴望。但是这样一来,它甚至都不会想象到那是真正他者的事物。

形而上学的欲望并不渴望返回,因为它是对一块我们根本不是在其中诞生的土地的欲望。对一块对于任何自然来说都是陌异土地的欲望,这块土地并不是我们的故土,我们也永不能亲身踏上这块土地。形而上学的欲望不是建立在任何预先的亲缘关系的基础之上。人们无法满足的欲望。因为人们轻率地谈论着被满足的欲望或者性的需要,或者,还谈论着道德的和宗教的需要。爱本身,因此也被认为是对一种崇高的饥渴的满足。如果这种说法是可能的,那么,这是因为我们的大部分欲望都是不纯粹的,爱也如是。我们所能满足的那些欲望,只是在满足的落空中,或在不满足的加剧和欲望的加剧中——这种加剧构成了快感本身——才与形而上学的欲望相像。形而上学的欲望有一种别样的意向,它所欲望者在一切能径直填补它的东西的彼岸。它就像善良一样——**被欲望者**并不能填满它,而是加深它。

它是一种由**被欲望者**所滋养的慷慨,在这个意义上它是一种关系,这种关系并不是距离的消失,也不是拉近;或者说——为了把慷慨的本质和善良的本质更密切地系缚在一起——它是这样一种关联:其肯定性来自于疏离和分离。因为这种关系,我们可以说,它是由其饥饿滋养的。只有当欲望并不是对可欲望者的期待的可能性的时候,只有当它并不预先思考可欲望者的时候,只有当它盲目地走向可欲望者,就是说,就像走向一种绝对的、不可预期的他异性的时候——如同我们走向死亡那样——只有在这时候,疏离才是彻底的。如果欲望着的存在者是必死的,而**被欲望者**是不可见的,那么欲望就是绝对的。不可见性并不暗示着关联的不在场;它意味着与这样一种事物的关联,这种事物并没有被给予,也没有关于它的观念。观看是观念与事物之间的相即:进行含括地统握。不相即并不意指一种单纯的否定,或观念的模糊性,而是——在光明与黑暗之外、在对存在者进行度量的知识之外——**欲望**的过度。**欲望**是对绝对**他者**的欲望。在我们所满足的饥饿之外,在我们所止息的渴望之外,在我们所平息的肉欲之外,形而上学欲望着满足之彼岸的**他者**;没有任何身体姿态能够降低这种渴望,既不可能做出任何已知的抚爱,也不可能发明任何新的抚爱来降低这种渴望。不带有满足的欲望,它恰恰理解疏离、他异性以及**他者**的外在性。对于**欲望**来说,这种他异性,与观念不相即的他异性,具有一种意义。它被理解为**他人**(l'Autrui)的他异性,被理解为**至高者**的他异性。高[3]之维度本身乃由形而上学**欲望**打开。这种高度不再是天空,而是**不可见者**:这是对高度的提升本身,是高度的崇高。为不可见者而死——这就是形而上学。但这并不意味着欲望可以免除行为。只是这些行为既不是消费、爱抚,也不是礼拜仪式。

对不可见者的疯狂要求,然而一种尖锐的人类经验却在20世纪教导我们:人的思想是由那些对社会和历史进行解释的需要孕育出来的;饥饿与害怕能够压倒人类的任何抵抗和任何自由。问题并不在于去怀疑人类的这种不幸——事物与恶人对于人的这种统治——不在于去怀疑这种动物性。但是作为人,就是要知道事实如此。自由就在于知道自由处于危险之中。但是知道或意识到,就是有时间去避免和预防非人性的瞬间。正是那对于背叛时刻的永恒延迟——人与非人之间的几

---

[3] "……我不能接受还有其他的学习能使灵魂向上看,除非这种学习涉及的是不可见的实在事物。"柏拉图:《国家篇》(*République*),529 b. Editions Guillaume Budé, Paris。

希之异——预设了善良所具有的无利害,预设了对绝对他者的欲望以及形而上学的维度。

第二节　总体的破裂

形而上学端点的这种绝对的外在性,形而上学运动的这种不可还原为内在游戏、不可还原为自身对自身的单纯在场的特性,是超越这一词的主张——如果不是证明的话。形而上学的运动是超越的,而超越作为欲望和不相即,又必然是一种向上超越(une transcendance)。④ 形而上学者(le métaphysicien)⑤借以表明这一点的超越,正好具有以下特出之处:它所表达出来的距离——与所有其他距离都不同——进入到了外在存在的实存样式之中。外在存在的形式特征——是不同的——构成了它的内容。因此形而上学者与**他者**不能被总体化。形而上学者是(与他者)绝对地分离的。

形而上学者与他者并不构成任意一种会是可逆的相关性关系。一种其端点在其中可以无所谓地从左到右和从右到左进行辨识的关系的可逆性,会把这些端点相互组合在一起。它们会在一个从外部可见的系统中相互补充。所要求的超越因此就会消失在系统的统一体中,此系统会摧毁**他者**的彻底的他异性。不可逆性并不只是意味着**同一**走向**他者**不同于**他者**走向**同一**。上述可能性并没有被考虑在内:**同一**与**他者**之间的彻底的分离恰恰意味着不可能置身于**同一**与**他者**的相关性的外部来记录这种往与返的相符或不符。否则,**同一**与**他者**就会被重新统一在一个共同的目光下,而把它们分离开的绝对距离就会被填满。

---

④ 我们从让·华尔那里借来这个词。参见:《论超越的观念》,载《人的实存与超越》(*Existence et transcendance*),Baconnière 出版社,Neuchatel,1944 年。我们从这项研究所唤起的主题中获得了大量启发。

⑤ "Le métaphysicien","形而上学者",并不是指通常意义上的"形而上学家",而是指欲望着绝对他者、向绝对他者进行超越的人(自我)。它与"形而上者"(le métaphysique)不同:后者指"形而上学者"(自我)向之超越而去的绝对他者(他人)。——中译注

他异性,他者的彻底的异质性,只有在**他者**是相对于这样一个端点而不同的情况下才可能:这个端点的本质就是持留在出发点上,就是充当进入一个关系的入口,就是并非相对地而是绝对地成为一个**同一**。一个端点只有作为**自我**才能绝对持留在关系的出发点上。

成为自我,就是——处于我们可以从一个参照系中得出的任何个体化的彼岸——拥有同一性作为内容。自我,它并不是一个总是保持同一的存在者,而是这样一个存在者:它的实存就在于同一化,在于穿过所有发生在它身上的事情而重新发现它的同一性。它是卓越的同一性,是同一化的原初作品。

自我是同一的,直至在它的诸种变异中。它表象它们,思考它们。异质能够被包容其中的普遍的同一性,具有一个主体的和第一人称的骨架。普遍之思乃是一种"我思"。⑥

自我是同一的,直至在它的诸种变异中——还在另外的意义上如是。因为,思考着的自我倾听着自己而思,或者为它的深邃而不安,并且对于它自身来说,它是一个他者。因此它揭示出了其思之众所周知的素朴性:它的思"直向地"思考着,就像人们"直向地"前进。它倾听着自己而思,并且为自己的独断、为自己对于自身的陌异感到惊讶。但是,在这种他异性面前,**自我**是**同一**,它与自身相混同,它没有能力背弃这个惊讶的"自身"。黑格尔的现象学——在这里自身意识是对那无差别者的区分——表达了在被思考的对象之他异性中自身同一化着的**同一**的普遍性,尽管有自身与自身的对立。"我把我自己同我本身区

---

⑥ "普遍之思乃是一种'我思'"这一句的原文是:Pensée universelle, est un "je pense"。德译本"译者附录"中的"法文版勘误"将此句订正为:La pensée universelle est un "je pense"。参见 E. Levinas, *Totalität und Unendlichkeit, Versuch über die Exteriorität*, übersetzt von Wolfgang Nikolaus Krewani, Freiburg; München: Alber, 2002, S. 448. 此处据勘误译出。[中译者说明:德译本所据的版本与中译本所据版本是同一版本,即第四版第二次印刷的本子(1974)。据德译者在该"法文版勘误"中说,其于德译本后所作的法文版勘误乃是与列维纳斯商量之后做出的(见德译本第448页),因此应当得到了列维纳斯的认可。下面我们将会把德译本附录中给出的勘误以脚注的方式注明在相应的文本之后。]——中译注

别开,在这一过程中我直接(明显)意识到,这种差别并不是差别。我,**自身同一者**(l'Homonyme),我自己排斥自己;然而这个与我相区别的东西,这个被建立起来的不等同于我的东西当它被直接区别开时,对于我来说又没有任何差异。"⑦差异不是一种差异,自我,作为他者,不是一个"他者"。我们将不考虑这段引文中直接明见性所具有的——在黑格尔看来——暂时性特征。把自身推离开的自我,被体验为嫌恶;链接在自身上的自我,被体验为厌倦——它们是自身意识的模式,且建立在自我与自身之牢不可破的同一性之上。那把自己当作他者的自我的他异性,可以激起诗人的想象,恰恰因为它只是**同一**(le Même)的游戏:自身对自我的否定——恰恰是自我的同一化的一种模式。

同一在**自我**中的同一化并不是作为一种单调的重言式——"**自我就是自我**"——而产生出来。如果是这样的话,那不可还原为 A 是 A 这一形式主义的同一化的本源性,就会遭到忽视。不应通过反思自身对自身的抽象表象来确定这种本源性。必须要从自我与世界之间的具体关系出发。世界,陌异的与敌对的,将会在一种好的逻辑上改变自我。不过,它们之间真正的与原初的关系——在这种关系中,自我恰恰表现为卓越的**同一**——是作为在世界之中的逗留而产生。**自我**反对世界的"他者"的方式,就在于逗留,在于通过在世界之中的居家的实存而自身同一化。在世界之中,**自我**乍一看是他者,但其实是本土性的。它是这种变异的转向本身。它在世界之中找到一块位置,一个居所。居住是置身(其中)的方式本身;不是像众所周知的环蛇那样:通过首尾相接而抓住自身,而是像身体:扎根于外在于它的大地之上,置身(其中)并且能够(如此)。"家"并不是一个容器,而是一个位置:在这里我能够;在这里,我依靠于一种另外的实在,但尽管有这种依靠,或正是由于这种依靠,我是自由的。只需

---

⑦ 黑格尔:《精神现象学》(*Phénoménologie de l'Esprit*),伊波利特(Hyppolite)译本,第139—140 页。中译文采用了贺麟、王玖兴先生的中译文(黑格尔:《精神现象学》上卷,贺麟、王玖兴译,商务印书馆,1979 年,第 134 页),但根据法文稍作修改。"L'Homonyme"在法文中原是"同音异义词、同名者"的意思,这里是中译本的译法。——中译注

行进,只需做,以便掌握住一切事情、以便把握,就足够了。在某种意义上,一切都是在这个位置中,最终,一切都是在我的支配之下,甚至遥远的星辰,只要我稍微估计一下、计算一下中间的距离或中介即可。位置、环境,提供中介。一切皆在此,一切都属于我;一切都通过对位置的原初把握而被预先把握,一切都被统一握(com-pris)。占有的可能性,亦即,对那只是初看起来是他者,而且是相对于自我的他者的东西的他异性本身的悬置的可能性——是同一之方式。我在世界之中就是在家中,因为世界把自己呈交给占有,或拒绝占有。(那是绝对他者的东西不仅拒绝占有,而且质疑占有,并恰恰因此能够认可占有)。必须严肃对待世界之他异性在自身同一化中的这种转向。这种同一化的"环节"——身体、居所、劳动、占有、家政——不应当表现为被镶饰在同一之形式骨架上的经验的、偶然的材料。它们是这个结构的关节。同一之同一化并不是重言式的空虚,也不是与他者的辩证对立,而是自我主义的具体状态。这一点对形而上学的可能性甚为重要。如果同一是通过与他者的单纯对立而自我同一化,那么它就会已经是一个包括了同一与他者的总体的一部分。我们由之出发的形而上学的欲望——与绝对他者的关系——的要求,也就会被认为是谎言。然而,形而上学者与形而上者的分离[它作为自我主义而产生并借此保持在那(与绝对他者的)关系之中],并不是这种关系的简单颠倒。

但是,作为自我主义而产生的同一,如何能够进入与他者的关系之中而又不立即剥夺他者的他异性?这种关联的本性究竟怎样?

恰当地说,形而上学的关系不会是一种表象,因为在表象中他者会消解在同一中;任何表象本质上都可以被解释为一种先验的构造。形而上学者与之发生关联并将之认作他者的那种他者,并不简单是在一个另外的地方。它的情况像柏拉图的理念,后者——按照亚里士多德的说法——并不在某个地方。自我的权能将不会跨过他者的他异性所标示的距离。当然,我的最为内在的内心生活对我来说也显得是陌异的或敌对的;那些有用的物品、食物,我们居住的世界本身,对于我们来说都是不同的。但是自我的他异性和我所居住的世界的他异性只是形式上的。在一个我所逗留的世界中,这种他异性落在我的权能范围之内——我们已经指出了这一点。形而上学的**他者**是具有这样他异性的他者：这种他异性并非形式上的，并不是同一性的简单颠倒，也不是对**同一**的抵抗，而是在**同一**的一切创始、一切帝国主义之先的他异性；是具有这样他异性的他者：这种他异性构成他者的内容本身；是具有这样他异性的他者：这种他异性并不限制同一，因为，如果限制同一，他者就不会是严格意义上的**他者**：凭借界限的共同性，**他者**就会处于系统的内部，就又会成为**同一**。

绝对**他者**，这就是他人。后者并不与我构成一组数字。我在其中说"你"或"我们"的集体并不是"我"的复数。我、你，这些并不是一个共同概念下的个体。无论是占有、数的统一还是概念的统一，都不能把我和他人连接在一起。共同祖国的缺席使**他者**成为**陌生者**；扰乱家的**陌生者**。但是**陌生者**也意味着自由。我并不能把我的权能施诸其上。由于某种本质的维度，他摆脱我的把握，即使我支配着他。他并不完全在我的位置之中。但是与陌生者并不共有一个共同概念的我，与他一样，也是没有属的。我们是**同一**与**他者**。连词与在此既不意指增加，也不意指一项对于另一项的权力。我们将努力表明，**同一**与**他者**的关联——我们似乎把一些如此特别的条件强加其上——是语言。因为，语言实现了一种如此这般的关联，以至于诸端点在这种关联中并不接壤，以至于**他者**对**同一**保持着超越，尽管其与**同一**保持着关联。**同一**与**他者**的关系——或形而上学——原初是作为话语在起作用；在话语中，收拢在其"我"——特别的、唯一的和本土的存在者——的自我性中的**同一**离开了自身。

只有作为从**自我**到**他者**的行进，作为面对面，作为对一种深层距离——话语的距离、善良的距离、**欲望**的距离——的勾勒，一种其端点并不构成一个总体的关系才能在存在的一般家政中产生出来。那种深层距离不能被还原为知性的综合活动在各个不同的端点——它们委身于知性的概观性的操作活动——之间所建立起来的那种距离。自我并不是这样一种偶然的形态：由于它，**同一**与**他者**——存在的逻辑规定——才能另外在一种思想中得到反思。务必要有一种"思想"，务必要有一个**自我**，这是为了他异性能够在存在中产生出来。除非这种关联中的一项把这种关联实现为超越的运动本身,实现为对这种距离的穿越,而不是实现为对这种运动的录制或心理虚构——否则关联的不可逆性就无法产生出来。"思想""内在性",是存在的破裂本身,是超越的产生(不是反映)。我们只有在我们实现出这种关系的情况下,才能认识这种关系——这正是它的让人惊异之处。他异性只有从自我出发才有可能。

话语,在自我与**他人**之间维系一种距离、一种根本的分离,这种分离阻止总体的重构,并在超越之中被宣称出来。由此事实本身出发,话语并不能放弃自我之实存的自我主义;但是处身于话语之中这个事实本身,却在于承认他人具有一种优于这种自我主义的权利,因此在于为自身辩护。自我在申辩之中同时既肯定自身又服从于超越者,这种申辩处于话语的本质之中。话语所通向——正如我们后面将要看到的那样——的善良,话语于其中恳请某种表示的善良,并不会丧失这个申辩的环节。

总体之破裂并不是一个思想的操作,并不是通过对相互呼唤或至少相互对峙的双方进行单纯的区分而得到。打破总体的虚空不可能在与一个不可避免地总体化着和概观着的思想的对立中被维持,除非这种思想面对着一个难融入范畴的**他者**。思想并不与**他者**构成一个总体,如同与一个对象那样。思想乃在于说话。我们建议把这样一种连接称为宗教:它在**同一**与**他者**之间建立起来,但又不构造一种总体。

但是说他者能够保持为绝对他者,说它只能进入话语关系中,这就是说,历史本身——同一的同一化——不能要求把**同一**和**他者**总体化。绝对他者——内在哲学⑧在历史的所谓共同平台上克服了它的他异性——在历史的中心保持着它的超越。**同一**本质上是多样中的同一化,是历史或体系。并不是我在拒绝体系,如克尔凯戈尔认为的那样,而是**他者**在拒绝。

---

⑧ "内在哲学"的原文是"la philosophie de l'immanence"。——中译注

第三节　超越不是否定

11　　超越的运动有别于否定，借助于后者，不满的人拒绝他被安顿其中的环境。否定预设了一个被安顿在、放置在某个位置的存在者，在这个位置，该存在者是在家的；否定是一个家政的⑨——在这个形容词的词源的意义上——事实。劳动改造世界，但也在它所改造的世界中获得支撑。物质所抵抗的劳动，从物质的抵抗中受益。抵抗仍然内在于**同一**。否定者与被否定者一起出现，它们构成一个系统，就是说，构成总体。错失了工程师生涯的医生，渴望财富的穷人，痛苦的病人，厌倦无聊的忧郁症患者，都反对他们的状况，同时又都持续系缚于这种状况的境域之中。他们所想要的"别样"和"别处"，仍属于他们所拒绝的现世。渴望虚无或永生的绝望者，宣布要对现世进行总体拒绝；但是对于想自杀的人和信仰者来说，死亡总是悲惨的。**上帝**总是太早把我们唤到他身边。人们渴望现世。在对死亡所导向的彻底未知的恐惧中，否定性的界限得到证实。⑩ 这种否定方式，在躲避于人们所否定的东西之际，勾勒出了**同一**或**自我**的轮廓。被拒绝的世界的他异性，并不是陌生者的那种他异性，而是欢迎或保护我们的故国的他异性。形而上学并不与这种否定性相一致。

当然，人们可以努力从我们所熟悉的存在物出发去推论出形而上学的他异性，并因此质疑它的彻底的特征。形而上学的他异性难道不能借由完美（perfection）——现世到处都是它的苍白形象——的最高级表达而得到吗？但是对不完美的否定并不足以使我们对于这种他异

---

⑨　"家政的"原文是"économique"源于希腊文，是由"oikos"（家）和"nomia"（管理）两部分组成，原是家政、私人事务管理的意思。列维纳斯在这里说是"在这个形容词的词源的意义上"使用该词，我们这里将之译为"家政的"。——中译注

⑩　参见我们在"时间与他者"（"Le Temps et l'Autre"）中对于死亡的评论（《选择、世界、实存》[*Le choix, le monade, l'existence*], Cahiers du Collège philosophique, Grenoble, Arthaud, 1947），第 466 页。它在如此多的关键点上都与布朗肖（Blanchot）在《批评》第 66 期（第 988 页以下）的出色分析相一致。

性有一种概念把握。⑪ 确切地说,完美越出了概念把握,溢出了概念,它指示着那种距离:使这种距离得以可能的观念化是一种向界限的跨越,也就是说,是一种向绝对不同的他者的超越、跨越。完善(parfait)的观念是关于无限的观念。这种向界限的跨越所指示的完美,并不处于否定性于其中运作的是与否的共同平台之上。相反,无限观念指示着一种高度和一种崇高,指示着一种向上超越。完善观念相对于不完善观念的笛卡尔式的首要性,因此就保留着它的全部价值。完善与无限的观念并不能被还原到对不完善的否定之上。否定性没有能力实现超越。超越指示着与一种实在的关系,这种实在和我的实在无限遥远,然而这种距离又并没有摧毁这种关系,这种关系也没有摧毁这种距离,一如同一的内部关系会发生的那样;这种关系也没有变成一种向他者中的移入和与他者的混合,没有损害同一的同一性本身、没有损害它的自我性;这种关系也没有让申辩沉默,没有变成背弃和忘我。

我们把这种关系称为形而上学的。通过与否定的对立而把它规定为肯定,这种做法并不成熟,而且在任何情况下都是不充分的。把这种关系规定为神学的也会是错误的。它在否定或肯定命题之先;它只是开创了语言,在这种语言中,无论是与否,都不是第一个词。对这种关系的描述构成了这些研究的主题本身。

第四节　形而上学先于存在论

理论关系成为形而上学关系的广受青睐的图式,并非偶然。知或

---

⑪　此句中的"概念把握"原文是"la conception",这里译为动词。此处本来也可以将其译为"设想、把握"等。但考虑到它的词根是"concept",而且列维纳斯在紧接着的下文中说:"Précisément, la perfection dépasse la conception, dépborde le concept"。显然,在这里,作者是将"la conception"和"le concept"置于同一个语义链中使用的,意指用一个概念把被把握者构造为一个总体的思考方式,所以我们这里将"conception"译为"概念把握"。另外,还要注意"conception"(概念把握)与紧接着的下一句中的"idéalisation"(观念化)的区别:前者是与有限他者的关系,是用"概念"("concept")进行的,最后得到的是一个总体;后者是与无限他者的关系,是用"idéa"进行的,最后得到的是我与他人之间或同一与他者之间的无限的距离。——中译注

理论首先意味着一种与存在的这样的关系:进行认识的存在者让被认识的存在者显示自身,同时尊重它的他异性,并且无论如何,没有以这种知识关系来标记被认识的存在者。在这个意义上,形而上学的欲望就会是理论的本质。但是理论也意味着理解——存在的逻各斯——就是说,一种如此通达被认识的存在者的方式,以至于这种存在者之相对于进行认识的存在者的他异性消失了。知识的进程在这个阶段与进行认识的存在者之自由融为一体,这种自由碰不到任何既不同于它又能限制它的东西。这种剥夺掉被认识的存在者之他异性的方式只有在下述条件下才能实现出来,即:被认识的存在者是通过一个本身不是存在者的第三项——中立项——而被瞄准的。在这个中立项中,**同一**与**他者**相遇的震惊会减弱。这个第三项可以显现为被思考的概念。实存着的个体于是退位到被思考的一般物中。第三项可以叫作感觉,在其中客观性质与主观感受混淆不清。它可以显示为有别于存在者的**存在**:存在并不存在(就是说并不作为存在者出现),却又与存在者所进行的作为相符,同时也不是一个虚无。存在,缺乏存在者的密度,它是存在者于其中变得可理解的光。存在论的一般名称,正适合于作为对存在者的理解的理论。把**他者**导向同一的存在论,促进自由,后者是**同一**的同一化,它不让自己被**他者**异化。在这里,理论进入了这样一条道路:这条道路放弃了形而上学的**欲望**,放弃了这种**欲望**赖以存活的外在性的奇迹。——但是作为对外在性的尊重的理论,也勾勒出了形而上学的一种不同的本质结构。在它的存在理解——或存在论——中,它关心的是批判。它揭示出了它的自发性的独断论和素朴的任意性,并质疑存在论操作的自由。于是它试图以这样一种方式运用这种自由,以便每时每刻都能回溯到这种自由操作之任意的独断论的起源。如果这种回溯本身应该保持为一种存在论的步伐,保持为一种自由的操作、一种理论,那么,这就会导致一种无限后退。因此理论的批判意图把理论引导到理论和存在论的彼岸:批判并不将**他者**还原为**同一**,如存在论所做的那样,而是对**同一**的操作进行质疑。对**同一**的质疑——它不可能在**同一**的自我主义的自发性中发生——由**他者**造成。我们把这种由**他人**的出场所造成的对我的自发性的质疑,称为伦理。**他人**的陌异性——它向**自我**、向我的思想和我的占有的不可还原性——恰恰作为一种对我的自发性的质疑、作为伦理而实现出来。形而上学、超越、**同一**对**他者**的欢迎、**自我**对**他人**的欢迎，作为**他者**对**同一**的质疑，就是说，作为实现了知之批判本质的伦理而具体地产生了。而正如批判先于独断论，形而上学先于存在论。

西方哲学在大多数情况下是存在论：通过置入一个对存在的理解进行确保的中间项和中立项而把**他者**还原为**同一**。

同一的这种首要性是苏格拉底的教导。除去我自己身上的东西之外，我从**他人**那里没有接受任何东西，似乎，我原来就一直占有着那从外部来到我身上的东西。没有接受任何东西，或者是自由。自由并不和自由意志的任意的自发性相似。它的最终意义就在于这种在**同一**中的持久性，这就是**理性**。知识是这种同一性的展开。它是自由。自从以下一点被宣布以来，即最高的理性只认识它本身，此外没有什么能限制它，人们就不再惊讶于理性最终会是一种自由的显示，同时是对他者的中性化和含括。他者的中性化，变成主题或对象——就是说，好似置身于光明之中——恰恰是它向**同一**的还原。存在论上的认识，就是在所遇到的存在者中突然发现这样一种事物：因了这种事物，所遇到的存在者就不再是这个存在者、这个陌生者；相反，由于它，所遇到的存在者以某种方式背叛自己，把自己提交给、奉献给境域，它在这个境域中消失、显现，以供把握并变为概念。认识，就等于从无出发掌握存在者，或把存在者导向无，去除它的他异性。当第一束光线一照亮，这一结果就得到了。照亮，就是去除存在者的抵抗，因为光打开一个境域和一个虚空的空间——把存在者从虚无中提交出来。除非中介化（西方哲学的特征）不限于消除距离，否则中介化就没有意义。

因为，在相距无限遥远的两项之间，中间物如何能够消除距离？中间那些无限延伸的路标之间的距离难道不也会显得是不可跨越的吗？一个外在的和陌异的存在者如果要把自己提交给某些中间物，就务必要有某种巨大的"背叛"发生。对于物来说，投降是在它们的概念化中实现的。对于人来说，投降则能通过把一个自由人置于另外一个人的统治之下的那种恐怖来得到。对于物来说，存在论的工作就在于不是在个体之物的个体性中，而是在它的一般性（唯有关于此一般性才有科学）中掌握它（唯有它才实存）。与**他者**的关系只有通过一个我在我自己身上发现的第三项才能实现。苏格拉底的真理理想因此就建立在**同一**的本质性的自足之上，建立在它的自我性的同一化之上，建立在它的自我主义之上。哲学是一种自我学。

贝克莱的观念论被认为是一种直接性哲学，它也回答了存在论的问题。贝克莱在对象的性质本身中发现了对象提供给我的着手点；他在那让事物最大限度地远离我们的性质中辨认出了它们的被体验的本质，借此，他便跨越了那把主体与对象分离开的距离。体验与它本身的符合，被揭示为思想与存在者的符合。理解的作用就存在于这种符合之中。贝克莱也把所有的感性性质都再次置入到感受的体验之中。

现象学的中介化则采取另外一条道路，在这条道路上，"存在论的帝国主义"还更为明显。在这里，那构成真理之中项的是存在者的存在。与存在者有关的真理预设了存在的先行敞开。宣布存在者的真理取决于存在的敞开，就是宣布在任何情况下，它的可理解性都不取决于我们与它的相符，而是取决于我们与它的不相符。只有当思想超越出存在者，从而在存在者于其中侧显出来的境域中去度量它，它才能被理解。从胡塞尔以来，整个现象学都是对境域观念的提升，对于现象学来说，境域所担当的角色与古典观念论中的概念相当；存在者从一个越出它的基底中浮现出来，一如个体从概念中浮现出来一样。但是，那使存在者与思想不相符的东西——亦即存在者之存在，它保证了存在者的独立与外来身份——是一种磷光、一种光辉、一种慷慨的开放。实存者的实存转化成了可理解性，它在光照中献出它的独立性。从存在出发关涉存在者，就是既让存在者存在同时又理解它。理性对于实存者的捕获，正是凭借虚空与实存的虚无——完全是光和光辉。在光的境域中，存在者映出其侧影，但却失去其面孔。从这种存在和光的境域出发，乃是向理解的诉求本身。《存在与时间》或许只支持着一个论断：存在与对存在的理解（它展开为时间）不可分割，存在已经是对主体性的诉求。

海德格尔式的存在论的首要性⑫并不是建立在下述自明之理的基础上:"为了认识存在者,必须已经理解存在者的存在。"断言存在相对于存在者具有优先性,就已经对哲学的本质做出了决定:这就是使与作为一个存在者的某人的关系(伦理的关系)从属于与存在者之存在的关系——这种非人格的存在允许对存在者进行掌握和统治(一种知的关系);这也是使正义从属于自由。如果自由表示的是在**他者**中间保持**同一**的方式,那么知(在知中,存在者通过非人格的存在的居间活动而被献出去)就包含了自由的最终意义。自由将与正义相对立:后者对一个拒绝被献出去的存在者负有义务,对他人负有义务。在此意义上,他人将会是一个卓越的存在者。使任何与存在者的关系都从属于与存在的关系的海德格尔的存在论,肯定了自由相对于伦理的首要性。当然,在海德格尔那里,为真理之本质所用的自由,并不是一种自由意志的原则。自由涌现于对存在的顺从:并不是人拥有自由,而是自由拥有人。但是,在真理概念中对自由与顺从进行协调的辩证法,预设了**同一**的优先权:整个西方哲学都是以这种优先权为方向前行,并由其界定。

与存在的关系作为存在论起作用。这种关系就在于把存在者中性化,以便统握它或掌握它。因此存在论并不是与他者本身的关系,而是把**他者**还原为**同一**。这就是自由的定义:维持自己,反对他者,不管与他者有任何关系,都确保自我的自给自足。不可分割的主题化与概念化并不是与**他者**的和平相处,而是对**他者**的消灭或占有。确实,占有虽然肯定了**他者**,却是在对其独立性的否定中进行肯定。"我思"归结于"我能"——归结于一种对存在之物的居有,归结于对实在的开发利用。作为第一哲学的存在论,是一种强力哲学⑬。它导致**国家**和总体之非暴

---

⑫ 参见我们在《形而上学与道德杂志》(*Revue de Métaphysique et de Morale*)(1951年1月)上的《存在论是基础的吗》一文。

⑬ 此处的"强力哲学"原文是"philosophie de la puissance",下面两段中依次出现的"技术权力"与"权力哲学"的"权力"的原文是"pouvoir"。一般情况下,我们把"puissance"译为"强力",把"pouvoir"译为"权力"或"权能"。——中译注

力,而没有预防这种非暴力赖以存活且在**国家**的专制中显现出来的暴力。那应当会调和众人的真理,在这里匿名地存在着。普遍性呈现为非人格的,这里有一种另外的非人道。

在其揭示出苏格拉底的哲学已经是对存在的遗忘,已经处在通往"**主体**"概念和技术强力的概念途中的同时,海德格尔发现,在前苏格拉底思想中思想是对存在之真理的顺从;然而甚至在他发现这一点的时候,存在论的"自我主义"仍然被维持着。顺从会作为筑造者和耕作者的实存实现出来,这种实存构成承载着空间的位置统一体。在这种向着物的在场——此即筑造与耕作——中,海德格尔把大地上的在场与天空下的在场重新统一起来,把对众神的期待与必死者的陪伴重新统一起来。与此同时,如同整个西方历史一样,海德格尔把与他人的关系设想为是在大地的定居者——即占有者和筑造者——的命运中上演。占有尤其是这样的形式;通过这种形式,**他者**因为变为我之所有而变为**同一**。在揭露出人的技术权力的统治的同时,海德格尔也颂扬占有的前技术的权力。当然,他的分析并不是从物——对象出发,但是这些分析却带有物所参照的那些重要图景的标记。存在论变为关于自然、关于非人格的生殖力、关于没有面容的慷慨的母亲、关于特殊存在者之母体和物之不可耗尽的质料的存在论。

权力哲学,存在论,作为并不质疑同一的第一哲学,它是一种非正义的哲学。海德格尔的存在论把与**他人**的关系从属于与存在一般的关系——即使它反对技术的激情,那由于遗忘了存在者所遮蔽的存在而导致的技术的激情;海德格尔的这种存在论仍处于对匿名者的服从中,并且不可避免地导致另外一种强力,导致帝国主义式的统治,导致专制。专制并不是技术对物化了的人的单纯扩张。专制要追溯到异教徒们的"灵魂状态",追溯到在土地中的扎根,追溯到顺从的人们会献给他们主人的那种崇拜。存在先于存在者,存在论先于形而上学——这就是自由(即使它是理论的自由)先于正义。这就是**同一**内部的运动先于对**他者**的义务。

必须颠倒这些术语。对于哲学传统来说,**同一**与**他者**之间的冲突被那种把**他者**还原为**同一**的理论解决了;或者具体地说,被**国家**共同体解决了：在这种共同体中，在那种匿名的权力（哪怕它是可理解的）底下，**自我**于它从总体那里所遭受的专制的压迫中再次发现战争。（对于哲学传统来说，）**同一**于其中顾及不可还原的**他人**的那种伦理，可能会属于意见。本书努力朝向这样的目标：在话语中觉察到一种与他异性的并非排异反应的关系，觉察到这样的欲望——其中，那据其本质是**他者**之谋杀者的权能，在面对**他者**和"违背一切情理"时，变成了谋杀的不可能性，变成了对于**他者**或正义的考虑。具体说来，我们的努力在于：在匿名的共同体中保持**自我**与**他人**的社会关联⑭——语言与善良。这种关系并不是前哲学的，因为它并不强迫自我，并不是不顾其反对或者像一种意见那样不为其所知地从外部粗暴地强加到自我身上；更确切地说，它是被一种对自我进行整体质疑的暴力以超越所有暴力的方式强加给自我的。伦理关联，反对关于自由和权能之同一化的第一哲学的伦理关联，并不与真理对立，它走向在其绝对外在性中的存在，并实现那种激发起朝向真理之步伐的意向本身。

与一个无限遥远的存在者——就是说溢出其观念的存在者——的关系是这样的：在我们可以着眼于其存在意义而提的一切问题中，我们已经求助于它的作为存在者的权威了。我们并非着眼于它而追问，而是向它追问。⑮ 它总是呈现出面孔。如果存在论——对存在的统握、掌握——是不可能的，这并不是因为对存在的任何定义已经预设了关于存在的知识，如帕斯卡尔已经说过且为海德格尔在《存在与时间》的最初几页中所反驳过的那样；而是因为对存在一般的理解不能统治与

---

⑭ "社会关联"的原文是"société"，它在法文中既有"社会"之义，也有"交往""社交""社会生活""群居生活"等义，而其本义乃是"联结""关联"等。列维纳斯这里的用法兼顾到其引申义与本义，并且突出了它与"as-sociation"（联—结）之间的呼应（参见法文版第73页）。这里以及类似之处我们勉强译为"社会关联"。其他一些地方我们仍从俗译为"社会"。——中译注

⑮ 原文为"On ne s'interroge pas sur lui, on l'interroge"。列维纳斯这里的意思是说：我们的追问所着眼于的是存在的意义，所以这种追问并不是着眼于存在者；但是这种追问却是向存在者发出的、是问向存在者的。因此在提出存在的意义问题时，就已经求助于存在者的权威了。——中译注

他人的关系。后一种关系支配前一种关系。我无法摆脱与他人的社会关联,即使当我考虑其所是的存在者的存在时。存在理解已经被向这样一个存在者说出了;这个存在者在那个它于其中被提交出去的主题背后又重新浮现。这个"向他人说"——这种与作为对话者的他人的关系,与一个存在者的关系——先行于任何存在论。它是存在中的最终的关系。存在论预设了形而上学。

第五节　作为无限观念的超越

形而上学重新出现于其中的那种理论图式,把理论与一切忘我的(extatique)姿态都区别开来。理论排除了进行认识的存在者向被认识的存在者中的移入,排除了由忘我造成的对于彼岸(l'Au-delà)的进入。理论保持为知识、关联。确实,表象并不构成与存在的原初关联。然而它却被赋予优先权;恰恰是作为唤起自我的分离的可能性。于是以下事实将成为"高贵的希腊人"的不朽功绩和哲学的创建本身,这一事实即:用一种精神性的关联——在这种关联中,诸存在者各安其位但又相互联系——来代替各类事物间充满魔力的相通和不同范围间的融合。在《斐多篇》的开头,苏格拉底在谴责自杀的同时,拒绝那种关于和神灵完全结合的虚假的唯灵论,他把这种结合确定为逃离。他宣称,那从此世出发的艰难的知识进程是不可避免的。进行认识的存在者与被认识的存在者始终是分离的。笛卡尔的第一明见性依次揭示出了自我与上帝,且没有把它们混为一谈,它把它们揭示为明见性的两个相互奠基的不同环节。这一明见性的两可性,刻画出分离的意义本身。自我的分离因此就被确立为非偶然的、非暂时的。自我与上帝之间彻底的与必然的距离,在存在本身中产生。因此,哲学的超越就不同于各种宗教——在这个术语的通常是奇妙的和一般被体验的意义上——的超越,不同于已经(或仍然)是参与的超越,(在参与中,)超越沉浸入超越向之而去的那个存在者,而后者则用其不可见的罗网抓住那进行超越的存在者,如同对它施以暴力。

同一与他者的这种关系所意味的超越并没有切断关系所蕴含的纽

带,但是这些纽带也没有把**同一**与**他者**统一在一个**全体**中。事实上,这种关系在笛卡尔所描述的那种情形中得到了确定:在这种情形中,"我思"与它丝毫不能包含且与之分离的**无限**保持着一种被称为"无限观念"的关系。当然,根据笛卡尔,事物、数学概念和道德概念也是由它们的观念呈现给我们,并有别于它们的观念。但是,无限观念有这样一个例外之处:其 *ideatum*(所观念化者)[16]超出了它的观念;而对于事物来说,它们的"客观"实在和"形式"实在的完全相符并没有被排除。至于**无限**观念之外的其他一切观念,我们或许已经能够由我们自己——在必要时——做出说明。目前,我们不想对事物观念出现在我们身上这一情况的真正含义进行判断,也不想坚持笛卡尔的下述论证:这一论证通过那拥有无限观念的存在者的有限性来证明**无限**的分离的实存(因为通过描述一种先于证明和先于实存疑难的处境来证明一个实存或许并没有什么太大的意义);重要的是要强调:相对于与无限分离且思考无限的自我而言,**无限**的超越度量着——如果可以这么说的话——它的无限性本身。把所观念化者与观念分离开来的距离,在此构成了所观念化者本身的内容。无限是一个作为超越者的超越的存在者的特性,无限是绝对他者。超越者是唯一我们只能有其观念的所观念化者;它无限地远离其观念——就是说它是外在的——因为它是无限。

　　思考无限、超越者、陌生者,因此就不是思考一个对象。但是,思考那并不拥有对象轮廓的东西,实质上就是比思考做得更多或更好。超越的距离并不等同于那在我们所有的表象中把心灵行为与其对象分离开的距离,因为对象所保持的距离并不排除——实际上暗含了——对于对象的占有,亦即,对于其存在的悬置。超越的"意向性"在其种类上是独一无二的。客观性与超越之间的差异将充当本书所有分析的一

---

　　[16] "Ideatum"从词形上看是过去分词,在这里用作名词,译为"所观念化者"。之所以不译为"观念对象",是因为下文列维纳斯用"对象"一词指那种能够被"观念"完全"把握"住的事物,而这里的"所观念化者"则是指那种无法被观念完全把握住而溢出观念之外的"无限"。——中译注

般指引。一种其所观念化者溢出了思想之能力所及的观念在思想中的这种出现,不仅为亚里士多德关于能动理智(l'intellect actif)的理论所证明,而且,尤为经常地为柏拉图所证明。柏拉图反对"神志清醒"[17]的人所具有的思想,他肯定的是来自神的迷狂的价值,肯定"带翼的思想"。[18] 然而在这里,迷狂并不具有一种非理性主义的意义。迷狂只是一种"本质上神圣的、与习俗和惯例的分裂"。[19] 第四类迷狂就是理性本身,它上升到理念,是最高意义上的思想。被神占有——激情——并不是非理性状况,而是孤独的(我们下文将称为"家政的")或内在的思想的终结,是对新事物和对本体的真正经验的开始——而这已经是**欲望**。

笛卡尔关于无限观念的概念指示着一种与这样的存在者的关系:相对于那个思考它的存在者来说,这种存在者保持着它的完全外在性。这种无限观念的概念指示着与不可触知者的接触,这种接触并不损害被触及者的完整性。肯定无限观念在我们身上存在,就是将形而上学观念据说可能会含有的、柏拉图在《巴门尼德篇》中所提及的那种矛盾,[20] 即与**绝对**的关系会使**绝对**相对化这一矛盾,视为纯粹抽象的和形式的。外在存在者的绝对外在性并不由于它的显示而完全丧失;它从它出现于其中的关系那里"解脱"出来。但是,尽管有无限观念所实现出来的那种临近,有这种观念所指示的那种独一无二的关系的复杂结构,**陌生者**的无限距离仍然应当得到描述。只是从形式上把它与对象化区分开来还不够。

从现在开始,我们必须要标明这样一些术语:它们将对无限观念这个表面上完全空洞的概念进行去形式化或具体化。凭借**无限**观念而实现出来的有限中的无限或最少中的最多,作为**欲望**产生出来。它不是作为对**可欲望者**的占有所能满足的**欲望**,而是作为对无限的欲望,可欲

---

[17] 柏拉图:《斐德罗篇》,244 a。
[18] 柏拉图:《斐德罗篇》,249 a。
[19] 柏拉图:《斐德罗篇》,265 a。
[20] 柏拉图:《巴门尼德篇》,133 b – 135 c;141 e – 142 b。

望者激起而非满足这种**欲望**。这是完全无利害的**欲望**——善良。但是具体来说,**欲望**和善良预设了一种关系:在这种关系中,可欲望者中止了在**同一**中起作用的**自我**的"否定性",中止了权能与控制。从肯定方面说,这一点是作为对这样一个世界的占有而产生出来的:我可以将这个世界作为礼物而馈赠给他人;也就是说,这一点是作为在面容面前的在场而产生出来的。因为,面对一个面容的在场,我对他人的朝向,只有通过变为不能两手空空地走向他者的慷慨,才能失去目光的贪欲。这种建立在从此可能是共同的、亦即可以被言说的事物之上的关系,就是话语的关系。因为,**他者**越出**他者**在我之中的观念而呈现自身的样式,我们称为面容。这种方式并不在于(他者)在我的目光下表现为一个主题,也不在于(他者)将其自身展示为构成某一形象的诸性质的集合。**他人**的面容在任何时候都摧毁和溢出它留给我的可塑的形象,摧毁和溢出与我相称的、与其 ideatum(所观念化者)相称的观念——相即的观念。它并不是通过那些性质显示自身,而是καϑ'αὐτὸ(据其自身)显示自身。它自行表达(s'exprime)。与当代存在论相反,面容带来一种真理概念,这种真理并不是非人格的**中性**之物的解蔽,而是一种表达(expression):存在者突破了存在的所有外壳和一般性,以便在它的"形式"中展开它的"内容"的总体,最终取消形式与内容的区别(这一点并不是通过对主题化的知识的某种变更获得的,相反,恰恰是通过"主题化"转化为话语而获得的)。理论上的真理与谬误的条件是所有谎言都已经预设的**他者**的言辞,亦即他的表达。但是表达的第一个内容,乃是这种表达本身。在话语中接近**他人**,就是欢迎他的表达:在这种表达中,他人每时每刻都溢出思想会从此表达中引进的观念。因此,这就是从**自我**之能力所及之外的**他人**那里有所接受;确切地说,这恰恰意味着:拥有无限观念。但是,这也意味着被教导。与**他人**的关联或者**话语**,是一种非排异反应的关联,一种伦理的关联,但是这种被欢迎的话语是一种教导。然而教导并不等于助产术。它来自于外部,它所带给我的比我包含的更多。在它的非暴力的传递性中,产生出面容的临显本身。亚里士多德对理智的分析揭示出了那种破门而入的、绝对外在的能动的理智,然而这种理智构成——而绝不是损害——理性的最高活动。亚里士多德的这种分析已经用教师的传递性活动取代了助产术,因为理性并没有让位,而是处于有能力进行接受的状况。

最终,溢出无限观念的无限,对我们身上的自发的自由进行质疑。它命令并审判这种自由,把它引向它的真理。这种只有从**自我**出发才能通达的对无限观念的分析,将以对主体之物的越出而告终。

我们在整部著作中都将求助的面容的概念,打开了一些其他的视角:它把我们引向一种先于我的 *Sinngebung*(意义给予)的意义概念,并因此独立于我的创始和权能。它意味着相对于存在而言,存在者在哲学上具有优先性,意味着一种既不求助于权能也不求助于占有的外在性,一种不能被还原——如在柏拉图那里那样——到回忆的内在性的外在性,然而这种外在性又保护着欢迎它的自我。最终,面容概念使得对直接性概念的描述得以可能。关于直接性的哲学既不是在贝克莱的观念论中实现,也不是在现代存在论中实现。说存在者只在存在的敞开中解蔽,那么这就是说我们从来没有直接地与如此这般的存在者在一起。直接,是呼唤和——如果我们可以这么说的话——语言的命令。接触的观念并没有再现直接的原初模式。接触已经是主题化,已经是对境域的参照。而直接,乃是面对面。

关于超越的哲学把真正的生活安放在别处;通过逃离此岸,人们会在那些礼拜性的、神秘的上升的特选时刻,或在死亡中,通达这种真正的生活。而在关于内在的哲学中,当被同一包含的任何"他者"(由于战争的原因)都消失在历史的终点时,人们就会真正掌握存在。在这种超越哲学与内在哲学之间,我们提议,在尘世实存的展开中、在如我们所称呼的家政的实存的展开中来描述与**他者**的关系,这种关系并不导致一种神圣的或人类的总体,它也不是历史的总体化,而是无限的观念。一种这样的关系就是形而上学本身。历史不会是摆脱了各种视角之特殊主义(反思仍会带有它的缺陷)的存在显示自身的优先平台。如果它要求在一种非人格的精神中整合自我与他者,那么这种被要求的整合就是粗暴的和非正义的,就是说,忽视了**他人**。历史,(作为)人与人之间的关联,忽视了**自我**是面对**他者**而立的,在这种面对他者的立场中,**他者**相对于自我而言始终保持着超越。即使我并没有凭借我自己处于历史之外,但是我在他人身上却发现一个对于历史来说是绝对的位置;不是通过与他人融合,而是通过与他人说话。历史中布满了断裂,在这些断裂处,历史承受着审判。当人真正接近**他人**时,他就被从历史中连根拔出。

第二章 分离与话语

第一节 非神论[①]或意志

无限观念以同一相对于**他者**的分离为前提。但是这种分离不能建立在与**他者**的对立的基础上,这种对立会纯粹是反命题的。正题与反题在相互排斥之际相互呼唤。它们在对立中向一个把它们含括在内的综观的目光显现。它们已经形成一个总体,这个总体把由无限观念表达出来的形而上学的超越整合起来,并由此使之成为相对的。一种绝对的超越应当作为不可整合者产生出来。因此,如果**无限**——它溢出其观念并由此与这种观念(尤其是不相即的观念)所栖息其中的**自我**相分离——的产生使得这种分离成为必要,那么这种分离就必须在**自我**中以这样一种方式实现出来,即它[②]不只是超越的相关物和对应物,在这种超越中,无限相对于其在我之中的观念来说是自行保持着的;它(也)必须不只是超越的逻辑反驳,**自我**相对于**他者**的这种分离必须是从一种肯定的运动中产生。相关性并不是一个可以满足超越的范畴。

自我并不是相对于自我的**他者**之超越的对应物。这样的**自我**

[①] "非神论"原文为"athéisme",此词一般译为"无神论"。但是列维纳斯对此词的用法与一般理解的不同,不是指一种否定神的立场,而是指心灵或内在性与神分离这样一种状态或立场。这种立场"既先于对神的否定,也先于对神的肯定"。如将此词仍按传统译法译为"无神论"则显然有悖于列维纳斯这里的意思。有鉴于此,我们将之译为"非神论",将其形容词形式译为"非神论的",取其"不是有关于神(的)"之义,既无涉于对神之肯定,也无涉于对神的否定。——中译注

[②] 指"自我相对于无限而言的分离"。——中译注

的分离并非一种唯有抽象力很强的人才能思考的可能性（éventualité）。它以一种具体的道德经验的名义迫使人们思考它，这种道德经验即：我准许对我自己要求的东西，不能与我有权对他人要求的东西相比。这种道德经验尽管很平凡，却指示出一种形而上学的不对称：从外部观看自己和在相同的意义上言说自身与他者的彻底的不可能性；因此也是总体化的不可能性。而在社会经验的层面上，这就是遗忘交互主体性经验的不可能性，这种交互主体性经验导向这种社会经验并赋予其意义，正如不可回避的感知（像现象学家们相信的那样）赋予科学经验以意义。

同一的分离以内在生活和心灵现象（psychisme）的形式产生。心灵现象构成存在中的一种事件，它使一些一开始没有被心灵现象定义的术语之间的局面得以具体化，而这种局面的抽象的表达则包含着某种悖论。因为，心灵现象的本原角色并不在于只反映存在。它已经是存在的一种方式，是对总体的抵抗。思想或心灵现象打开了这种（存在）方式所需要的那一维度。心灵的维度在存在者用来反对其总体化的抵抗的压力下打开；而这就是彻底分离的业绩。我们已经说过，我思证明着分离。根据第三《沉思》，那无限地溢出其在我们身上的观念的存在——笛卡尔术语中的上帝——构成我思的明见性的基础。但是，对我思中的这种形而上学关系的揭示，从时序上看只构成哲学家的第二步。而如果能够有与"逻辑"秩序不同的时序秩序，如果（哲学家的）步骤中能够有更多的环节，如果有步骤——这就是分离。因为，由于时间之故，这个存在者还不存在（l'être n'est pas encore）；这一点并没有把此存在者混同于虚无，而是把它维系在与它自身的一定距离之外。它并不是一下子存在的。甚至其更古老的原因，也正在到来之中。人们通过存在者的结果来思考或认识存在者的原因，似乎它后于它的结果。人们轻率地谈论着这种"似乎"的可能性，它可能只暗示着幻觉。然而，这种幻觉并不是没有根据的，相反，它构成了一种肯定的事件。人们会说，在先者的在后性——逻辑上悖谬的颠倒——只有通过记忆或思想才能产生。但是，"难以置信的"记忆或思想现象，正应当被解释为存在中的革命。如此一来,理论思想——然而是根据一种支撑着它且还要更为深刻的结构、亦即心灵现象——就已经构成(articule)分离了。分离不是被反映在思想中,而是由思想产生。在思想中,**后果**或**结果**构成了**前因**或**原因**的条件:前因显现出来而且只是被欢迎。同样,凭借着心灵,那存在于某个位置的存在者,相对于那个位置来说是自由的;它被安置在它处于其中的位置上,(但)它是从别处来到这里者;尽管有我思随后在超越于它的绝对中所发现的支撑(appui),但我思的在场(**当前**,présent)仍完全单独维持着自身——哪怕只是在一个瞬间,在一个我思的空间。如果能有这样一个完全年轻的瞬间,一个既不担忧滑入过去、也不在乎于未来中重新掌握自己(为了我思的自我能悬挂在绝对上,这种拔根是必要的)的瞬间;总之,如果有时间的秩序或者距离本身——那么这整个就构成了形而上学者与形而上者之间的存在论上的分离。有意识的存在者徒然包含着无意识的事物和隐含的东西,人们也徒然地把他们的自由作为已经桎梏于某种不为人知的决定论的东西加以揭示。此处的无知是一种超脱,与事物沉湎其中的对自身的无知不可同日而语。它奠基在心灵现象的内在性之中;它在自身享受中是肯定的。被监禁的存在者并不知道它的监牢,它是居家的。它的幻觉能力——如果曾有幻觉的话——构成了它的分离。

运思着的存在者似乎首先把自己奉献给一个包含着它的目光,就像被整合进一个全体之中。但实际上,只有它一旦死亡了,它才被整合进全体。生命让这样的存在者持守于自身,允许它休假,让它延期,而这恰恰就是内在性。总体化只有在历史中——在修史者的历史中——就是说,只有在幸存者那里,才能完成。总体化建立在这样一个肯定和确信的基础之上:历史学家们关于历史的年代秩序勾勒出了自在存在(与自然类似)的脉络。普遍历史的时间一直是存在论式的基础,特殊的存在者们消失其间,被列入其中,至少,它们的本质被综括其中。诞生与死亡作为点状瞬间,与那把它们分离开来的间隔一道,处于身为幸存者的历史学家的这种普遍时间之中。内在性作为内在性是一个"虚无",是"单纯的思想",除思想之外它一无所是。在修史者的时间之内,内在性是非存在(le non-être),在这种非存在中,一切都是可能的,因为在这里没有什么是不可能的——疯狂的"一切皆有可能"。这种可能性并非一种本质,就是说,并非某种存在者的可能性。然而,为了能够有一种分离的存在,为了使历史的总体化不成为存在的终极意图,那么,对于幸存者来说是终结的死亡就必须不只是这个终结;在死亡中就必须要有一个方向,它不同于下面这种方向:这一方向通向终结就像通向幸存者的持续存在中的一个降落点一样。对于一个存在者来说,分离意味着安居和拥有其自身命运的可能性,也就是说,拥有这样一种诞生和死亡的可能性;这种诞生和死亡在普遍历史的时间中所占据的位置并没有(被当作尺度据以)对该存在者之实在性进行衡量。③ 内在性是诞生与死亡的可能性本身,而诞生与死亡根本无法从历史中汲取它们的意义。内在性创建了一种不同于历史时间的秩序:在历史时间中,总体得以构建;而在内在性创建的秩序中,一切都悬而未决(pendant),那历史地看不再可能的东西在它之中也总是可能的。一个必定源自虚无的、分离的存在者的诞生,那绝对的开端,从历史上看乃是一悖谬的事件。同样,行动源出于意志,后者在历史的连续性中、在任何时刻,都标志着一个新的本原点。这些悖论都被心灵现象克服了。

记忆重新抓住那由诞生——亦即由自然——已经完成的东西,并对之加以翻转和悬置。生育摆脱了死亡的点状瞬间。经由记忆,我在事后以回溯的方式对自我进行奠基:我在今天承担起那在本原的绝对过去中没端由地加以接受的东西,以及那从此如一种命定性那般沉重的东西。通过记忆,我承担并使之重新成为问题。记忆把不可能性实现出来;记忆,在事后承担起过去的被动性并掌控着过去。作为历史时间的颠倒,记忆是内在性的本质。

在修史者的总体中,**他者**的死亡是一个终结,是这样一个点:分离的存在者藉之而被抛入到总体之中,死亡在这里也因此可以被越过并

---

③ 此句的意思似指:该存在者之实在性的意义、价值,不能根据其在普遍历史时间中的位置来衡量。亦即下文所说"诞生与死亡根本无法从历史中汲取它们的意义"。——中译注

且已经逝去;也是这样一个点:由之出发,分离的存在者借着其实存所积聚的遗产而得以继续。然而,心灵现象却抽离出一种实存,④后者抵制着一种会变为"仅仅是过去"的命运;内在性是这样一种拒绝:拒绝转化为一宗列在一个外在账簿中的纯粹债务。⑤ 对死亡的焦虑恰恰处于停止(死亡)的这种不可能性中,处于缺失的时间和仍然持留的神秘时间的暧昧性中。因此,死亡就不能被还原为一个存在者的终结。那"仍然持留"者,完全不同于人们所欢迎的、所筹划的和在某种程度上从自身中引出来的将来。死亡,对于一个一切都按照计划发生在它身上的存在者来说,是一个绝对的事件,绝对后天的事件,它不承受任何权能,甚至不承受否定。死乃是焦虑,因为在死亡时,存在者在终结之际却并不终结。存在者不再拥有时间,就是说,它在任何地方都不再能迈出它的脚步,但是如此一来,它却在人们无法行走之处行走、窒息;然而直至何时?与历史之共同时间的不相关意味着,必死的实存是在这样一个维度中展开自身:这一维度并不与历史的时间并驾齐驱,它并不通过与历史时间的关联来确定自身,就像通过与一个绝对的关联来确定自身一样。这就是为什么在诞生与死亡之间的生命既不是疯狂也不是悖谬,既不是逃避也不是怯懦。它在一个本己的维度中流逝,在这一维度中,它拥有某种意义,对死亡的胜利也能于这一维度中具有某种意义。这一胜利并不是一种在一切可能性终结之后才敞开的新的可能性——而是在儿子身上的复活;在儿子这里,死亡的断裂得以整合。死亡——在可能者的不可能性中的窒息——开辟了一条通往后代的通道。生育仍然是一种人格性的关系,尽管它并没有作为一种可能性被给予那个"我"("je")。⑥

---

④ "实存"的原文是"existance",德文"译者附录"中的"法文版勘误"将此词订正为"existence"。参见德译本第448页。此处据勘误译出。——中译注

⑤ 列维纳斯这里的意思似是指,内在性、心灵乃是据其自身而独立存在的,它不是一个外在的总体(一个外在的、陌生的收支平衡表或账簿)中的一部分(一笔账),后者要参照那个已经成为事实的账簿或收支表才能具有意义;反之,心灵或内在性凭其自身而具有意义。——中译注

⑥ 参见下文第244页(译按:指本书边码)。

如果**一者**(l'Un)的时间可以落入**他者**的时间之中,就不会有分离的存在者。这就是灵魂永恒的观念总以否定的方式所表达的意思:对于死者来说,(灵魂永恒就是)拒绝落入他者的时间之中,落入那摆脱了共同时间的个人时间之中。如果共同时间应该吸纳"我"的时间,那么死亡就会是终结。但是,如果拒绝被完全整合入历史之中就意味着——根据幸存者的时间——生命在死后仍然继续存在或者在开端之前就预先存在,那么,开端与终结无论如何都不会标志一种可以说是彻底的分离以及一种会是内在性的维度。因为这仍会是把内在性嵌入到历史时间之中,似乎,那贯穿于对多数人而言是共同的时间中的永恒,一直统治着分离这个事实。

死亡与幸存者所观察到的终结并不相符,这一点并不因此意味着那必死但又并不能消逝的实存者仍会在死后在场,也不意味着必死的存在者幸免于死亡,后者敲击着人们共同的时钟。于是,如果把内时间置于客观时间之中,如胡塞尔所做的那样,并因此证明灵魂的永恒,那就大谬不然了。

作为普遍时间之(两个)点的开端与终结,把自我还原到第三人称上,就像这第三人称可以被幸存者言说一样。内在性本质上与自我的第一人称联系在一起。只有每一个存在者都有其时间,就是说,都有其内在性,只有每一种时间都不被吸收进普遍时间之中,分离才是彻底的。由于内在性的维度,存在者才能拒绝概念,才能抵抗总体化。对于**无限**观念来说,这是必要的拒绝,(因为)无限观念凭其自身的德能无法产生这种分离。使诞生与死亡得以可能的心灵生活是存在中的一个维度,一个非—本质维度,超逾了可能之物与不可能之物。心灵生活并不在历史中展开。内在生活的非连续性中断了历史时间。对于存在理解来说,历史首要性的论断构成了这样一个选择,在这一选择中,内在性被牺牲掉了。(我们)当前的工作提出另外一种选择。实在之物不仅必须在其历史客观性中得到规定,而且也应当从打断历史时间连续性的秘密出发,从各种内在意图出发得到规定。只有从这种秘密出发,社会的多元论才是可能的。社会的多元论证明着这种秘密。我们总是知道,不可能形成一种人类总体的观念,因为人们各有其封闭在其内心的内在生活,而各人同时又都理解人类群体的囊括一切的运动。通往社会现实的道路是从**自我**之分离出发的,这一通道并不被只有各种总体显现其中的"普遍历史"所吞没。从分离的**自我**出发的对**他者**的经验,一直是理解总体的意义源泉,一如具体感知对于科学世界的含义来说始终是决定性的一样。以为吞下了一个神的克洛诺斯其实只是吞下了一块石头。⑦

离散的或死亡的间隔,是存在与虚无之间的第三个概念。

间隔之于生命并不是潜能之于现实。它的本原性在于它处于两种时间之间。我们建议把这一维度称为死亡时间。死亡时间标志着历史的与总体化了的绵延所具有的断裂,它是创造活动在存在中造成的那种断裂本身。笛卡尔式的时间的非连续性要求一种连续的创造,这种非连续性指示着受造物的分散本身以及它的多元性。归根结底,行动开始于其中的历史时间的任何一个瞬间都是诞生,并因此打破了历史的连续时间,即工作的时间而非意志的时间。内在生活是实在之物能够作为多元性而实存的唯一样式。后面我们将更仔细地研究这种作为自我性的分离——在享受这种基本现象中来研究。⑧

这种分离是如此彻底,以致分离的存在者在实存中完全独立地维持着自身而并不参与到它被从中分离出来的那种**存在**——它或许能够通过信仰加入这种**存在**;我们可以把这种分离称为非神论。与参与的破裂被包含在这种信仰的能力中。我们在上帝外面生活,我们与自己在一起(**在家**,chez soi),我们是自我、是自我主义。灵魂——心灵之维——分离的实现,自然是非神论的(athée)。因此在非神论这里,我们理解的是这样一种立场:它既先于对神的否定,也先于对神的肯定;它是与参与的破裂,正是由之出发,自我才将自身确立为同一和自我。

对于造物主来说,树立起一种能够成为非神论的存在者,一种虽非 causa sui(自因)、却拥有独立目光和独立言辞且在家的存在者,当然是一种巨大的荣耀。我们把以下述方式受制约的存在者称为意志;这种

---

⑦ 指希腊神话中,克洛诺斯原本想吞下自己的孩子宙斯,但宙斯的母亲用包裹起来的石头替换了宙斯,结果克洛诺斯吞下了石头。——中译注

⑧ 参见第二部分。

存在者并非 causa sui,相对于其原因来说,它是第一者。心灵现象是这种存在者的可能性。

心灵现象将把自己明确为感性,明确为享受的元素,明确为自我主义。自我(l'ego)、意志的源泉,就从享受的自我主义中破土而出。正是心灵现象而非物质,提供了个体化原则。τόδε τι(这一个)的特殊性并没有阻碍诸个别存在者被整合进一个整体之中,没有阻碍它们根据总体实存;它们的个别性正消失在这种总体之中。隶属于某个概念之外延的各个个体,是通过这个概念而成为一的;而就诸概念那一方面来说,它们在其(所属的)等级秩序中也是一;它们的多数性构成一个全体。如果(隶属于)概念外延的诸个体从其偶然的或本质的属性中得到其个体性,那么这种属性就根本不反对那在这种多数性中潜伏着的统一性。这种统一性将在某种非人格的理性的知中实现出来,这种理性通过变为诸个体的理念,或通过以历史把它们总体化,来整合诸个体的特殊性。我们无法以下述方式获得分离的绝对间隔:通过随便某种可能会是最终的性质规定来把各项从多数性中分离出来,就像在莱布尼兹的《单子论》中一样,在这里,差异是诸单子所固有的,没有这种差异,诸单子就无法"彼"此区分。⑨ 差异仍是性质,它们又指向属的共同体。诸单子,(作为)神圣实体的回声,在神圣实体的思想中构成一个总体。话语所要求的多元性取决于每一项都"赋有的"内在性,取决于心灵现象,取决于它的自我主义的、感性的自身指涉。感性构成自我的自我主义本身。这里的关键在于感觉者(le sentant)而非被感觉者(le senti)。人作为万物的尺度——就是说不被任何东西衡量——比较万物而自身不可比较,它在感觉的感觉活动(le sentir)中肯定自身。感觉摧毁任何系统;黑格尔把被感觉者而非感觉中的感觉者与被感觉者的统一置于其辩证法的起源处。在《泰阿泰德篇》中,普罗泰哥拉的论题被与赫拉克利特的论题紧紧地连接在一起,似乎,为了巴门尼德的存在能够在变易中被粉碎,能够以不同于客观事物流的方式展开,就必须要有感觉者的个别性。感觉者的多数性可能会是变易据之得以可能的模

---

⑨ 《单子论》,第 8 条。

式本身——在变易中,思想不会只是在运动中再次发现一个存在者,一个位于普遍的、产生统一性的法则之下的存在者。如此,变易才获得一种根本对立于存在观念的观念的价值;如此,它才指示着那种对河流——根据赫拉克利特,人们无法两次踏进同一条河流,而根据克拉底鲁,人们甚至一次也不能踏进同一条河流——形象所传递出来的任何整合的抵制。摧毁了巴门尼德一元论的变易的概念,只有借助于感觉的个别性才能实现。

第二节 真 理

后面我们将表明分离或自我性如何原初地在幸福的享受中产生,以及在这种享受中,分离的存在者如何肯定一种独立,这种独立丝毫没有受惠于——无论是辩证地看还是逻辑地看——那对于它来说保持为超越的**他者**。我们已经把这种并非通过对立而确立起来的绝对的独立称为非神论,这种绝对的独立并没有在抽象思想的形式主义中穷尽其本质。它是在家政性实存的全部的丰富性中实现自身的。⑩

然而,(与无限)分离的存在者的非神论的独立,并不是通过与无限观念的对立而确立起来的;正是它才使得无限观念所指示的那种关系得以可能。非神论的分离为无限观念所要求,但并不为后者以辩证的方式引起。无限观念——**同一**与**他者**之间的关系——并不取消分离。分离在超越中得到证实。其实,**同一**只有在追求真理的偶然与冒险中才能与**他者**重新结合在一起,而非高枕无忧地栖息在后者之上。没有分离,就不会有真理,而只会有存在。在无知的冒险中,在幻觉和谬误的冒险中,真理——少于相切的关联——并没有追回"距离",没有导致认识者与被认识者的结合,没有导致总体。与实存哲学⑪的论断相反,这种关联并不从一种在存在中的先行扎根获得营养。对真理

---

⑩ 参见第二部分。
⑪ "实存哲学",原文为"la philosophie de l'existence",或译"存在哲学""生存哲学"。——中译注

的追求在某些形式的显现中展开。这些形式的区别性特征恰恰在于它们在一定距离之外的临显。扎根,一种原初的先行连接,会把参与作为存在的最具统治力的范畴之一加以保持,然而真理的概念却标志着这种统治的终结。参与是关涉**他者**的一种方式:持有并展开它的存在,同时在任何一点上都绝不失去与他者的关联。中断参与,这当然仍保持着关联,但却不再从这种关联中获得其存在:它看而没被看见,一如古各斯(Gygès)。⑫ 为此,一个存在者——即使它是全体的部分——就必须从其自身中而非从其(与他者的)界线中、即不是从其定义中获得其存在,它必须独立地存在,既不依赖于那些标示出它在存在中的位置的关系,也不依赖于他人会给予他的认识(**承认**)。古各斯的神话是关于**自我**和内在性的神话本身,自我和内在性存在着而并不被认识(**承认**)。它们当然是所有未受惩罚之罪的可能性——但这正是内在性的代价,而内在性又是分离的代价。内在生活、自我、分离,它们是拔根本身,是非参与,并因此是谬误与真理的二值的可能性。认识着的主体并不是全体的部分,因为它与无接壤。它对真理的渴望并非源自那一缺乏真理的存在者的空乏。⑬ 真理预设了一个在分离中自治的存在者——对真理的追求恰恰是一种并不依赖于需要之匮乏的关系。追求与获得真理,这就是处于关联之中,不是因为人们用不同于自身的别的事物来界定自身,而是因为在某种意义上人们根本什么都不缺。

然而对真理的追求是一种比理论更为根本的事件,尽管理论追求是这种被称为真理的与外在性之关系的一种优先模式。由于(与他者)分离的存在者的分离并不是相对的,不是一个疏离**他者**的运动,而是作为心灵现象产生的,所以与**他者**的关系就并不是沿着一种相反的

---

⑫ 与之相反,事物可以被诗意地说成是"盲人"。参见让·华尔"主观词典",载:《诗歌,思想,感知》,Calmman-Lévy, 1948.(Gygès,希腊神话传说中人物,据说他获得一枚戒指,带上它就可以隐身,看见别人而不被别人看见。参见柏拉图:《理想国》第二章359. a-360b。——中译注)

⑬ 此句法文原文为"Son aspiration à la vérité n'est pas le dessin en creux de l'être qui lui manque"。如按法语直译当为:"它对真理的渴望并不是那一缺乏真理的存在者的凹陷的轮廓。"此处参考德译文对译文稍作调整,以便更好理解。——中译注

方向重复疏离的运动,而是通过**欲望**走向**他者**;理论本身从这种欲望中获得其目的地的外在性。⑭因为引导着对真理的追求的外在性观念只有作为无限观念才是可能的。灵魂向外在性或绝对他者或**无限**的转向,不可以从这一灵魂的同一性本身那里推导出来,因为这一转向并不能由此灵魂所度量。因此无限观念既不是源出于**自我**,也不是源出于自我中的需要,后者恰恰度量着自我的空乏。在无限观念这里,运动是源出于被思者,而非源出于思者。这是呈现出这种颠倒的唯一的知识——没有先天因素的知识。无限观念自身启示(se révèle),在这个词的强的意义上。不存在自然宗教。但是这例外的知识不再因此是客观的。无限并不是知识的"对象"——知识会把无限还原为与观照的目光相称——而是可欲望者,后者激起**欲望**,这就是说,它可由一种思接近,而这种思在任何时候都比其运思更多地运思。无限并不因此是一种溢出目光视域的巨大对象。是**欲望**在度量着无限之无限性,因为正是根据尺度的不可能性,**欲望**才是尺度。那由**欲望**度量的过度者,正是面容。但是由此我们又发现了**欲望**与需要之间的区别。**欲望**是**可欲望者**激发起的渴望;它诞生于它的"对象",它是启示。而需要是**灵魂**的空乏,它源自主体。

真理被在他者中寻求,然而是由那一无所缺之人所寻求。距离是不可逾越的,但同时又已被逾越。分离的存在者是满足的、自治的,然而又追求着他者,但这一追求又并不是由需要的缺乏刺激而起——也不是由对丧失了的财物的回忆引起——这样一种处境就是语言。真理在这样的地方出现:一个从他者那里分离开的存在者并没有陷入他者之中,而是对他说话。语言并不触及(touche)他者,即使以相切的方

---

⑭ 此句原文为"…auquel la théorie elle-même emprunte l'extériorité de son terme"。此句中的"le quel",英译本认为是指"运动":"Theory itself derives the exteriority of its term from <u>this movement</u>,…"而德译本认为是指"欲望"(德译将之还原为"Begehren"):"auch die Theorie verdankt <u>dem Begehren</u> die Exteriorität ihres Terminus…"。如果把英译中"运动"理解为"走向他者"而非"疏离他者"的"运动",那么英译从意思上也说得通。但从法语的表达习惯上看,le quel 似更应当指它前面的欲望:le Désir,而且这样意思同样说得通。故此处从德译。——中译注

式;语言到达他者,通过呼唤他者或命令他者,或者以这些关系所具有的全部的率直顺从他者。分离与内在性,真理与语言——它们构成了无限观念或形而上学的范畴。

分离由享受的心灵现象、由自我主义、由自我在其中同一化自身的幸福所产生;在分离中,**自我**忽视**他人**。但是对**他者**的**欲望**,在幸福之上又要求着这种幸福,要求着这种在世界之中的感性自治,即使这种分离既不能以分析的方式也不能以辩证的方式从**他者**中推导出来。但是,秉有人格生命的自我,其非神论是一无所缺的且不被整合进任何命运的非神论的自我,在**欲望**中超越自身,而**欲望**乃是从**他者**之在场中来到自我身上。**欲望**是一个已经是幸福的存在者中的欲望;欲望是幸者的不幸,是奢侈的需要。

自我已经在一种卓越的意义上实存;因为,我们不能把自我想象为首先实存着,然后被赋予幸福,仿佛这种幸福以属性的名义附加到这种实存上似的。自我凭其享受是作为分离的状态而实存,这就是说,作为幸福而实存,它可以为幸福而牺牲其全部的存在。它在一种卓越的意义上实存,它在存在之上实存。但是在**欲望**中,**自我**的存在显得还要更高,因为它能够为其**欲望**牺牲其幸福本身。因此凭借享受(幸福)与欲望(真理和正义),自我就处于存在之上,或者处于存在之峰、存在之巅。在存在之上。相对于实体的古典概念而言,欲望标志着某种颠倒。在欲望中,存在变为善良:在其存在之巅,它幸福地伸展着,它在自我主义中将自己确立为自我(ego),看哪,它打破了自己的记录,它为其他的存在者忧心忡忡。这代表一种根本的颠倒,不是对存在的任意某个功能的颠倒,对某个偏离其目标的功能的颠倒,而是对存在之运作本身的颠倒,这种颠倒悬置了存在之实存的自发的运动,并赋予其不可越过的申辩以一种不同的方向。

难以满足的**欲望**,并非因为它对应的是无限的饥饿,而是因为它并不呼唤食物。难以满足的**欲望**,却并非因为我们有限。柏拉图的爱的神话,(作为)丰饶和贫乏的产物,是否可以解释为丰富本身的匮乏,解释为欲望:不是对人们丧失之物的欲望,而是绝对的**欲望**,在一个拥有自身、并因此已经绝对地"立于自身"的存在者中产生的**欲望**?柏拉图拒绝了阿里斯托芬所提供的雌雄同体的神话,他难道没有看到**欲望**与哲学——它预设了本土性的实存而非放逐——的非思乡病特征?欲望是由**可欲望者**之在场引起的对存在之绝对性的侵蚀,而可欲望者的在场因此是被启示出来的在场,这一在场在一个存在者身上开凿**欲望**,这一存在者在分离中将自身体验为自治的。

但是柏拉图式的爱并不与我们称作**欲望**的东西一致。欲望之最初运动的目标,并不是不朽者,而是**他者**,是**陌生者**。欲望是绝对非自我主义的,它的名字叫正义。它并不把存在者与已经是(其)亲戚的人重新连接在一起。关于创造观念的伟大力量,如唯一神论所表明的那样,乃在于这种创造是 *ex nihilo*(无中生有)——不是因为创造代表了一种比创造主的赋形于质料的活动⑮更富奇迹的工作,而是因为分离的、被创造的存在者并不由此就是单纯地源自父亲,相反,对于父亲来说他乃是绝对的他者。对于自我的命运而言,子亲关系⑯本身并不显现为本质性因素,除非人保持住这种对于无中生有的创造的回忆,没有这种回忆,儿子就不是真正的他者。最终,那把幸福与欲望分离开的距离,也把政治与宗教分离开。政治追求相互承认,就是说,追求平等;政治确保幸福。政治法则(la loi politique)为承认而结束斗争,为承认而美化斗争。宗教是**欲望**,而绝非为了承认的斗争。宗教是平等社会中的可能盈余,是荣耀的谦卑之盈余、责任之盈余、牺牲之盈余,它是平等本身的条件。

第三节 话 语

将真理肯定为**同一**与**他者**之关系的模式,并不意味着反对理智主义,而是意味着确保理智主义的根本渴望,确保对照亮理智的存在的尊

---

⑮ 这里指的是柏拉图《蒂迈欧篇》中所说的创造主通过赋予既有质料以形式来创造万物的工作。——中译注

⑯ "子亲关系"原文为"filialité",其形容词为"filial",意为"子女的、子女对待父母的"。列维纳斯在本书中用"filialité"指"子女对父母的关系",以与"paternité"(父子关系)对应。考虑到中文中常把父母称为"双亲",《孟子·尽心》中也说"孩提之童无不知爱其亲也",这里的"亲"首先也指"父母"。故这里将"filialité"译为"子亲关系"。——中译注

重。在我们看来,分离的本原性存在于分离的存在者的自治之中。据此,在知识中,或更严格地说,在它的要求中,认识者既不参与到被认识者中也不与之统一。这样,真理的关系就包含一种内在性的维度——一种心灵现象,其中,形而上学者在与形而上者发生关联的同时又保持为隔绝状态。但是我们也已经指出,这种同时既跨越距离又没有跨越距离——没有与"彼岸"形成总体——的真理关联,建立在语言之上:(作为)关系(的语言),在这种关系中,诸端点从关系中解脱出来,在关系内保持着绝对。⑰ 没有这种解脱,形而上者的绝对距离就会是幻想。

关于对象的知识并不能确保一种其端点从关系中解脱出来的关联。客观知识虽然是无利害的却也依然徒劳,它同样带有认识者借以通达实在之物的那种方式的标记。把真理认作解蔽,就是把真理与解蔽者的境域联系起来。柏拉图把认识与观看等同起来,他在《斐德罗篇》的马车神话中强调观照真理的灵魂的运动,以及真实相对于这一历程的相对性。被解蔽的存在是相对于我们而不是 καθ' αὐτό(据其自身的)。根据古典术语,感性、对纯粹经验的要求、对存在的接受性,只有在被知性加工之后才能变成知识。根据现代术语,我们只有参照某种筹划才能进行解蔽。在劳动中,我们参照我们所设想的某个目标接触实在。柏拉图在《巴门尼德篇》中曾提到过这种由知识带给———它在知识中丧失了它的统一性——的变更。在知识这个词的绝对意义上的知识,(作为)关于其他存在的纯粹经验,或许应当把其他存在保持为 καθ' αὐτό(据其自身)的。

如果对象要如此参照着计划和认识者的工作,那么这是因为客观知识是一种与这样的存在的关系:此存在总是被越过,并且总是需要解释。"这是什么?"涉及的是作为"彼"的"此"。因为客观地认识,就是去认识历史之物,认识事实,认识已经完成者、已经被越过者。历史之

---

⑰ 此句中的"解脱"为"s'absolvent","绝对"为"absolue"。这两个词是同源词。——中译注

物并不只由过去所界定⑱——历史之物与过去皆被确定为我们可以言说的主题。它们被主题化,恰恰是因为它们不再能够说话。历史之物永远从其在场本身中缺席。就此我们要说,历史消失在它的各种显示的背后——它的显现总是表面的和含糊的,它的本原、它的原则,总是在别处。它是现象——没有实在性的实在。根据康德的图型,世界是在时间中构造起来的,而时间的流逝是没有本原的。这个已经丧失其原则的、无端的(an-archique)的世界——现象世界——并不回应对真实的追求,它满足的是享受,后者是自足本身,根本不为外在性之逃避所烦扰,外在性用这种逃避来对抗对真实的追求。这个享受的世界并不能满足形而上学的要求。关于被主题化者的知识仅是一种不断重启的斗争:反对对事实的总是可能的神秘化;同时,这种神秘化也是一种对事实的偶像崇拜,就是说,一种对沉默者的祈求,是各种表示(**含义**,**significations**)与神秘化之无法克服的多元性。或者,这种知识促请认识者进行一种无休止的精神分析,进行一种对至少是在他自己身上的真实起源的绝望追求,促请他努力苏醒过来。

在καθ'αὑτό(据其自身者)的显示(manifestation)中,存在关涉到我们,既没有逃避也没有(向其他目光)泄露自己——对于它来说,这样的显示就在于既不是被解蔽,也不是被暴露于一种目光之下,这种目光会把它当作解释的主题,会拥有一个支配着对象的绝对立场。对于存在来说,καθ'αὑτό(据其自身的)显示就在于向我们言说自身,就在于独立于我们可能已经会对它采取的任何立场而自行表达(s'exprimer)。在这里,与对象之可见性的所有条件相反,这个存在并不置身于另一个存在的光中,而是在应当仅宣告(annoncer)它的显示中呈现其自身,它作为对这种显示本身的引导而呈现——它在那仅仅显示它的显示之先呈现。绝对经验并不是解蔽而是启示:被表达者与表达者的

---

⑱ "历史之物并不只由过去所界定"这句话的原文是"L'historique ne se définit pas par le passé"。据此,这句话应译为"历史之物并不由过去所界定。"德译本的"译者附录"中的"法文版勘误"将这句话订正为"L'historique ne se définit pas que par le passé"。(参见德译本第448页)。此处据此勘误译。——中译注

一致，因此这甚至是**他人**的被赋予优先性的显示，超出于形式之外的面容的显示。那不停地背叛其显示的形式——凝固在那因与**同一**相即、故而可塑的形式中的形式——异化了**他者**的外在性。面容是一种活生生的呈现(**在场**)，它是表达。表达的生命在于拆解形式：在形式中，存在者作为主题展露出来，因此而隐藏自己。面容说话。面容的显示已经是话语。按柏拉图的说法，那自身显示者给自己本身以帮助。它每时每刻都拆解着它提供出来的形式。

  这一为了将自身作为**他者**呈现出来而拆解那与**同一**相即的形式的做法，就是进行表示(signifier)或拥有意义。以有所表示的方式呈现自身，这就是说话。这种呈现(**在场**)，在面容⑲之呈现中作为凝视你们的目光之尖端得到肯定；在被如此肯定之际，它被说出。因此，表示或表达就卓然有别于任何直观的被给予物，这恰恰是因为进行表示并不是给予。表示(**含义**)并不是一种观念本质或一种被提供给理智直观的关系，否则就仍然类似于被提供给眼睛的感觉。表示，乃是外在性的卓越的呈现(**在场**)。话语并不单纯是直观(或思想)的变异，而且还是与外在存在者的一种原初关系。话语并不是一个被剥夺了理智直观的存在者的一种令人遗憾的缺陷——似乎那作为孤独之思的直观乃是关系中的任何率直性之典范。它是意义之产生。意义并不是作为一种观念本质产生出来——意义乃是由呈现(**在场**)说出或教给，而教导并不被还原为感性直观或理智直观，后者乃是**同一**之思。给予其呈现(**在场**)以意义，此乃一不可还原为明见性的事件。此事件并不进入直观。它既是一种比可见的显示更为直接的呈现，又是一种遥远的呈现——他者的呈现。此呈现支配着那迎接它的人，它来自高处，它未被预见，因此它教以其新颖性本身。它是这样一个存在者的坦率呈现：此存在者可以撒谎，亦即支配着他所提供的话题；在此，可以撒谎者并不能隐藏其作为对话者的坦率，作为对话者，他总是以赤裸的面容进行斗争。穿过面具的，是双眼，是双眼中不可隐藏的语言。目光并不闪耀，目光说

---

  ⑲ "面容"原文为"image"，德译本"译者附录"中的"法文版勘误"将此词订正为"visage"(参见德译本第448页)。此处据此译为"面容"。——中译注

话。真理与谎言,真诚与隐藏,此中的取舍,乃是这样一个存在者的特权:他持守于绝对坦率的关系中,持守于不能遮蔽自身的绝对坦率中。

行动并不表达。它有一个意义,但是它把我们引向不在场的行动者。由作品出发通达某人,就是进入他的内在性,一如破墙而入;他者在其私密性中被突然撞见,在其私密性中他者当然也被暴露出来,但是却并不进行表达,[20]就像历史人物一般。作品意指着它们的作者,但却是间接地,是以第三人称进行意指。

人们当然可以把语言设想为行为,设想为动作举止。但是这样人们就遗漏了语言的本质因素:启示者(le révélateur)与被启示的内容(le révélé)在面容中的一致,这种一致是在位于相对于我们而言的高处实现的——是在教导中发生的。相反,举止以及所产生的行为,可以像言词一样变为启示(la révélation);就是说,如我们将要看到的那样,变为教导,但是,从人物动作举止出发所做的对人物的重构,乃是我们已经获得的科学的作品。

绝对经验并不是解蔽。解蔽,从主观视域出发的解蔽,已经是错失本体。唯有对话者才是纯粹经验的端点,在纯粹经验中,他人进入关系,同时又保持为καϑ'αὐτό(据其自身);他表达自身,同时我们并没有从一个"视角"出发、在一道借来的光中对它进行解蔽。作为完满知识的知识所寻求的"客观性",在对象的客观性之彼岸实现。那独立于任何主观运动而呈现自身者,乃是对话者,其(呈现自身的)样式在于从自身出发,在于它既是陌生者然而又向我呈现其自身。

但是,与这种"自在之物"的关联,并不处在一种作为对"活的身体"的构造而开始的知识的极限处,如按照胡塞尔《笛卡尔式的沉思》的第五沉思所做的著名分析那样。在胡塞尔所说"原真领域"中的对**他人**身体的构造,在如此构造出来的对象与从内部出发被体验为"我能"的我的身体之间所进行的先验的"结对",对这个作为他我(alter ego)的他人之身体的理解——这种分析,在其用来描述这种构造的任一阶段中,都掩盖了这样一些转化:从对象的构造到与他人之关系的转

---

[20] 参见下文。

化,而与他人的关系是与这种关系被从中引申出来的那种构造同样原初的。(胡塞尔所说的)原真领域对应于我们称作**同一**的东西,它只有通过**他人**的呼唤才能转向绝对他者。启示,相对于客观化的知识而言,构成一种真正的颠倒。当然,在海德格尔那里,共在被确立为与他人的关系,一种不可还原为客观知识的关系,但是它最终也是奠立在与存在一般的关系这个基础之上,奠立在(对存在的)理解的基础之上,奠立在存在论的基础之上。海德格尔预先已经把这个存在基础确立为任何存在者都从中浮现出来的视域,似乎,视域以及它所包含的且作为观看本己之物的界限的观念,是关系的最终框架。再者,在海德格尔那里,交互主体性是共在,是一个先于**自我**和**他者**的我们,一个中性的交互主体性。而面对面,则既预示了社会,又允许维持一个分离的**自我**。

涂尔干用宗教来刻画社会,由此他已经从某一方面超出了这种对于与**他者**之关联的光学解释。我只有通过**社会**才能与**他人**发生关联,而社会并不单纯是个体或对象的多数;我与**他人**发生关联,他人既非某个全体之单纯部分亦非某个概念之个别化。通过社会事物通达他人,就是通过宗教事物通达他人。以此,涂尔干让人隐约看到一种不同于客观事物之超越的超越。然而另一方面,对于涂尔干来说,宗教事物又立刻被归之于集体表象:表象的结构,因此即支撑着表象的客体化的意向性的结构,这种结构被用作对于宗教事物本身的最终解释。

由于一些独立地出现在马塞尔的《形而上学杂志》和布伯的《我与你》中的思想倾向,作为不可还原为客观知识的与**他人**的关系已经失去了它的不同寻常的特征,不论人们对于这些思想倾向的系统展开采取何种态度。布伯已经把由实践引导的与**对象**的关系和把**他人**作为**你**,作为伙伴以及朋友的对话关系区分开来。布伯谦虚地声称,这种在他著作中处于核心地位的观念在费尔巴哈[21]那里已经可以找到。但实际上,这种

---

[21] 参见布伯:"人的问题"(Das Problem des Menschen),载《对话的生活》(*Dialogisches Leben*),第366页。关于布伯的影响,参见 M. S. 弗里德曼(Maurice S. Friedman)在其论文《马丁·布伯的知识论》中的注释,载《形而上学评论》(*The Review of Metaphysics*),1954年12月,第264页。

观念只是在布伯所展开的分析中才获得它的全部活力,并且只是在这里,它才表现为对当代思想的本质性的贡献。虽然如此,人们仍可以自问,是否这种用你称呼(le tutoiement)没有把他者置入一种相互性的关系之中,并且这种相互性是否是原初的。另一方面,**我—你**关系在布伯那里保持一种形式特征:它可以把人与物像人与人那样统一起来。**我—你**的形式主义没有规定任何具体结构。**我—你**是一种事件(Geschehen),一种震惊,一种理解——但却无法使我们说明(除非作为一种畸变、一种沉沦或病态)一种不同于友爱的生活:经济、对幸福的追求、与事物的表象性关系。在某种傲慢的唯灵论中,所有这些都既未得到探讨也未得到解释。㉒ (我们的)这项工作并没有如下荒唐的要求:在这些课题上去"纠正"布伯。由于从无限观念出发,本项工作处于不同的视野之中。

认知他者与通达**他者**的要求,在与他人的关系中实现,后者适合于语言关系,而语言关系的本质因素是呼唤(l'interpellation),是呼告(le vocatif)。一旦呼唤他者,即使是为了告诉他人们不能和他说话,为了把他归为病人,为了对他宣判死刑,他者也在其异质性中维持自身、证实自身;在被抓住、损害、强暴的同时,他也被"尊重"。被呼告者并不是我所统握者:他并不处于范畴之下。他是我对之说话者——他只参照他自身,他并没有实质。然而呼唤的形式结构还必须得到展开。

知识的对象总是事实,总已经发生和被越过。被呼唤者是被呼吁说话者,他的话(言辞)就在于"给"他的话(言辞)以"援助"——在于成为在场的(**当前的**, présent)。这种在场(**当前**)并不是由绵延中的神秘不动的诸瞬间组成,而是由对诸瞬间的不断的重新获取组成,这些瞬间通过一种给它们以援助、为它们负责的在场(une présence)而涌出。这种不断(incessance)产生在场,它是在场的在场化(la présentation),是生命。似乎,说话者的在场颠倒了那一不可避免的运动,即把说出的

㉒ "在某种傲慢的唯灵论中,所有这些都既未得到探讨也未得到解释。"原文为"Elles demeurent dans une espèce de spiritualisme dédaigneux, inexplorées et inexpliquées"。德译本"译者附录"中的"法文版勘误"将此句订正为"Elles demeurent, dans une espèce de spiritualisme dédaigneux, inexplorées et inexpliquées"。此处据此勘误译。——中译注

语词引向写下的语词(所具有)的过去的运动。表达是现时之物的这种现时化。在场在这种反对过去的斗争(如果可以这么说的话)中产生,在这种现时化中产生。言辞的唯一现时性把言辞从其出现于其中的境域中抽离出来,并似乎推迟了这种境域。它带来了写下的言辞已经被剥夺了的东西:掌控。言辞,优于单纯的符号,它本质上是权威性的。它首先教导这种教导本身,凭借后面这种教导,它只能教授(而不是像助产术那样在我身上唤醒)事物与观念。观念从老师那里传授给我,老师把它们向我呈现(présente);对它们进行追问;客观知识所通往的客观化与主题,已经建立在教导的基础上。在对话中使事物成为话题,并不是对事物感知的变更;㉓这种使事物成为话题与对事物的客观化是一致的。当我们已经欢迎一个对话者时,对象便被呈交出。老师——教导与教导者的相符——从他那一方面来说,也不是任意某个事实。进行教导的老师之显示(所具有)的在场,克服了事实的无端(无本原,l'anarchie)。

语言并不以如下借口来制约意识:它给自我意识提供了一种在客观作品中的肉身化,而此客观作品就会是语言,如黑格尔主义者们会希望的那样。语言——与他人的关系——所勾勒的外在性,并不像一件作品的外在性那样,因为作品的客观外在性已经处于语言亦即超越所创建的世界之中。

第四节 修辞与非正义

并非无论什么样的话语都是与外在性的关系。

最常见的情况是,我们在话语中接近的并不是对话者,并不是我们的主人,而是某个对象或孩童,或民众中的一员,如柏拉图所说。㉔我们的教育话语或心理教育话语是修辞,它处于用诡计诓骗其邻人的那种人的立场之中。这就是为什么智者的技艺是这样一个主题:关于真

㉓ 此句意即:在对话中谈及事物,并不是对事物感知的一种语言表达。——中译注
㉔ 《斐德罗篇》,273 d。

理的真正话语或哲学话语是通过参照它而得到界定的。修辞抵制话语（或者导致话语：教育、蛊惑、心理教育）；任何话语中都有修辞，而哲学话语却寻求克服修辞。修辞接近**他者**，不是正面而是迂回；当然（修辞）不是把他者作为物来接近——因为修辞仍保持为话语，因为它穿过它的所有把戏仍走向**他人**，鼓动他人说是。但是，修辞（宣传、奉承、外交）的特殊本性恰恰在于损害这种自由。正是因此，修辞才格外是暴力，就是说，是非正义。不是施诸惰性之上的暴力——这不会是暴力——而是施诸自由之上的暴力，而自由，恰恰作为自由，应当是不可损害的。对自由，修辞设法运用某种范畴——它似乎在把自由作为一种自然加以判断，它提出了一个术语自相矛盾的问题："这种自由的本性（**自然**）是什么？"

放弃修辞中所包含的心理教育、蛊惑和教育这些因素，就是从正面接近他人，在一种真正的话语中接近他人。于是在任何程度上，这种存在都不是对象，他处于任何控制之外。对于此存在来说，从任何客观性中摆脱出来，这从肯定方面看就意味着他在面容中的呈现，意味着他的表达、他的语言。作为他者的**他者**是**他人**。为了"让他存在"，必须有话语关系；在纯粹"解蔽"中，他人是被作为主题提出来的，因此，这种纯粹"解蔽"就没有充分尊重他。我们把这种从正面、在话语中（对他人）的接近，称为正义。如果真理是在存在于其中放射出其自身光芒的绝对经验中浮现出来，那么真理就只有在真正的话语中或在正义中才能产生出来。

绝对经验处于面对面中，在这种绝对经验中，对话者作为绝对存在（就是说，作为摆脱了诸范畴的存在）呈现出自身；对于柏拉图来说，如果没有**理念**的中介作用，这种绝对经验是无法想象的。非人格的关联与非人格的话语，似乎指向着孤独的话语或理性，指向着与其自身进行对话的灵魂。但是，思想者所注意到的柏拉图式的理念，是否等同于某种崇高化了的、完美化了的对象？《斐多篇》所强调的**灵魂**与**理念**之间的亲缘关系，是否只是一种观念论的隐喻，这种隐喻表达了存在易受思想的影响？观念之物的观念性是可以还原为对诸种性质的最高提升，还是说可以把我们引向这样一个区域：在这里存在者们有一个面容，就是说，在它们自己的信息中呈现？赫尔曼·柯亨——在这一点上他是个柏拉图主义者——坚持认为,人们只能爱理念;但是**理念**的概念最终等同于把他者转化为**他人**。对于柏拉图来说,真正的话语可以给它自己带来援助;那被呈交给我的内容是与那思考过它的人不可分割的,而这意味着话语的作者在回答问题。对于柏拉图来说,思想并不能还原为某些真实关联之间的一种非人格的链条,而是以人格以及人格间的关联为前提。苏格拉底的神灵参与到助产术技艺本身之中,而后者又指向那对人们来说是共同的东西。[25] 以诸理念为中介的共同体并没有在对话者之间建立起完全的平等。在《斐多篇》中,哲学家被与安于职守的守卫者相比,他位于诸神的管辖之下——他并不与他们平起平坐。在这些存在者所构成的等级制的顶端,端居着理性的存在者;这一等级制可以被超越吗?神的上升又对应着何种新的纯粹性?柏拉图把人们用来取悦众神的言辞,与那些指向凡人的言行——它们在某种程度上总还是修辞与谈判("在我们与人们打交道的场合")——那些向着本身就是民众的凡人而说出的言辞对立起来。[26] 对话者并不是平等的;当话语到达真理时,它就是与某个神明的对话,后者并非我们的"奴仆同伴"。[27] 社会并非源于对真实的沉思,与他人、与我们的主人的关系使真理得以可能。因此,真理与社会关联密切相关,后者本身就是正义。正义就是于他人中认出我的主人。人与人之间的平等就其自身来说毫无意义。平等具有一种经济的意义,并且预设了金钱,它已经建立在正义之上——后者秩序井然,由他人发端。正义是对他人之优先性的承认,对他人之支配性的承认,是在修辞之外通达他人,而修辞乃是诡计、控制与利用。在这个意义上,超越修辞与正义完全一致。

第五节　话语与伦理

人们可以把客观性与思想的普遍性建基在话语之上吗?普遍的思

---

[25] 《泰阿泰德篇》,151 a。
[26] 《斐德罗篇》,273 e。
[27] 同上。

想难道不是自身就先于话语吗？一个正在言说的心灵难道没有使人想起其他心灵已经在思考的东西吗,(既然)他们彼此分享着共同的理念？但是思想的共同体应当会使作为存在者之关系的语言变得不可能。融贯一致的话语是一。一种普遍的思想不需要交往。一种理性对于一种理性来说不可能是他者。一种理性如何可能是自我或他者,既然它的存在本身就在于放弃个别性？

尽管人作为万物的尺度这样一种观念带来了非神论的分离的思想,并且是话语的基础之一,然而欧洲思想还是一直把这一观念视为怀疑论加以斗争。对于欧洲思想来说,感觉着的自我并不能为**理性**提供基础,自我是被理性界定的。以第一人称说话的理性并不向**他者**说话,它进行的是独白。并且,反过来,它只有通过变为普遍的,才会通达真正的人格性,才会恢复自治人格的特有的主权。分离的思者们,只有在其个人的和特殊的思考行为作为这种唯一且普遍的话语之环节出现这个程度上,才能变成理性的。只有思考着的个体本身会进入其自己的话语中,只有思想会统握(comprendrait)住——在这个词的词源学的意义上——思者,只有思想会包含思者,只有在这样的程度上,在思考着的个体中才会有理性。

但是,使思者成为思想的环节,就是把语言的启示功能限制在它的融贯性上,这种融贯性传达着诸概念的融贯性。在这种融贯性中,思者的独一无二的自我蒸发掉了。语言的功能就会等同于对打破这种融贯性并因此本质上是非理性的"他者"的消除。奇特的结果：语言就会等于消除**他者**,通过使**他者**与**同一**一致！然而,在其表达功能中,语言恰恰维持着它所向之言说的他者,它所呼唤或祈求的他者。确实,语言并不在于把他者作为被表象者和被思考者来祈求。而这正是为什么语言创建了一种不可还原为主客关系的关系:他者的启示。只有在这种启示中,作为符号系统的语言才能被构造出来。被呼唤的他者并不是一个被表象者,不是一种所予物,不是一个从某方面看已经被呈给一般化的特殊者。语言,远非以普遍性和一般性为前提,(相反)只是使它们得以可能。语言以对话者、以多元性为前提。他们的往来并不是一者被另一者表象,也不是在语言的共同平台上分有普遍性。他们的往来，我们马上要说明这一点，是伦理的。

柏拉图坚持认为要在以下两方面之间做出区分：一方面是真理的客观秩序，那无疑是以非人格的方式在文字中建立起来的客观秩序；另一方面是在活着的存在者中的理性，是"活生生的、被激活的话语"，因此是"有能力为自己辩护……知道该对谁说话或该在谁面前保持沉默"的话语。㉘ 这种话语因此就不是对某种预先制作好的内在逻辑的展开，而是在思者之间的斗争中进行的对真理的构造，这种构造伴随着自由所具有的全部偶然。语言关联以超越为前提，以彻底的分离为前提，以对话者的陌异性为前提，以**他者**向我的启示为前提。换言之，语言在这样的情况下被说出：在这里，关系项之间尚缺乏共同体；在这里，尚缺少共同的平台，它还只是应该被构建。语言处于这种超越之中。话语因此是对绝对陌异者（带来）的某事的经验，是纯粹的"知识"或"经验"，是惊异所具有的创伤。

绝对陌异者单独就能给我们以教益。而只有人对于我来说才能是绝对陌异者——抗拒任何类型学，抗拒任何属，抗拒任何性格学，抗拒任何分类——因此，才能是一种最终穿越过对象的"知识"的端点。他人的陌异性，他的自由本身！唯有自由的存在者才能彼此陌异。那对于他们来说是"共同的"自由，恰恰是那把他们分离开者。"纯粹知识"、语言，就是与这样一种存在者的关联：这种存在者在某种意义上并不与我相关；或者，如果人们愿意这么说的话，他只有在下述程度上才与我发生关联，即他完全与自身相关，καθ' αὐτό，他超出于任何属性之外（属性恰恰会导致这样的结果，即把他规定为，也就是还原为那对于他和其他存在者来说是共同的东西）；因此，他完全是赤裸的。

事物只有在它们是毫无装饰的时候，才在隐喻的意义上是赤裸的：赤裸的墙，裸露的风景。当它们自失于它们为之而被制作的那种功能的实现中时；当它们如此彻底地从属于它们自己的目的以至于它们消失其中时，它们就并不需要装饰。它们消失在它们的形式下。对于个别事物的感知就是这样的事实：事物并没有完全消失在它们的形式中；

㉘ 《斐德罗篇》，276 a。

于是它们自为地突出出来,它们穿破、突破它们的形式,它们并不消解在那些把它们与总体连接在一起的关系中。就某一方面来说,它们总是类似于那些工业城市,在这些城市中,每样事物都与某种生产目标相应,然而这些烟雾弥漫、充满废物和悲伤的城市也为其本身而存在。对于一件事物来说,赤裸就是其存在对于其目的的盈余。仅仅相对于下面这种形式才显现出来的,正是事物的悖谬性、无用性:这种形式与之判然有别,且为其所缺乏。事物总是一种不透明性、一种抵抗、一种丑恶。既然如此,那么柏拉图的这种构想,即智性的太阳处于观看的眼睛和太阳所照亮的对象之外,就确切地描述了对于事物的感知。对象并没有本己的光,它们接受借来的光。

47　　于是美就在这个赤裸的世界中引入了一种新的目的——一种内在目的。凭借科学与艺术进行解蔽,本质上就是给元素披上一件含义的外衣,就是超出感知。解蔽一个事物,就是用形式来照亮它:通过察觉到它的功能或美而为它在全体中找到一个位置。

　　语言的工作则完全不同:它在于进入与某种赤裸的关联,这种赤裸摆脱了任何形式,然而又凭其自身、καϑ'αὐτό具有某种意义,在我们把光投射到它上面之前就有所表示,它并不是作为价值之二值性——作为善或恶、作为美或丑——基础上的某种褫夺而显现,而是作为总是肯定的价值显现。一种如此这般的赤裸就是面容。面容的赤裸并不是那因为我解蔽它而被呈交给我的东西——不是那因此会在一种外在于它的光线中被呈交给我、呈交给我的权能、呈交给我的眼睛、呈交给我的感知的事物。面容已经转向我——而这就是它的赤裸本身。面容凭其自身而存在(est),根本不是通过参照某个系统。

　　当然,在丧失其系统的事物之悖谬性或穿透任何形式的面容之表示(**含义**)外,赤裸还可以有第三种意义:在冲动与欲望中向他人显现的、在害羞中被感受到的身体的赤裸。但是这种赤裸总是以这种或那种方式参照着面容的赤裸。只有一个因其面容而绝对赤裸的存在者,也才能无耻地赤裸自己。

　　但是,那转向我的面容之赤裸与由其形式照亮的事物的解蔽之间的差异,并不是单纯地区分开了"知识"的两种模式。与面容的关系并不是对象知识。面容之超越,既是它从它所进入的这个世界中抽身而出,即一个存在者的无家可归,也是其作为陌生者、作为一无所有者或无产者这样一种状况。作为自由的陌异性,也是赤贫的陌异性(l'étrangeté-misère)。自由作为**他者**呈现出来;它向**同一**呈现,而同一总是存在的本地人,在其居所中总被赋予优先性。他者、自由者,也是陌生者。他的面容的赤裸延伸到身体的赤裸之中,那发冷且为其赤裸感到羞耻的身体。在世界中,καϑ'αὐτό(据其自身的)实存是一种赤贫。在自我与他者之间,在这里,有一种关联,一种超逾修辞的关联。

这恳求和要求着的目光——它只是因为要求着才恳求着——这因为有权得到一切才被剥夺一切的目光,这由人们通过给予而承认(一如"人们通过给出事物而质疑事物")的目光——这目光恰恰是作为面容的面容的临显。面容的赤裸是贫乏(dénûment)。承认他人,就是承认饥饿。承认**他人**——就是给予。但这是给予主人,给予主宰者,给予这样一个人:我将之作为位于高处的"您"(vous)来接近。

正是在慷慨中,为我所占有的世界——被提供给享受的世界——是从一个独立于自我主义者的立场的视角出发被觉察到的。"客观之物"并不单纯是冷静的观照(**沉思**)的对象。毋宁说,冷静的观照是由礼物、由对不可让渡的所有权的废除所界定的。**他人**的在场就等于质疑我对世界的愉快的占有。对于感性之物的概念化已经依赖于这种断裂,即我的实体与我的家这种活的身体中的断裂;已经与我之所有物对于他人的适宜性相关,这种适宜性为事物沦为可能的商品做好了准备。这种最初的剥夺构成后来通过金钱进行的一般化的条件。概念化是最早的一般化,是客观性的条件。客观性与对不可让渡的所有权的废除是一致的——这一废除以**他者**的临显为前提。于是,一般化的所有疑难都是作为客观性的疑难提出来的。关于一般的、抽象的观念的疑难,不能以已经被构造出来的客观性为前提;一般对象并不是一个感性对象,它只是在一种关于一般性与观念性的意向中才得到思考。由于对于一般的、抽象的观念的唯名论批评并没有由此被克服,所以还必须澄清这种关于观念性和一般性的意向究竟意味着什么。从感知到概念的过渡属于对感知对象之客观性的构造。(在这里,)我们不可以谈论一种覆盖在感知之上的关于观念的意向,通过这种意向,在**同一**中同一化着自身的主体之孤独的存在就走向了观念的超越世界。**对象**的一般性是这样一个主体的慷慨之相关项:这个主体走向**他人**,超出自我主义的和孤独的享受,并因此从享受之排外性的所有权内部打破这个世界的共同财产制(communauté des biens)。㉙

承认他人,因此就是穿过被占有之物(组成)的世界而到达他人那里,但同时,又通过礼物而建立起共同体与普遍性。语言是普遍的,因为它是个体通往一般的通道本身,因为它把我的物呈交给他人。说话,就是使世界成为共同的,就是创建共同之所。语言并不指向概念的一般性,而是为共同占有奠定基础。它废除享受的不可让渡的所有权。话语中的世界,不再是其于分离中之所是——在其中一切都被给予我的那个家园——(相反)它是我所给出者:可共有者、思想、普遍者。

于是话语,就不再是两个一无所有、孑然独立之人的感人相遇。话语不是爱情。他人的超越就是其卓越,是其高度,是其主人身份,这种超越在其具体意义中包含了它的赤贫、它的无家可归与它的陌生者的权利。孤儿、寡妇、陌生者的目光,我只有在给予(他们)或拒绝(他们)之际才能予以承认;我自由地给予或拒绝;但是(我的承认)必须通过事物的居间作用才能发生。事物并不是像在海德格尔那里那样,是位置的基础,是构成我们在大地上之在场的全部关系("在天空之下,在人们的陪伴中,在对诸神的等待中")的精髓。正是**同一**与**他者**的关联,我对**他者**的欢迎,才是终极的事实;正是在这里,物才不是作为人们所建造的东西出现,而是作为人们所给出的东西出现。

第六节 形而上者与人

作为非神论者与绝对发生关联,就是欢迎那从圣密(le sacré)之暴力中净化出来的绝对。在其呈现出其圣洁(sainteté)——也就是其分

㉙ 或译"共有财产制",指法国的一种夫妻财产制度:婚后收入属于共同财产。——中译注

离——的高度上,无限并没有灼伤那朝向它的眼睛。㉚ 它说话,它并没有不可面对的且会把自我桎梏于其不可见的网罗中的神秘图式。它不是神力性的(numineux);接近它的自我既没有在其联系中被消灭,也没有被带离其自身,而是保持着(与它的)分离状态,并持守于自身。唯有非神论的存在者才能既与**他者**发生关联,又已经从这种关系中解脱出来。超越有别于通过参与而达成的与超越者的结合。形而上学的关系——无限观念——与那并非一神力(un numen)的本体(noumène)发生关联。这一本体有别于实证宗教的信徒们所拥有的上帝概念,这些信徒们并没有完全摆脱参与的链条,他们容忍自己无知地沉浸于某种迷思之中。无限观念,形而上学的关系,是没有迷思的人性的黎明。然而,从迷思中净化出来的信仰,唯一神论的信仰,其本身以形而上学的非神论为前提。启示是话语。为了欢迎启示,必须要有一种能够担当对话者角色的存在者,一种分离的存在者。非神论是与καθ'αὐτό(据其自身的)真实上帝的真正关系的条件。但是这种关系既不同于客观化也不同于参与。倾听圣言,并不等于认识一个对象,而是处于与这样一个实体的关联之中:这个实体溢出其在我之中的观念,溢出笛卡尔称作其"客观实存"的东西。如果只是被认识、被主题化,那么实体就不再是"据其自身的"。在话语中,实体既是陌异的又是在场的;这样的话语悬置了参与,同时在对象知识之外又创建了关于社会关联的纯粹经验,在这种社会关联中,一个存在者并没有从其与他者的联系中得出它的实存。

把超越者肯定为陌异人与穷人,就是禁止在对人与物的忽视中实现与上帝的形而上学关系。神圣的维度在人类的面容上打开。与超越者的关系——然而摆脱了超越者的任何控制——是一种社会关系。正是在这里,超越者、无限**他者**,恳求着我们,求助于我们。**他人**的临近,邻人的临近,在存在中是启示的不可避免的环节,是表达着自身的绝对

㉚ 在列维纳斯这里,"圣密""le sacré"与"圣洁""sainteté"之区别在于:"圣密"假冒"圣洁",把"圣洁"(分离性)重新铭刻进世界,从而败坏"圣洁",而"圣洁"恰恰在于无限之与自我的分离性。——中译注

(亦即摆脱了任何关系的)在场之不可避免的环节。**他人**的临显本身就在于用其在孤儿、寡妇、陌生人之面容中的赤贫来恳求我们。从肯定方面看,形而上学者的非神论意味着我们与**形而上者**的关联是一种伦理举止,而不是神学,不是主题化,即使后者是在类比的意义对上帝属性的认识。上帝将自身提升到其至高至极的在场,这种提升与回报给人们的正义相关。对于朝向上帝的目光来说,直接理解上帝是不可能的,这不是因为我们的理解是有限的,而是因为与无限的关系尊重**他者**的完全的**超越**而没有为**他者**所迷惑,因为我们的这样一种可能性——即欢迎人身上的无限——要比那把其对象主题化并将之含括在内的统握走得更远。更远,恰恰是因为,它因此走向**无限**。作为参与到上帝神圣生活中去的对上帝的理解,所谓直接的理解,是不可能的,这是因为参与(到上帝神圣生活中)就是否定神圣;是因为没有什么比面对面更直接,面对面乃率直本身。不可见的上帝,并不只是意味着一个不可想象的上帝,而且还意味着一个可在正义中通达的上帝。伦理是精神性的看法。主客关系并不能反映它;在导致这种主客关系的非人格的关系中,不可见的然而人格性的上帝并不是在任何人类在场之外被接近。理念,并不只是一种最高程度地存在的存在物,也不只是对客观之物的理想化,或者,在爱恋性的孤独中,对一个**你**的理想化。为了能够产生通往上帝的开口,必须要有正义的工作,也就是面对面的率直之工作——而"视见"(vision)在这里正与这种正义的工作相一致。于是,哪里有与人的关联,哪里有社会关系在上演,哪里就有形而上学在上演。离开了与人的关系,就不可能有任何关于上帝的"知识"。他人是形而上学真理的所在地本身;而且对于我与上帝的关联来说,他人是根本不可缺少的。他人并没有承担中介者的角色。他人不是上帝的肉身化,相反,凭借他在其中解肉身化的面容,他人恰恰是上帝于其中启示出自身的那一高度的显示。正是我们与人们的关系,描述出了一个难以察觉的研究领域(在这一领域里,人们大多数时间都局限于一些其内容可能只是"心理学"的形式范畴),也正是这些关系把神学概念所蕴含的独一无二的含义赋予它们。建立起伦理的这种首要性,也就是说,人与人之关系——表示(signification)、教导、正义——的首要性,一种一切其他结构(尤其是所有那些似乎原初地把我们置于与非人格的、审美的或存在论的崇高之联系中的结构)皆依靠其上的不可还原的结构的首要性,是当前这部著作的目的之一。

形而上学在伦理关联中上演。如果神学概念没有从伦理中汲取它们的含义,那么它们就一直是空洞的与形式的框架。康德在知性领域中归之于感性经验的角色,在形而上学中则属于人与人之间的关系。最终,正是从道德关系出发,形而上学的全部断言才获得其"精神"意义,才从一种因禁于物、牺牲于参与的想象所归之于我们的概念的一切东西中净化出来。与一切和圣密的关系相反,伦理关系是如此获得界定的:排除任何它在维持这种关系之人不知情的情况下可能会具有的含义。当我维持一种伦理关系时,我就拒绝承认我在一幕我不是其作者或另一个人在我之前就知道其结局的戏剧中所可能扮演的角色;我拒绝在一幕无视我且戏弄我的关于救赎或罪孽的戏剧中出演。然而这并不等于魔鬼的骄傲,因为这丝毫不排除顺从。但是顺从又恰恰有别于不自觉地参与到人们所表现出或预示出的神秘意图中。所有那些不能归结于人与人之间关系的东西,都没有代表宗教的高级形式,而是代表着宗教的那种永远原始的形式。

第七节 面对面,不可还原的关系

我们的分析由一个形式结构——我们身上的**无限**观念——引导着。为了拥有无限观念,人们必须作为(与无限)分离的(存在者)而存在。这种分离不可以仅仅作为**无限**之超越的回声产生出来。否则,分离就会被维系在一种相关性(une corrélation)之中,这种相关性会重建起总体,并使得超越成为幻觉。然而,**无限**观念乃超越本身,乃是对相即观念的溢出。如果总体不能被构建起来,这是因为**无限**不允许自己被整合。并不是**自我**的不足在阻止总体化,而是他人的**无限**在阻止。

然而在形而上学中,一种从**无限**那里分离的存在者又与**无限**发生关联。它借以与无限发生关联的那种关联,并没有取消分离的无限间隔,这种无限间隔因此不同于任何间隔。在形而上学中,一个存在者处于与这样一种事物的关联之中：它无法吸纳这个事物，无法统握（comprendre）——在该词的词源学意义上——这个事物。具体来说，这个形式结构的肯定面——拥有**无限**观念——就是话语，那将自身明确为伦理关系的话语。对于这种处于此岸的存在者与超越的存在者之间的关系，这种既不导致任何概念共同体也不导致任何总体的关系——无关系的关系，我们把宗教这个术语保留给它。

对于超越的存在者和那与之分离的存在者来说，分有（participer）同一个概念是不可能的，这样一种对于超越的否定描述仍然来自笛卡尔。因为笛卡尔肯定了那分别用于上帝和受造物的存在术语具有歧义性。通过中世纪的属性类比神学，这一论断可追溯至亚里士多德的这样一种构想：即存在只有类比的统一性。而在柏拉图那里，它则存在于**善**相对于存在的超越之中。这一论断本应当充当一种多元论哲学的基础，在这种多元论哲学中，存在的多元性既不会消失在数的统一性中，也不会被整合进某种总体之中。总体与对存在的含括或存在论——并没有持有存在的最终秘密。宗教才是最终的结构；在宗教中，尽管**同一**与**他者**之间的**大全**是不可能的，但它们之间的关联——**无限**观念——却持续存在着。

同一与**他者**并不会进入一种会把它们含括在内的知识。分离的存在者所维持的、与那超越它的事物的关系，并不是在总体的基础上产生，并没有凝聚到一个系统之中。然而，我们不是对它们一起命名了吗？那对它们一起命名的语词的形式上的综合，已经构成了话语的一部分，就是说，已经是那打破总体的超越之局面的一部分。**同一**与**他者**的语言上的邻近关系于其中已经得到维持的那种局面，就是我对**他者**直接的、正面的欢迎。（这是）不可还原为总体的局面，因为"面对面"的立场并不是"肩并肩"的一种变形。甚至，当我已经用连词"和"把他人与我连接在一起时，**他人**仍然继续面对着我，仍然在其面容中启示其自身。宗教支撑着这种形式的总体。而如果，正如在一种最后的和绝对的观点中那样，我对作为本书之主题的分离与超越进行阐述，那么这些关系——我认定它们构成了存在本身的情节（la trame）——就已经在我向我的对话者说出的当前话语中缠绕在一起（构成这种情节）了：

他者——敌人、朋友、我的老师、我的学生——不可避免地穿过我的**无限**观念面对我。的确,反思可以意识到这种面对面,但是反思的"反自然的"立场并不是意识生活中的一个偶然。它蕴含着一种对于自身的质疑,一种在面对**他者**和处于他者之权威下时产生的(对自身的)批判态度。我们下面将进一步表明这一点。面对面始终保持为终极处境。

第三章　真理与正义

第一节　被质疑的自由

形而上学或超越在渴望着外在性的、身为**欲望**的理智（intellect）之工作中得到辨认。然而在我们看来，对外在性的**欲望**是运动着的：不是在客观知识中运动，而是在**话语**中运动，话语又在给予面容的欢迎之率直中作为正义呈现出来。传统上为理智所回应的那种真理的召唤，难道没有被这种分析所揭穿吗？正义与真理之间是何关联？

确实，真理并不与可理解性（l'intelligibilité）相分离。认识，并不只是记录（constater），而且总已是理解（comprendre）。人们也说，认识就是辩护，通过引入——类似于道德秩序——正义概念而进行辩护。为事实辩护，就在于剥夺掉其事实的、既成的、过去的、因此也是不可撤销的特征，后者作为如此这般的特征阻碍着我们的自发性。但是，说事实因为阻碍了我们的自发性而是非正义的，这就预设了自发性没有受到质疑，预设了自由的运作并没有被置于规范之下，而是自身就是规范。然而，对可理解性的关心根本不同于一种引发行动而无视障碍的态度。相反，这种关心意味着对对象的某种尊重。为了使障碍变成一个需要理论辩护或需要一个理由的事实，克服障碍的行动的自发性就必须已经是受抑制的，就是说，其本身已经受到质疑。因而我们就从一种什么都不顾的活动过渡到一种对于事实的考虑。那据说使得理论得以可能的、对行为的著名悬搁，就取决于对自由的克制，这种克制不投身于冲动，不投身于未加思索的运动，而是保持着距离。真理出现于其中的理论，是一种并不信任自身的存在者的态度。知（le savoir），只有当其同时也是批判,同时对自身进行质疑,并追溯至超逾其本原处(反自然的运动,这种运动就在于去寻找比其本原更高的本原;这种运动证明了或描述了一种被创造的自由),才变成对事实的知。

这种自身批判,既可以被理解为对于(某人)自身弱点的发现,也可以被理解为对于其可耻的揭示。就是说,既可以被理解为失败意识,也可以被理解为有罪意识。在后一种情况下,为自由辩护就不是证明自由,而是使自由变得正义。

我们可以在欧洲思想中区别出一种占主导地位的传统,这一传统使可耻从属于失败,使道德的慷慨本身从属于客观思想的必然性。(在这一传统中,)自由的自发性并没有受到质疑。单单对自由的限制就会是悲剧,就会构成丑闻。只有当自由以某种方式被强加于自身之上,只有在这个程度上,自由才受到质疑;(因此)如果我能够自由地选择我的实存,那么一切就都会得到辩护。我的尚缺乏理性的自发性的失败,唤醒了理性与理论,可能已经有一种会成为智慧之母的痛苦。从失败中只会产生这样的必然性:抑制暴力和在人类关系中引入秩序。政治理论从自发性的未经讨论的价值中引出正义。这里的关键就在于借助世界知识以使我的自由与其他人的自由协调一致,从而确保最大限度地发挥自发性。

这一立场不仅承认自发性的未经讨论的价值,而且也承认一个理性存在者处于总体中这样一种可能性。失败会质疑自我在世界中的中心地位,从而导致对自发性的批判,因此这种批判以对自发性的失败和总体进行反思的权能为前提,以挣脱自身并生活在万有中的自我的拔根为前提。这一批判既不为理论也不为真理进行奠基,相反它预设了它们:它从世界知识出发,它已经诞生于一种知识,诞生于关于失败的知识。失败意识已经是理论性的。

相反,由对道德上的可耻的意识所引发的对自发性的批判,则先行于真理,先行于对全体的考虑,并不以自我在万有中的升华为前提。可耻意识,从它这一方面来说,并不是一种真理,并不是对事实的考虑。对于我的不道德性的最初意识,并不是我之从属于事实,而是我之从属于**他人**、从属于**无限**。总体观念与无限观念之区别恰恰在于:前者纯粹是理论性的,后者则是道德性的。那可为自己感到羞愧的自由为真理奠基(因此真理并非从真理中推导出来)。他人首先并不是事实,并不是障碍,并不以死亡来威胁我。他是在我的羞愧中被欲望的。为了揭示出权能与自由的未被辩护的实际性,人们既不能把这种实际性看作对象,也不能把他人看作对象;人们必须以无限为尺度来度量自身,就是说,必须欲望无限。为了认识到自己的不完美,如笛卡尔所说,人们必须要有无限观念,要有(关于)完善(的)观念。完善的观念并不是观念,而是欲望。正是对他人的欢迎,(作为)道德意识的开端,在质疑着我的自由。因此,这种以无限之完美来度量自身的方式,就并不是一种理论的考虑。这种方式是作为羞愧完成的,在羞愧中,自由发现自身在其运作本身中是(对他人的)谋杀。它在羞愧中被完成;在羞愧这里,自由在其于羞愧意识中被揭示的同时,也被遮蔽在羞愧本身中。羞愧并不具有意识的结构和清楚的结构,而是被朝相反方向定向的。羞愧的主体外在于我。在话语与**欲望**中,他人是作为对话者、作为我不能对其施加权能者、作为我不能杀死之人而呈现其自身;这样的话语与欲望,构成了这种羞愧的条件,在此羞愧中,我作为我,并不是无辜的自发性,而是篡位者与谋杀者。相反,无限,**他者**作为**他者**,却并不与我关于另一个我本身的理论观念相即,其简单的理由如下:他唤起我的羞愧,他作为我的支配者呈现出来。他的已获辩护的实存是第一个事实,是其完美本身的同义词。而如果他者能够向我授权(m'investir),能够对我的自在地任意的自由进行授权,①那是因为我最终可以把自己感觉为**他者**的**他者**。但这只有通过诸多复杂的结构才可能。

道德意识欢迎他人。那并不是使我的权能遭受失败——好像它是更强大的权能似的——而是对我的权能的素朴的权利、对我作为一个生物的沾沾自喜的自发性进行质疑者,正是一种对我的权能的抵抗的启示。道德开始于自由感觉到自己充满任意和暴力之际,而非在其自

---

① 此处以及下文的"investir"或"investiture"应是"承认自由、承认自由的权利、为自由授权、从而为自由辩护"的意思。我们译为"向(或对)……授权"。——中译注

己为自己辩护之际。对可理解者的寻求、知的批判性本质的显示,以及存在者向先于它的条件的事物的回溯——这些都一道开始。

第二节 对自由的授权(l'investiture)或批判

事实上,实存并不是被判为自由,而是被授权为自由。自由,并不是无遮无拦的。哲学活动,就是回溯到那在自由之先的事物,就是揭示出那把自由从任意性中解放出来的(对自由的)授权。知作为批判,作为向先于自由的事物的回溯,唯有在这样一种存在者中才能浮现出来:这种存在者在它的本原之先还有一个本原——它是被造的。

批判或哲学是知的本质。但是知的特性并不在于它走向对象这样一种可能性,这种走向对象的运动使它与其他的行为类似。知的优先权在于它能够质疑自身,在于它进入到那在它自己的条件之先的事物。它从世界那里抽身而退,却并不是因为它把世界作为对象;它可以把世界作为课题,使世界成为对象,是因为它的运作就在于以某种方式掌控着那支撑着它的条件本身,这一条件甚至还支撑着这一掌控行为本身。

这种掌控,这种向位于其条件之先的事物的进入,首先被一种素朴运动所隐藏,这种素朴运动引导着作为朝向对象之行为的知识;这种掌控与进入意味着什么?这种质疑意味着什么?我们不能着眼于在其整体中的知识而将它还原为对这样一些问题的重复:这些问题是为了理解知识的素朴行为所瞄准的事物而被提出的。这样,认识知识(Connaître la connaisance),就会等于去展开一门心理学,后者也属于朝向对象的其他科学。于是在心理学或知识理论中所提出的批判问题,就会等于去追问——比如——知识是来自何种确定的本原,或什么是知识的原因。的确,在这里,无限后退可能是不可避免的;而(前文说的)那种向位于其条件之先的事物的回溯,那种提出根据问题的权能,就会被还原为这一没有任何结果的过程。把根据问题等同于一种对知识的客观认识,这就是预先认为自由只能奠基于它自身;因为自由——**同一**对**他者**的规定——是表象及其明见性的运动本身。把根据问题等同于对知识的认识,就是遗忘了自由的任意性,而后者恰恰是需要奠基的。其本质是批判的知，不能被还原为客观知识。知引向**他人**。欢迎他人，就是对我的自由进行质疑。

但是，知的批判性本质也引导我们超越关于我思的知识，后者可以与客观知识区别开来。在我思的明见性中，认识与被认识者是相符的，认识并没有必须先行起作用；知识因此不包含任何先于其当前投入的投入；知识在任何时刻都处于开端处；知识并不处于处境之中（而且，不处于处境之中这一点是任何明见性的特性，是关于在场之既无条件、也无过去的纯粹经验的特性）。我思的这样一种明见性，并不能满足（知的）批判性要求，因为我思的开端始终先行于我思。当然，我思标志着开端，因为它是一个实存的苏醒，这个实存掌握到了它自己的条件。但是这种苏醒来自于**他人**。在我思之先，实存梦见它本身，似乎它一直与它自身相陌异。正是因为它疑惑自己在做梦，所以它苏醒了。怀疑使它寻找确定性。但是这种疑惑，这种怀疑意识，是以**完善**观念为前提的。于是对我思的知就指向一种与**主人**（le Maître）的关系——指向无限观念或**完善**观念。无限观念既不是我思的内在，也不是对象的超越。在笛卡尔那里，我思是依赖于身为上帝的**他者**的，后者已经把无限观念置入（我的）灵魂之中，已经对灵魂进行教导，而不是像柏拉图所说的教师那样，仅仅激起（灵魂）对先前（所见）景象的回忆。

知是动摇其自身条件的行为——作为这样的行为，知因此在一切行为之上起作用。如果从一条件出发向位于此条件之先的事物的回溯描述了这样一种受造物的地位：在这种受造物中，自由的不确定性与自由对辩护的求助是紧密相连的；如果知是受造物的一种活动，那么这种对条件的动摇与这种（对自由的）辩护就来自于**他人**。唯有**他人**逃避主题化。主题化并不能用来为主题化奠基——因为它预设主题化已经被奠基了，它是在其素朴的自发性中信赖其自身的自由之运作；而**他人**之在场（**呈现**）则并不等于他的主题化，因而也不要求这种素朴的、信赖其自身的自发性。对他人的欢迎实际上是对我之非正义的意识——是自由为其本身而感受到的羞愧。如果哲学就在于以批判的方式去知，就是说，在于为其自由寻找一个根据，以便为自由辩护，那么它就是以道德意识开始的；在道德意识中，**他者**作为**他人**呈现出来，而主题化的运动也于其中被颠倒过来。但是这种颠倒并不等于把"自己""认识"为他人意指的主题;而是意味着(我)服从于一种要求、一种道德性。他人以一种凝视来度量我,这一凝视不可与我借以发现它的凝视相比。他人处于其上的那一高度,宛如存在的第一拱顶,**他人**的优先权、超越的高度差都取决于它。**他人**是形而上者。**他人**并不是进行超越者,因为否则他就会是如我那样自由。相反,**他人**的自由是一种来自其超越本身的至上性。批判的这一颠倒究竟在于何处? 主体是"自为的"——只要它存在,它就表象自身、认识自身。但是在表象自身、认识自身的同时,它也由此拥有自身、支配自身,并将它的同一性延伸到那本身拒绝这种同一性的事物之上。**同一**的这种帝国主义是自由的全部本质。"自为",作为实存的模式,指示着一种对于自己的依附,这种依附像素朴的生活意愿一样根本。但是如果自由使我不知羞耻地面对着我之中的和我之外的非我,如果它就在于否定非我或占有非我,那么在**他人**面前,它将后撤。与**他人**的关联,并不像知识那样变为享受和占有,变为自由。**他人**是作为一种支配着这种自由的要求而将其自身强加到我身上,因此也是作为某种比任何发生在我身上的事情都更原初的事物而强加到我身上。他人的非同一般的在场铭刻在一种伦理的不可能性上,即我杀死他的不可能性上;这样的**他人**标志着(我的)权能的终点。如果我不再能够对他施加权力,这是因为他绝对溢出我所能拥有的关于他的任何观念。

　　为了给自身进行辩护,自我当然可以踏上另一条道路:寻求在总体中理解自身。在我们看来,这就是为这样一种哲学所追求的自由进行辩护;这种哲学在自斯宾诺莎至黑格尔期间一直把意志与理性相等同;与笛卡尔相反,它从真理那里剥夺了其之为自由的作品这样一种特征,以便把真理置于自我与非我之对立消失的地方,置于一种非人格的理性的中心。自由并没有得到维持,而是归结为某种普遍秩序的反映,这种普遍秩序完全由其自身支撑自身、由其自身对自身进行辩护,一如存在论证明的上帝那样。普遍秩序的这种自身支撑、自身辩护的优先权,把普遍秩序提升到笛卡尔式意志之仍为主观的作品之上;这种优先权构成了这一秩序的神圣的尊严。(如此,)知就会是这样一条道路,在这条道路上,自由会暴露出它自己的偶然性,会消失在总体之中。实际上,这条道路掩盖了**同一**对于**他者**的古老的胜利。如果自由因此停止了在明见性之孤独的确定性所具有的任意性中维持自身,如果孤独者统一到神圣者的非人格的实在性中,那么自我就消失在这种升华中。对于西方哲学传统来说,**同一**与**他者**之间的任何一种关系,如果不再是对同一之最高权利的肯定,那么就将归结为一种处于普遍秩序中的非人格的关系。哲学本身被等同于用观念替代人,用主题替代对话者,用逻辑关联的内在性替代呼唤的外在性。存在者被归结为观念、存在、概念等等的中性物。正是为了逃脱自由的任意性,逃脱自由在中性之物中的消失,我们才把自我作为面对**他人**(其并不在对他的"主题化"或"概念化"中交出自身)的非神论者和被创造者来通达——他们是自由的,但又能够回溯到其条件之先。想逃脱在中性之物中的消解,想把知设定为一种对于**他人**的欢迎,这并不是对维持关于某个人格神的唯灵论的虔诚尝试,而是语言的条件,没有这种条件,哲学话语本身就只是一种失败的行为,是某种不间断的精神分析、语文学或社会学的借口,在它们之中,话语的外表消失在**大全**之中。说话,预设了中断和重新开始的可能性。

把知设定为受造物的实存(l'exister)本身,设定为向(受造物的)条件之彼岸、向进行奠基的**他者**的回溯,就把自己从整个这样一种哲学传统中分离出来:这种哲学传统一直在(受造物)自身中寻找(受造物)自身的根据,而把他律的意见排除在外。我们认为,知的终极意义并不是自为的实存,而是对自身的质疑,是返回到先于自身者,是返回到**他人**的在场。**他人**的在场——被赋予优先地位的他律——并不是与自由相冲突,而是为自由授权。为自身羞愧,**他者**的在场与对**他者**的欲望,这些并不是对知的否定:正是在知中,它们才清晰地表达出自己。理性的本质并不在于为人确保一个根据以及各种权能,而在于对人进行质疑,在于邀请人追求正义。

因此,形而上学并不在于对自我的"自为"感兴趣,以便在其中为通往存在的绝对通道寻找坚实的地基。形而上学在其中迈出它的终极步伐的,并不是"认识你自己"。这并不是因为"自为"是受限制的或不诚实的,而是因为"自为"由于其自身之故而只是自由,就是说,是任意的、未得到辩护的,并且在这个意义上是可憎的;它是自我,是自我主义。的确,自我的非神论标志着参与的中断,因此也标志着这样一种可能性:为自己寻求辩护,亦即,寻求一种对于外在性的依赖,同时这种依赖又并没有吞并依赖者,以致后者被束缚在那些不可见的网罗之中。因此,这种依赖同时又保持着独立。这就是面对面的关系。对真理的追求完全是个体性的劳作,这一劳作——如笛卡尔已看到的那样——总是被归结为个体的自由;在这种对真理的追求中,非神论将自身肯定为非神论。但是非神论的批判性的权能又将它引向那先于其自由的事物。一往无前地起作用的自发的自由与批判(其中,自由可以质疑自己,并因此能够先行于自己)的统一体——就叫作受造物。创造的奇迹并不只是在于它是一种无中生有的创造,而且还在于它导致一种能够接受启示、能够知晓它是被造的存在者,在于它导致(该种存在者)自我质疑。创造的令人惊异之处就在于它创造出一种道德的存在者。而这恰恰预设了非神论,但同时,在非神论之外,又预设了对于构成非神论的自由之任意性的羞愧。

因此我们也从根本上反对海德格尔,他使与**他人**的关联隶属于存在论(此外,他还如此规定存在论,似乎与对话者的关联、与**主人**的关联,可以还原为存在论),而没有在正义与非正义中看到一种通往**他人**的原初通道,这种通道超出于任何存在论。**他人**的实存之在集体性中关涉我们,并不是由于其参与到我们所有人从今而后都熟悉的存在中,也不是由于我们为了我们自己而必须要征服的他的权能与自由;也不是由于我们要在知识进程中或在一种把我们与他融为一体的同感冲动中必须加以克服的他的属性差异,似乎他的实存是一种尴尬。**他人**并不是作为必须要被战胜、包含和支配者而影响到我们——而是作为他者、独立于我们者而影响到我们;在我们能够维持的与他的任何关系背后,他人都绝对地浮现出来。我们在正义与非正义中所发现的,以及话语——本质上是教导——所实行的,正是欢迎一个绝对的存在者这样一种样式。欢迎他人——这一说法表达出了主动性与被动性的一种同时性,这一同时性把与他者的关系置于各种对事物有效的二分法之外:

先天与后天的二分、主动性与被动性的二分。

但是我们也想要表明,从与主题化相等同的知出发,这种知的真理如何通向与他人的关系——亦即如何通向正义。因为我们全部意图的意义就在于否认所有哲学的这样一种难以根除的信念:超越之最终关系存在于客观知识中,他人——即使他不同于事物——必须被客观地认识,哪怕他的自由应当使这种对于知识的思念落空。我们全部意图的意义就在于确认:并不是他人永远逃脱知,而是在这里谈论知识或无知根本没有任何意义,因为正义,作为卓越的超越与知的条件,根本不是——如人们所希望的那样——一种与意向相关项关联着的意向活动。

第三节 真理预设正义

自我并不关心其辩护,其自发的自由是一种铭刻在(与他者)分离的存在者之本质中的可能性:该存在者不再参与,并在这个意义上从其本身中引出其实存,它来自于内在性的维度,它与古各斯的命运一致,后者看见那些对他视而不见的人,并且知道他并没有被看到。

但是,古各斯的立场难道不是包含着一个这样的存在者之免受惩罚状态吗——这个存在者单独地存在于世,亦即对于他而言世界乃是其景象?并且,这难道不是孤独的、因此也是未受质疑的和未受惩罚的自由之条件本身,以及确定性的条件本身吗?

这个沉默的世界,也就是说,这个纯粹的景象,难道不可以为真正的知识所进入吗?谁能够惩罚知的自由之操作?或者,更恰当地说,如何能够质疑那在确定性中显示自身的自由的自发性?真理难道不是与这样一种自由相关:这种自由处于尚未达及正义之处,既然它是一个单独的存在者的自由?

一、景象的无端:恶魔

但是,那不是从言辞——哪怕它是虚假的——来到我们这里的绝对沉默的世界,就会是无端的,是没有原则、没有开端的。思想不会与任何实体性的事物相碰撞。现象(*phénomène*)一旦被触碰,就会退化为外表(*apparence*),并在这个意义上,会处于歧义之中,处于对恶魔的疑惑之中。恶魔并不为说出他的谎言而显示自身;他总是作为可能者处于事物的背后,事物则俨然认真地显示自身。事物降落到图像或帷幕之层次的可能性,共同把它们的显现规定为纯粹的景象,并昭示出恶魔躲避其中的褶皱。由此便引出了普遍怀疑的可能性,这一可能性并不是一种发生在笛卡尔身上的个人性的偶然事件。这一可能性是显现(*apparition*)本身的构成性因素,无论显现是在感性经验中产生的,还是在数学明见性中产生的。胡塞尔——尽管他一直承认事物的自身呈现的可能性——在这种自身呈现的本质性的未完成性中,和那把事物的一系列"映射"②总括在一起的"综合"之总是可能的破裂中,又重新发现了这种歧义性。

在这里,歧义并不在于两种概念的混淆、两种实体或两种性质的混淆。它并不属于那些在一个已经显现出来的世界之中所产生的混淆。它并不是、不再是存在与虚无的混淆。那显现者根本不会退化为无。但是那并不是无的外表也不再是一个存在者——即使是一个内在的存在者,因为它无论如何都不是自在的。它似乎源自一种嘲讽的意图。人们取笑这样的人,即实在之物(其外表就像存在的皮肤本身一样闪现)好像刚刚向其呈现的那种人。因为原初之物或终极之物早已放弃了它在其中赤裸闪现的皮肤本身,就像放弃了一个表明它、遮掩它、模仿它或扭曲它的外壳一样。那从这种一再更新的歧义而来的怀疑,那构成现象之显现本身的怀疑,并不牵涉这样一种目光的敏锐:这种目光可能会错误地把处于一个完全单义世界中的一些相当不同的存在者混为一谈;这种怀疑更没有牵涉这个世界的诸种形式的稳定性,这些形式事实上可能是由一种不停地生成带来的。这种怀疑涉及的是显现者的真诚。似乎在这种沉默的、未定的显现中有一种谎言被说出,似乎错误

---

② 法文是"aspects",德译为"Abschattung",是胡塞尔现象学用语,一般译为"映射"或"侧显"。可参见倪梁康:《胡塞尔现象学概念通释》,三联书店,1999,2007,"Abschattung"条。——中译注

的危险来自于欺骗,似乎沉默只是言辞的一种模态。

沉默的世界是一个从他人——即使他是恶魔——那里来到我们这里世界。它的歧义性渗入到一种嘲讽中。因此,沉默并不是言辞的单纯缺席;言辞处于沉默的根基处,就像一种被阴险地克制住的笑声。沉默是语言的反面:对话者已给出一个符号,但却逃避任何解释——这就是令人害怕的沉默。对于他人来说,言辞就在于给发出的符号以援助,在于凭借符号参加到他自己的显示中,在于凭借这种参加而消除歧义。

恶魔的谎言并不是一种与真话相对立的话(**言辞**)。它处在虚幻与认真之间,怀疑的主体就在这个中间地带呼吸。恶魔的谎言超逾任何谎言。在通常的谎言中,说话者当然隐藏自己;但是由于这隐藏的言语,他就并没有回避言语,并因此可以被驳斥。语言的反面就像是一种试图摧毁语言的笑声,不停地回响着的笑声,在这种笑声中,神秘化环环相扣,从没有在真话上停息过,从没有开始过。事实的沉默世界的景象已然入魅:任何现象都在遮掩,都在无休止地神秘化,使得现实性变得不可能。这些窃笑着的、穿过一个暗示的迷宫而交流着的存在者所创造出来的这一境况,就是莎士比亚与歌德搬演到魔法师舞台上的境况。在这一舞台上,反语言在言说,而应答则会充满荒谬。

二、表达是原则

显现的二值性由**表达**克服了,后者是他人向我的呈现,是表示(**含义**)的原初事件。理解一个表示(**含义**),并不是从一个关系项走向另一个关系项,不是在所予物中觉察诸关系。接受所予物——这已经是把所予物作为被教导之物来接受了,作为**他人**的表达来接受了。并不是说必须神秘地预设一个凭借其世界而向我们示意的神:世界变成我们的主题——因此变成我们的对象——因为它被呈示(propose à)给我们;世界来自一种原初的教导,科学工作本身就在这种教导中确立起来,并且需要这种教导。世界是在他人的语言中提供出来的,是由诸陈述(**呈示活动**,des propositions)③带来的。他人是现象的原则。现象并不是从他人中推演出来的;人们并不是通过从事物可能所是的符号向给出符号的对话者的回溯、不是在一个类似于从外表引向物自身的进程的运动中,重新发现对话者的。因为推演是一种思维方式,这种方式适用于已经被给予的对象。对话者不能被推演出来,因为他与我的关系为任何证明所预设。这种关系为任何符号表示(**象征表示**,symbolisme)所预设,这不仅是因为人们必须就这种符号表示达成一致,必须建立起它的惯例,后者——根据柏拉图在《克拉底鲁篇》中的观点——并不能被任意地创立。为了使一种被给予物能够显现为符号,显现为指示着一个说话者的符号——无论这个符号的所指是什么,而且即使它永远不可破解——他人与自我之间的这种关系都已经是必需的了。而为了所予物(哪怕)只是所予物,所予物也必须作为符号起作用。那通过一个符号而有所示意并作为意指这个符号的人,并不是符号的所指,而是释放出符号和给出符号者。所予物指向给出者,但是这种指向性并不是因果性,正如它并不是从符号到其含义的关联一样。我们马上要更为详尽地讨论这一点。

三、我思与他人

我思并不为梦的这种重复提供开端。在作为第一确定性的笛卡尔的我思(但对于笛卡尔来说,它已经建立在上帝存在的基础之上)中,有一种任意的中止,这种中止并不能由其自身进行辩护。对于对象的怀疑,蕴含着怀疑这种操作本身的明见性。对这种操作的否定,仍会是

---

③ "诸陈述"原文为"des propositions",德译本将之译为"Aussagen"(陈述、命题),并加注曰:"'Aussage' = 'proposition'。'Proposition'在法语中既意味着'Aussage',也意味着 Anerbieten(建议、提出)、Vorschlag(建议、提议)。下文也会用'Proposition'翻译之。"(见德译本第 129 页注释 m)换言之,"proposition"源于动词"proposer",后者本义是"提出、提议、建议、推荐"等。因此名词"proposition"既可表达所提出的内容,即"建议、提议、议案、陈述、命题"等,也可表达"提出活动""建议活动""呈示活动"等意思。这两方面的意思在此处实难分离,因此我们这里译为"陈述(呈示活动)"。在其他地方我们有时也根据语境单独译为"陈述(命题)"或"呈示活动"。——中译注

对这种操作的肯定。事实上,在我思中,那否定其明见性的思维着的主体所导致的是这种否定工作本身的明见性,但是这种明见性处于一种(新的)层次上,这种层次不同于它于其上进行否定的那个层次。然而,这一思维着的主体所导致的尤其是一种如此这般的对明见性的肯定,这种肯定根本不是最终的或最初的肯定,因为它也会轮到被怀疑。于是,正是在一种还要更深的层次上,第二层否定的真理得到肯定,但是,再一次,这一真理也无法摆脱否定。(不过)这完全不是西西弗的劳动,因为每一次经历的距离并不是一样的。这是一种向总是更深的深渊的下降运动,我们在其他地方④曾将这种深渊称为有($il\ y\ a$),超出于肯定与否定之外的有。正是由于这种向着深渊的令人眩晕的下降运作,由于这种层次的变化,笛卡尔的我思才既不是一种通常意义上的推理,也不是一种直观。笛卡尔进入一种无限否定的工作,这当然是已经中断了参与的非神论的主体的工作——这一主体[尽管由于感性而能够(感受)愉悦],(却)始终没有能力进行肯定。笛卡尔进入一种朝向深渊的运动,这一深渊令人眩晕地吸引着主体,后者根本无法停止。

在否定性中通过怀疑显示自身的自我,中断了参与,但是它在单独的我思中并没有发现一种中止。那能说是的,并不是自我——而是**他者**。肯定来自**他者**。**他者**处于经验的开端处。笛卡尔寻找确定性,并且在这种令人眩晕的下降中的第一次层次变化发生时停止。事实上,他拥有无限观念,能够事先预测到否定背后的肯定的返回。但是拥有无限观念,已经是对**他人**的欢迎。

四、客观性与语言

因此,沉默的世界就会是无端的。知不能在其中开始。但是,既然已经是无端的——到了无意义的极限处——这个世界之对于意识的在场就处于对那并未到来之言辞的期待之中。于是这一在场就是在与**他人**之关系中显现,作为**他人**提交出来的符号显现,即使**他人**隐藏起他的

---

④ 《从实存到实存者》(*De l'existence à l'existant*, Paris, 1947),第 93 – 105 页。——英译注

面容,就是说,躲避他必会带给他所提交出来的那些符号的援助;因此,他是在歧义中提交符号。一个绝对沉默的世界,对于无声的言辞无动于衷的世界,在一种如此这般的沉默中保持沉默的世界:这种沉默不允许到外表背后去猜测那指示着这个世界、并且借以而有所示意——哪怕是为了像一个恶魔那样通过外表以撒谎——的人,一个如此沉默的世界甚至都不能作为景象显露出来。

事实上,景象只有在它有一个意义的情况下才被观照到。富有意义者并不后于"被看者"、后于"感性之物"——好像它们自身并无含义、只是我们的思想以某种方式根据先天范畴对它们进行加工和改变似的。

由于已经理解了那把显现与含义连接在一起的不可分解的纽带,人们就尝试着使显现后于含义——通过把它置于我们实践举止之合目的性的范围内。那仅仅显现者,亦即那"纯粹的客观性"、那"仅是客观"者,可能只是这种实践合目的性的残余,它正是从这种合目的性中借得其意义。由此就有了操心相对于观照的优先性,就有了认识之扎根于理解之中,后者通往世界之"世界性",并且打开对象显现的境域。

客体之客观性由此就遭到低估。那视表象为任何实践举止之基础的古代论断——被指责为理智主义——太快地失去了信誉。最锐利的目光也无法在事物中发现其用具的功能。为了察觉到作为事物的工具,单纯悬搁行为就够了吗?

此外,实践性的含义是意义的原初领域吗?难道实践的含义没有预设一种思想的在场——它正是向着这种思想显现、并且是在这种思想看来才获得这种意义的吗?凭借其自己的进程,这种实践性的含义能足以使这种思想浮现出来吗?

作为实践性的(含义)——含义最终指向这样一种存在者:它为了其实存本身而实存。⑤ 于是这种含义就借自一个是其自身之目的的端

---

⑤ 这是指海德格尔《存在与时间》中对"此在"(Dasein)这样一种存在者的规定:"此在作为为存在本身而存在的存在者生存。"见海德格尔:《存在与时间》,陈嘉映、王庆节译,熊伟校,陈嘉映修订,三联书店,1999年,第459页。——中译注

点。如此,对于诸物于其中获得意义的那一(指引)系列来说,那理解含义者作为这个系列的目的,就是不可或缺的。含义所包含的指引会终结于某物由自身出发而指向自身之处——终结于享受中。事实上,诸存在者从中获得其意义的那一进程不仅会是有终的,而且作为合目的性,它本质上可能就在于走向一个端点,就在于趋向完结。然而终点是任何含义都恰恰丧失于其中的那一点。享受——满足与自我的自我主义——就是一个这样的终点;正是相对于它,诸存在者或获得或丧失其作为手段的含义,视乎其处于通往这种享受的道路上还是偏离这一道路。但是在终点中,手段本身丧失其含义。目的一旦被达到,就不再被意识到。那么根据何种权利,未被意识到的满足之无识无觉可以用含义照亮事物,同时这种满足本身却昏昏入睡?

事实上,含义总已经是在关系的层次上被领会。关系过去并没有显现为以直观方式确定的可理解的内容。它一直凭借它自己所进入的关系系统而具有含义。以致在从柏拉图后期哲学以来的整个西方哲学中,对可理解者的理解看起来都是一种运动而从不是直观。是胡塞尔把关系转化为一种目光的相关项,这种目光使关系固定下来并将之视为内容。胡塞尔带来了含义的观念和这样一种内容所固有的可理解性的观念,以及内容的光明性[更是在清楚(clarté)的意义上而非分明(la distinction)的意义上,分明是相对性,因为它使得一物从不同于它的事物那里分离开]的观念。但是并不确定的是,这种在光中的自身呈现(autoprésentation)是否能够凭其自身拥有一种意义。观念论,主体所进行的 *Sinngebung*(意义给予),完成了全部这种意义实在论。

事实上,含义只有在被满足的存在者之最终统一体的破裂中才得到维持。正是在仍然"在途中"的存在者之操心中,事物开始获得含义。如此一来,意识本身就正是从这种破裂中引出。可理解者就会依赖于未满足,依赖于这种存在者的暂时的缺乏,依赖于它尚未臻于完成。然而,如果终点就是完满的存在,如果现实比潜能更多,那么凭借何种奇迹(这一点才得以可能)?

我们难道不是更应该思考,对满足的质疑——它是对满足的察觉——不是来自于满足的失败,而是来自于一种这样的事件:合目的性的进程不能充当它的原型？那破坏幸福的意识越出于幸福之外，并且并不把我们引回到那通往幸福之路。破坏幸福的意识，赋予幸福以含义、赋予合目的性以含义、赋予用具及其使用者的合目的性链条以含义的意识——并不是来自于合目的性。存在于其中被提交给意识的那种客观性，并不是合目的性的残留。当对象将其自身呈奉给使用它们的手时，呈奉给享受它们的嘴、鼻、耳、目时，它们并不是对象。客观性并不是用具或食物在从世界——它们的存在就是在其中进行——中分离出来时的残留物。它是在话语中、在呈示(*propose*)世界的交谈(*entretien*)中被设定的。这一呈示活动(*proposition*)是在并不构成系统、秩序(*cosmos*)、总体的两点之间进行的。

对象的客观性与含义来自语言。这种将对象设定为被提供出来的主题的方式，包含了进行表示(**进行意指**, signifier)⑥这个事实；此表示不是把确定着对象的思考者指引到被意指者(ce qui est signifié)(它是同一个系统的一部分)那里去，而是显示表示者(**意指者**, le signifiant)⑦、显示符号的发出者、显示一种绝对的他异性，然而他异性却在与确定着对象的思考者说话，并因此把一个世界主题化，亦即呈示出一个世界。恰恰是作为被呈示出来的、作为表达的世界，拥有一种意义；但也正是因为这个原因，世界就绝不是本原的。对于一种表示(含义)来说，*leibhaft*(亲身地)给出自身，在一种详尽无遗的显现中穷尽其存

---

⑥ "Signifier"在列维纳斯这里是一个双向的运动：一方面，就像在一般的语言学或符号学中那样，它是意指着某个所指的运动，这个所指可以是客观的对象、概念或含义。另一方面，它同时甚至首先是表示着那进行表示(意指)的主体的运动。比如，如果一个他人向我 signifier 某一物，那么这个"signifier"的运动就既把物意指出来了，同时也把他人自己向我表示出来了。我们把作为指向对象的运动的"signifier"译为"意指"，把作为表示主体(表示者)的运动的"signifier"译为"(进行)表示"。但这两个运动往往是不可分割的，所以有时也译为"(进行)表示(意指)"。根据同样的理由，我们把"signification"据不同语境分别译为"表示"与"含义"，或"表示(**含义**)"。同理，我们把"signifiant"也分别译为"表示者""意指者"或"表示者(**意指者**)"，少数情况下据语境译为"能指"。最后，由于"signifié"在列维纳斯这里主要是指对象意义上的被意指之物，所以我们译为"所指"或"被意指者"。——中译注

⑦ 见上注。

在，这是一种悖谬。但是，那拥有意义者的非本原性，并不是一种较少的存在，不是一种对于它所模仿、反射或象征的实在性的指引。富有意义者指向一个表示者(**意指者**)。符号并不像意指所指(le signifié)那样表示表示者(**意指者**)。所指从来不是完全的在场；至于符号，它也总不是在一种直率中到来。表示者(**意指者**)，那发出符号者，虽然有符号的居间作用，却是正面(到来)而非将自己作为主题呈示出来。表示者(**意指者**)当然能够说及自身——但这时他会把他本身作为所指并因此从他那方面来说是作为符号而宣告出来。他人，表示者(**意指者**)——在言说世界而非其自身之际于言辞中显示自己，他在呈示世界之际、对世界进行主题化之际显示自己。

主题化显示着**他人**，因为那设定并提供出世界的呈示活动并不是悬浮在空中，而是向那个接收这种呈示活动的人许诺一个回答；这个接收者转向他人，因为他在他人的呈示活动中接收到了提问的可能性。问题(的可能性)并不是只由惊异解释的，而且也由问题向之提出的那个人的在场解释。呈示活动维系在问题与回答之间的那个充满张力的领域中。呈示活动是一个已经被阐释的符号，一个带来了其自身线索的符号。那在有待阐释的符号中进行阐释的线索的在场——恰恰是**他者**在呈示活动中的在场，是那能够给其话语以援助的人的在场，是任何言辞都具有的教导性特征。口头话语是话语之完全实现。

表示(**含义**)或可理解性并不是源于持守于自身的**同一**之同一性，而是源于召唤**同一**的**他者**之面容。表示(**含义**)之浮现出来并非由于下述原因：**同一**具有需要，**同一**缺乏某物，因而任何可以满足这一缺乏的事物都具有意义。表示(**含义**)存在于**他者**相对于**同一**的绝对盈余中，此**同一**欲望着**他者**，欲望着他自己并不缺乏的东西，穿过**他者**呈示给他的或从他那里接受的主题——(然而)并不摆脱如此被给予的符号——而欢迎着**他者**。表示(**含义**)源于言说或倾听着世界的他者，而他者的语言或倾听恰恰把世界主题化。表示(**含义**)来自言词(verbe)，在言词中，世界同时被主题化和解释；在言词中，表示者(**意指者**, le signifiant)从没有与他所提出的符号相分离，而是总是在他展示出符号的同时又重新把握住符号。因为，那设定事物的语词所一直被给予的援助,乃是语言的唯一本质。

诸存在者的含义不是从合目的性角度显示出来,而是从语言的角度显示出来的。抵制总体化的、从关系中脱离出来或使关系明确化的诸项之间的关系,唯有作为语言才可能。一个端点对另一端点的抵制,并不是由于他异性之模糊的、充满敌对性的残余,相反,是由于总是教导性的言语所给我带来的盈余,关注(attention)之不可穷尽的盈余。⑧因为,说话(la porale)总是对它所发出的曾经的单纯符号的重新把握,是一种不断更新的许诺:许诺去照亮那在言辞(la porale)中曾经是模糊不清的东西。

拥有一个意义,就是处于与一个绝对的关联之中,就是说,是来自于这种他异性,此他异性并没有消失在对它的感知中。一种如此这般的他异性只有作为一种奇迹般的丰富、作为关注之不可穷尽的盈余才是可能的,关注的这种不可穷尽的盈余在语言之为了照亮其自己的显示而总是重新开始的努力中涌现出来。拥有一个意义,就是教授或被教授,就是言说或能够被言说。

从合目的性和享受的角度看,含义只有在劳动中才显现,劳动必须以被阻碍的享受为前提。但是,如果被阻碍的享受不是在一个对象世界中进行,就是说,不是在一个言辞已经在其中产生回响的世界中进行,那么被阻碍的享受凭其本身就不会引发起任何含义,而只会引发起痛苦(la souffrance)。

本原的功能并不等于目的,后者在指引系统中会指向自身(正如意识之自为那样)。开端与目的并不是同一个意义上的终极概念。"自为"封闭于自身,并在满足之际丧失任何含义。"自为"也向通达它的人显现,谜一般地显现,就像任何其他显现一样。是本原——这就是给本原

---

⑧ "关注之不可穷尽的盈余",这个表达并不是说"盈余"是我的"关注"的一种属性,而是说:我的"关注"有一种它所无法穷尽的"盈余",此"盈余"本身虽然是我所有的,但却不是源于我,而是来自他人,是他人带给我的。这就好像我虽有一个无限观念,但这个"无限"却恰恰是我的"观念"所无法穷尽的,而它之所以如此,又正是因为它来自他人。——中译注

自己的谜提供钥匙——这就是为它的谜提供语词。语言的例外之处就在于,它参加到它的显示之中。说话就在于参照说话解释自身。它是教导。显现是某人已经从其中抽身而出的凝冻的形式,而在语言之中则有一条永不间断的在场之流在实现自身,此在场撕裂了它自己的显现——像任何显现一样可塑的显现——之不可避免的面纱。显现揭示又遮蔽,而说话就在于在一种总是重新开始的完全的坦率中克服任何显现都具有的不可避免的隐藏。由此,任何一种现象便都被赋予一种意义(**方向**)⑨——一种定向。

知本身的开端若要可能,除非世界——其中任何显现都是可能的隐藏、且总是缺乏开端——的入魅与其持续的歧义已被消除。说话则在这种无端中引入一个原则(**开端**,principe)。说话进行去魅,因为在它之中,说话的存在者保证着他的显现,前来援助他自己,出席到他自己的显示之中。他的存在就实现于这种出席(assistance)之中。那已经在看着我看的面容中闪现的言辞——引入了启示的最初的坦率。世界参照于言辞而获得定向,就是说,获得含义。世界的开始参照于说话,而这并不等于这一说法:世界终结于说话。世界被言说,因此,它能够成为主题,能够被呈示出来。存在者之进入呈示活动(**陈述**)构成了其获得含义的原初事件;以获得含义为基础,存在者的具有规则系统的(algorithmique)表达本身的可能性才建立起来。因此,说话(**言辞**)是任何含义的本原——是工具和所有人类作品的本原——因为,正是通过说话,任何含义都要归诸其中的指引系统才获得其运转本身的原则,即获得其关键。并非语言是符号表示(symbolisme)的一种模态,而是任何符号表示都已经参照语言。

五、语言与关注

作为存在者在其在场中的出席——说话乃是教导。教导并不是单

---

⑨ 法文的"sens"既有"意义"之义也有"方向"之义。所以列维纳斯紧接着说"一种定向"。现象所被赋予的这种"意义(方向)"是来自于言语,最终来自于他人。——中译注

纯地传递一种抽象的、一般的、已经为自我与**他人**共有的内容。它不只是承担一种毕竟是辅助性的功能，即为一个已经孕有其果实的精神接生。说话通过给予、通过呈现出作为所予(donné)的现象才创建出共同体，而其给予是通过主题化进行的。所予是语句的业绩。在语句中，显现由于被固定为主题而丧失其现象性；与沉默的世界相反，与无限放大的两可性相反，与停滞的水流相反，与宁静得充满神秘(la mystification)——此充满神秘被认为是奥秘(mystère)——的止水相反，陈述(**呈示活动**)把现象与存在者(l'étant)、与外在性、与我之思想不能包含的**他者**之无限关联起来。陈述(**呈示活动**)进行定义。而那种把对象置于其属中的定义，则以(陈述所进行的)定义为前提，此种定义就在于把无定形的现象从其混沌中解救出来，以便从**绝对**出发、从其本原出发对其进行定向，将其主题化。所有逻辑定义——通过属加种差的方式——都已经预设了这种主题化、这种向世界的进入，语句在此世界中发出回声。

真理之客观化本身也指向语言。任何定义都是在其映衬下突显其轮廓的无限，并不被定义，并不呈交给目光，而是进行示意(se signale)；不是作为主题，而是作为主题化者，作为这样一种东西：任何事物由之出发都能被同一地固定下来；而且他是通过参加到那指示着他的作品中而有所示意的；他不仅示意，而且言说，他是面容。

教导作为歧义的终结或混淆的终结，是一种对现象的主题化。我之所以从此不是神秘化活动的玩具，而(可以)考虑对象，这是因为，现象已经被这样一个人教授给我：他通过重新掌握符号所是的这种主题化行为，通过言说，而在其自身中呈现自己。他人的在场打破了事实之无端的魅幻；世界变成了对象。是对象、是主题，就是成为我可以与某人言说的东西，此某人已经穿透现象的屏幕并已经把我与他联结在一起。这种联结的结构我们马上就会谈到。这种结构，正如我们已经预示的那样，只能是道德的，以致真理是奠基在我与**他者**的关联或正义之上。把说话置于真理的本原处，这就是放弃了这样一种观点，即以观看的孤独为前提的解蔽乃是真理的最初作品。

主题化作为语言的工作，作为一种由**老师**施诸自我的行动，并不是一种神秘的通告,而是向我的关注发出的呼吁。关注以及它使之可能的明晰的思想,是意识本身而非意识的提炼。但是,那在我身上完全支配性的关注,乃是那本质上回应着一个呼吁的东西。关注之所以是对某物的关注,因为它是对某人的关注。对于作为自我之紧张本身的关注来说,关注之出发点的外在性是本质性的。学校——如果没有它则没有任何思想是明晰的——是科学的条件。正是在这里,那实现自由而不是损害自由的外在性——**老师**的外在性——得到肯定。思想只有在两个人之间才能变得明晰;思想的明晰性并不限于发现人们已经占有的东西。但是教导者的最初教导,乃是教导者作为教导者的在场本身,表象(la représentation)即是从这种在场出发到来。

六、语言与正义

那吁请关注的教导者溢出于(我的)意识,但是这意味着什么呢?教导者如何处于他所教导的意识之外?他之外在于意识,并不像被思考的内容外在于思考该内容的思维那样。被思考的内容之相对于思考它的思维的外在性,为思维所接受,在此意义上,它并不溢出意识。没有任何涉及思维的东西能溢出思维,一切都被自由地接受。没有任何东西——除了那对思维之自由本身进行审判的审判者。**老师**凭其言语赋予现象以意义,并允许对现象主题化;如此这般的老师之在场并不被呈交给一种客观的知;这种在场⑩因其在场而处于与我的社会关联中。这样一种在现象中的存在的在场事实上是联—结(as-sociation):这种存在消除了入魅的世界的魅力,说出了自我没有能力说出的是,带来了**他人**的卓越的积极性。但是,诉诸开端并不是对开端的知。恰恰相反,任何客观化都已经参考了这种(对开端的)诉诸。联—结,作为对存在的卓越经验,并不进行解蔽。人们可以说它是对被启示出者的解

---

⑩ "这种在场"的原文是"elle",阴性代词,当指代"la présence"(这种在场)。英译本亦译为"this presence"。但德译本译为"er",阳性代词,其在德文中显然指代的是"der Meister"(老师)。如此在意思上倒是更说得通了,不过显然与法文原文不符。特录于此,供读者参考。——中译注

蔽——对面容的经验——但是这样一来人们就取消了这种解蔽的本原性。在这种解蔽中消失的恰恰是对那孤独的确定性的意识,任何一种知——甚至是人们可以拥有的关于一个面容的知——都在这种意识中上演。实际上,确定性是建立在我的自由的基础之上,在这个意义上,它是孤独的。无论是通过一些使我可以接受所予物的先天概念,还是通过意志的支持(如在笛卡尔那里),那承担起对真实之物的责任者,乃是我的最终为孤独的自由。联—结、对老师的欢迎,则是其反面;在它这里,我的自由的操作遭到质疑。如果我们把我的自由由其中得到质疑的处境称为道德意识,那么联结或对**他人**的欢迎就是道德意识。这种处境的本原性不只在于它相对于认知意识(la conscience cognitive)来说是一种形式上的反题。(某人)自身越是更加严格地控制其本身,那对自身的质疑就越是严厉。随着对目的的接近,人们却越发远离目的——这正是道德意识的生活。我对我自己的要求的提高,加重了那集中到我身上的审判,增加了我的责任。正是在这个极其具体的意义上,那集中到我身上的审判从没有被我(主动)承担。这种(主动)承担的不可能性是这种道德意识的生活本身——本质。我的自由并不拥有最后的决定权,我并不是孤家寡人。因此我们要说,唯有道德意识是离开它本身的。再换言之,在道德意识中我产生一种经验,这种经验不与任何先天框架相称———种无概念的经验。任何其他的经验都是概念性的,就是说,都变成我的经验或属于我的自由的范围。我们刚刚描述了道德意识的本质性的无法满足,这种无法满足并不属于饥饿或饱足的范畴。因此这就是我们前文对欲望所做的界定。道德意识与欲望并不是其他意识模态中的(两种)模态,而是意识的条件。具体地说,它们就是穿过他人的审判欢迎他人。

显示着存在的,是教导的传递性,而非回忆的内在性。社会关联是真理的所在地。与审判着我的**主人**的道德关联,是我坚持真实的自由之基础。如此,语言开始了。那对我言说,并穿过语词而向我呈示其自己者,保持着审判我的他人所具有的根本的陌异性;我们的关系绝不是可逆的。这种至高无上性把他人置于其自身之中,处于我知之外,并且,正是通过与这种绝对的关联,**所予物**才获得意义。

75　　　观念的"交流",对话的相互性,已经遮蔽了语言的深层本质。语言的本质存在于**自我**与**他人**之间的关系的不可逆性中,存在于**主人**之与其作为**他者**和外在性的地位相一致的**支配性**(Maîtrise)之中。因为,语言并不能自己说话,除非对话者是他的话语的开端,除非他因此一直超逾系统,除非他并不与我处于同一个平台上。对话者并不是一个**你**(Toi),而是一个**您**(Vous)。他在其主宰性(seigneurie)中启示出来。因此外在性与支配性一致。因此我的自由就被一个可以为其授权的主人所质疑。于是,真理、自由的至高无上的运作,就变得可能了。

第四章　分离与绝对

同一与**他者**既处于关联之中又从这种关联解脱出来,保持为绝对分离。**无限**观念要求这种分离。这种分离曾经被确定为存在的最终结构,被确定为存在之无限性本身的产生。社会关联具体地实现出了这种分离。但是,在分离的层次上通达存在,难道不是在其沉沦中通达存在吗?我们刚刚概括的立场与从巴门尼德到斯宾诺莎和黑格尔(这一系传统)所肯定的统一体的古老优先权相对立。(在这一系传统中,)分离与内在性似乎是不可理解的和非理性的。于是把**同一**与**他者**重新连接在一起的形而上学的知识就反映了这种沉沦。形而上学就会致力于取消分离,致力于统一。形而上的存在就应当吸收形而上学者的存在。形而上学于其中开始的实际的分离,就会产生于幻觉或错误。作为分离的存在者在向其形而上的来源返回的道路上所经历的阶段,作为将由联合体完成的历史的环节,形而上学就会是一个奥德赛式的形象及其不安,就会是怀乡病。但是关于统一性的哲学从来不能说出这种偶然的、在**无限**、**绝对**与**完善**中无法想象的幻觉与堕落来自何处。

把分离设想为沉沦、剥夺或总体的暂时的破裂,就是只认识到需要所证明的那种分离。需要表明了贫困者的空乏与缺失,表明了他对于外在之物的依赖,表明了贫困之人的匮乏,而其匮乏恰恰是因为他并不完整地占有他的存在,因此确切地说,他并不是分离的。希腊形而上学的道路之一就是寻求返回**统一体**,寻求与**统一体**的融合。但是,希腊形而上学把**善**设想为从本质的总体中分离出来的,并因此隐约看见了(没有任何来自自称东方的思想的贡献)一种这样的结构,以致总体可以允许有一个彼岸(un au delà)。**善**自在地就是善,并不是因为与那缺乏它的需要的关系而是善。相对于需要来说,它是一种奢侈。恰恰因此，它处于存在之彼岸。当我们在前文中把解蔽与启示——真理在其中表达自身并且在我们寻求到它之前就照亮我们——对立起来的时候，自在的**善**的概念就已经被恢复了。当普罗提诺通过流溢（l'émanation）与下降（la descente）来描述从太一（l'Un）出发的本质的显现时，他就返回到了巴门尼德。柏拉图绝没有从**善**中推出存在：他把超越设定为超出总体。正是柏拉图，在对它们的满足就是填补虚空的那些需要之外，也隐约看到了某些渴望，它们并不以痛苦和缺乏为先导，我们在它们中辨认出**欲望**的轮廓，此欲望即一无所缺者的需要，即完整地占有其存在者的渴望，那走到其完满性之彼岸者、那拥有**无限**观念者的渴望。在任何本质之上的**善**的**位置**，乃是最深刻的教导——决定性的教导——不是神学的教导，而是哲学的教导。于是关于一个这样的无限的悖论就不再那么冒失：此**无限**在其自身之外还容许一个它并不含括的存在者，并且此**无限**正是由于（与它）分离的存在者的这种邻近关系才实现了它的无限性本身；一言以蔽之，这就是创造的悖论。

但是，因此就必须放弃把分离解释为**无限**之完全的减损，解释为一种贬低。与**无限**相关且与之相容的分离，并不是一种从**无限**的单纯"堕落"。尽管**善**的关系比那些从形式上把有限与无限抽象地连接在一起的关系要更好，但是**善**的关系还是要通过一种表面上的减损昭示出来。唯当人们凭借一种抽象之思，从分离中（以及从受造物中）扣留住他们的有限性，而不是把有限性置于有限性于其中通向**欲望**与善良的那种超越中，唯当这种情形下，减损才重要。通过对有限性的满怀激情的坚持，关于人之实存的存在论——哲学人类学——无休止地转述着这种抽象之思。实际上，关键在于这样一个领域：善之概念本身于其中才获得意义。关键是社会关联。（在这里，）关系连接的并不是相互补充、并因此彼此缺失的诸项，而是自足的诸项。这种关系就是**欲望**，就是这样一些存在者的生活：它们已经成功地占有自身。被具体思考的无限，亦即从（与之）分离且转向它的存在者出发而被思考的无限，越出自己。换言之，无限把善的领域向它自己打开。在谈及从（与无限）分离、并转向它的存在者出发具体地思考无限时，我们根本没有认为从分离的存在者出发的思想是相对的。分离是思想和内在性的构造本身,就是说,是一种处于独立中的关系之构造本身。

无限通过拒绝总体的扩张、在一种为分离的存在者留有一席之地的收缩中产生。于是,一些在存在之外开辟道路的关系就显露出来了。那并不以循环的方式封闭于自身,而是从存在论的延展中抽身而出以便为一个分离的存在者留下一席之地的无限,神圣地存在着。它在总体之上创建社会关联。那些在分离的存在者与**无限**之间建立起来的关联,补救了那在**无限**之创造性收缩中曾有的减损。人补救了创造。与上帝之间的社会关联并不是一种对于上帝的添加,也不是那把上帝从受造物那里分离开的间隔的消失。与总体化相反,我们已经把这种社会关联称为宗教。对创造性的**无限**之限制与复多性——是与**无限**之完美相容的。这种限制与复多性清楚地表达了这种完美的意义。

无限为自己打开了**善**的领域。这里涉及的是一个这样的领域:它并不是违背形式逻辑的规则,而是越出了它们。在形式逻辑中,需要与**欲望**之间的区分并不能得到反映;在这种逻辑中,欲望总是让自己沦入需要的形式。巴门尼德哲学的力量正是从这种单纯形式的必然性而来。但是,**欲望**的领域——彼此并不缺失的陌生者之间的关系的领域——在其积极性中的欲望的领域,却是通过无中生有的创造的观念而得到肯定。于是,贫困的、渴望着其补充物的存在者的层次就消失了,一种安息日的实存的可能性开始了,在这种可能性中,实存悬置了实存的必需物。因为,一个存在者只有在它是自由的意义上,就是说,只有在它处于那以依赖性为前提的系统之外时,它才是一个存在者。任何施加于自由之上的约束都是一种施加于存在之上的约束。出于此种理由,复多性就会是因其邻近关系而相互限制的诸存在者在存在论上的沉沦。自巴门尼德经普罗提诺以来,我们从未曾别样地思考过。因为,复多性对于我们来说一直显得是统一在总体之中的,复多性只能是总体的外表,而且不可理解。但是,无中生有的创造的观念表达的正是一种没有统一在总体之中的复多性。受造物是一种这样的实存,它当然依赖于他者,但并不是作为一个从他者那里分离开的部分。无中生有的创造打破了系统,确立了一个在任何系统之外的存在者,就是说,在那里,此存在者的自由是可能的。创造给受造物留下一道依赖的踪迹，但这却是一种无与伦比的依赖：依赖性的存在者从这种例外的依赖中、从这种关系中，引出它的独立本身，引出它相对于系统的外在性。被创造的实存的本质并不在于其存在的受限特征，受造物的具体结构并不是从这种有限性中推出。被创造的实存的本质乃在于其相对于**无限**的分离。这种分离并不单纯是否定。它作为心灵现象实现出来，由此它恰恰把自己向无限观念打开。

思想与自由是从分离与对**他人**的考虑出发而来到我们身上的——这一论断正是斯宾诺莎主义的反面。

第二部分

内在性与家政

第一章　分离作为生活

第一节　意向性与社会关系

在把形而上学关系描述为无利害的、描述为摆脱了任何参与之际，我们可能会错误地在这种关系中辨认出意向性，那同时是临近与距离的关于……的意识。因为，这个胡塞尔的术语使人想起的是与对象的关系、与被设定者的关系、与主题性事物的关系，而形而上学的关系则并不把一个主体与一个对象联结在一起。这丝毫不是说，我们的意图是反智主义的。与实存哲学家相反，我们并不把与在其存在中受尊重的、在这个意义上是绝对外在的、亦即形而上的存在者的关系奠基在在世界之中的存在上，奠基在海德格尔的 Dasein（此在、缘在）的操心（le souci）与操劳（le faire）之上。操劳，亦即劳动，已经以与超越者的关系为前提了。如果在客体化行为形式下的知识在我们看来并没有处在形而上学关系的层次上，这并不是因为作为对象、主题而被观照的外在性会通过快速的抽象而远离主体；相反，这是因为它并没有足够地远离主体。对对象的观照完全接近于行动，它支配其主题，并且因此在一个存在者于其中相互限制的层面上起作用。形而上学则接近而不触及（外在性）。它的样式并不是行为，而是社会关系。但是我们坚持认为，社会关系乃是卓越的经验。因为，它是面对着这样一种存在者发生的，这种存在者表达着自己，亦即保持着自在。在区分客体化行为与形而上学的行为时，我们并没有走向放弃理智主义的道路，而是走向理智主义的极其严格的发展，如果理智欲望着自在的存在这一点仍然是真的话。因此，我们必须要表明那把类似于超越的关系和超越本身的关系区分开来的差异。超越的关系通向**他者**,**无限**观念已经使我们能够把**他者**的样式确定下来。而那与超越类似的关系以及它们中的客体化行为——即使它们依赖于超越——则仍处于**同一**之中。

实际上,对**同一**中产生的诸关系的分析——本部分内容即致力于此——将描述出分离的间隔。分离的形式轮廓不同于任何(其他)关系的形式轮廓,(它是)诸项之间距离与结合的同时性。在分离中,诸项之间的结合在一种卓越的意义上维持着分离。在关系中,存在者从关系中解脱出来,在关系中保持着绝对。实现出这一关系的存在者从事着对这一关系的具体分析(他在分析这一关系之际不停地实现着这一关系);这种具体分析将把分离辨认为内在生活、辨认为心灵现象。我们已经指出过这一点。但是,这一内在性又将显现为一种在家的在场,后者意味着居住与家政。心灵现象及其打开的视野,维系着那把形而上学者从形而上者那里分离开的距离,以及此二者对于总体化的抵制。

第二节 享用……①(享受)。实现的观念

我们享用"美食"、空气、阳光、美景、劳动、观念、睡眠,等等。这些并不是表象的对象。我们享用它们。我们享用的,既不是"生活的手段",就像笔是我们写信的手段;也不是生活的目标,就像交流是书信的目标。我们享用的事物,并不是工具,甚至不是用具——在海德格尔

---

① "享用……"的法文原文是"vivre de…"。这个短语既有"靠……度日""以……为生"的意思,也有"沉湎于……""沉浸于……"的意思。列维纳斯在这个短语后面的括号里注上"享受"(jouissance),可知他主要是在"沉湎于……"或"沉浸于……"的意义上使用这个词的。而且从本节第一段的分析中也可看出这一点。为了突出列维纳斯这里对这个词的用法,尤其为了显示出它与"享受"之间的联系,我们将之译为"享用……"。但是,在个别地方,列维纳斯也是在"以……为生"的意义上使用该词的。在这种情况下,我们将把它译为"以……为生"。英译者把它翻译为"living from…",但也承认有时译为"living on…"会更恰当(见 Emmanuel Levinas, *Totality and Infinity*, tr. by Alphonso Lingis, Martinus Nijhoff, 1979, p.110, 英译注)。——中译注

赋予该词的意义上。它们的实存并不能由实用的模式论所穷尽,这一模式论把它们(的实存)勾勒为锤子的实存、针的实存或者器具的实存。在某种意义上,它们总是——甚至锤子、针、器具也是——享受的对象,它们将自身呈交给"品味",它们已经被装饰、美化。而且,享用……勾勒出独立本身,勾勒出享受及其幸福的独立,这种独立是任何(其他)独立的原型;而对工具的使用却以合目的性为前提,并且标志着一种对于他者的依赖。

相反,幸福的独立总是依赖于内容:幸福是呼吸、凝视、进食、劳作、使用锤子与器具等等(活动)所具有的快乐与痛苦。然而幸福对于内容的依赖,并不是结果对于原因的依赖。对于生活来说,生活享用的内容并不总是像手段或实存之"进行"所必需的燃料那样是维持这种生活所不可或缺的。或者至少,它们并不被体验为如此这般的东西。拥有它们,我们照样死亡;而有时,缺少它们则毋宁去死。尽管如此,复原这个"环节"从现象学上看仍被包括在比如吸取营养这样的行为之中,并且它甚至是这个行为的本质因素,虽然为了说明这一点人们无须求助于任何生理学家的或经济学家的知识。吸取营养,作为恢复活力的手段,是他者向**同一**的转化,这一转化处于享受的本质之中:一种其他的能量,它被辨认为他者,如我们将看到的,被辨认为对那施诸其上的行为本身的支撑——一种这样的其他的能量,在享受中变成了我的能量,变成了我的力量,变成了我。任何这个意义上的享受,都是进食。饥饿,是需要,是突出的缺乏;而恰恰在这个意义上,享用……并不是一种对充实着生活的内容的单纯意识。这些内容是被体验的:它们供养着(aliment ent)生活。人们生活着(vit)他们的生活(vie)。生活(Vivre)就像及物动词一样,生活内容是它的直接宾语。而根据这一事实,生活②着这些内容的行为,也是生活的内容。实际上,(人们)与(自实存哲学家们以来)变为及物动词的实存这一动词的直接宾语的关系,类似于和吸取营养(的行为)的关联;在这里,既有与一个对象的关联,又有与这一维持着(nour-

---

② 此处作为及物动词的"生活"(vivre)也可译为"体验"。——中译注

rit)和充实着生活的关联的关联。人们不仅实存着其痛苦或快乐,③而且还实存于④其痛苦和快乐。对于行为来说,那种沉湎于(se nourrir de)其活动本身的方式恰恰是享受。因此,享用面包就不是表象面包,也不是对面包起作用或通过面包行动。当然,人们必须挣面包,为了挣面包又必须吸取营养;因此我所吃的面包也就是我借之糊口和谋生(gagne…ma vie)的东西。但是,如果我是为了劳动和过生活(vivre)而吃面包,那么我就是在享用我的劳动和享用我的面包。面包与劳动并没有在帕斯卡尔的意义上使我远离实存的赤裸事实,也没有充满我时间的虚空;享受是对所有那些充实我之生活的内容的最终意识——享受包含它们。我所谋的生活,并不是一种赤裸的实存;它是劳动的生活和吸取营养的生活;劳动与吸取营养是内容,这些内容不仅让生活操心,而且还"让"生活"忙碌",还"愉悦"生活,生活是对它们的享受。即使生活的内容在保障我的生活,手段也立即作为目的被寻求,而对此目的的追求复又变为目的。这样,(生活中的)事物就总是多于严格的必需之物,它们构成了生活的魅力(la grâce)。人们以其保障我们的生计的劳动为生;但是人们也享用其劳动,⑤因为劳动充实生活(使生活愉悦或悲伤)。如果在正常情况下,那么"vivre de son travail"的第一种含义就返回到它的第二种含义。⑥被看到的对象作为对象充满生活;但是对对象的观看却构成了生活的"欢乐"。

---

③ "实存",法文原文为"exister"(其名词形式为"existence",或译"存在""生存"),列维纳斯说这个词自实存哲学家们以来变成了及物动词。故这里将"existe…sa douleur ou sa joie"勉强译为"实存着其痛苦或快乐"。——中译注

④ "实存于"即"existe de…",既有"依赖于……而实存"之义,又有"沉湎于……而实存"之义。此处偏重后一义。我们姑且直译为"实存于其痛苦和快乐"。——中译注

⑤ 此处的"以其……劳动为生"和"享用其劳动"的原文都是"vivre de son travail"。——中译注

⑥ "Vivre de son travail"的第一种含义就是"以其劳动为生",第二种含义就是"享用其劳动"(或"沉湎于其劳动")。——中译注

这并不意味着这里有一种对于观看的观看;生活与它对于事物之固有依赖之间的关联,是享受;而享受作为幸福,又是独立。生活的行为并不是直向的,仿佛直通其最终目的似的。我们生活在对意识的意识中,但是这种对意识的意识并不是反思。它不是知,而是享受,正如我们马上要说的,它是生活的自我主义本身。

因此,说我们享用内容,就并不是断言我们求助于它们,一如求助于那些确保我们的生活的条件,这种生活是被视为实存之赤裸事实的生活。生活的赤裸事实绝不是赤裸的。生活并不是赤裸的存在意志,不是对于这种生活的存在论的 *Sorge*(操心)。生活与某人生活的诸条件本身的关联,变成这种生活的食物和内容。生活是对生活之爱,是与这样一些内容的关联,这些内容并不是我的存在,而是比我的存在更珍贵:(它们是)思考、吃饭、睡觉、阅读、劳动、晒太阳等等。这些内容有别于我的实体,但又构成之;它们形成我生活的珍贵处(le prix)。一旦生活被还原为单纯赤裸的实存,如尤利西斯在地府里看到的那些幽灵的实存——生活就消解为幽灵。生活是一种并不先于其实质的实存。生活的实质(essence)⑦形成生活的珍贵处(le prix),而价值(la valeur)⑧在此则构成存在。生活的实在性已经处于幸福的层面上,在这个意义上,它处于存在论的彼岸。幸福并不是存在的一种偶然之事,既然存在是为幸福而冒险。

如果"享用……"并不单纯是对某物的表象,那么"享用"就并不归属于那对亚里士多德的存在论来说是决定性的(实现)活动(activité)

---

⑦ 列维纳斯在上文曾说:"思考、吃饭、睡觉、阅读、劳动、晒太阳等"这样一些生活"内容""形成我生活的珍贵处",此处又说"生活的实质形成生活的珍贵处",由此可见这里所说的"生活的实质"即是上文所说的那样一些"内容",而不同于一般所理解的"本质",故这里不把"essence"译为"本质",尽管上一句"生活是一种并不先于其实质的实存"似是针对萨特的"存在(实存)先于本质"而发。——中译注

⑧ 生活的"le prix"(珍贵处)指生活的具体内容(实质),而"la valeur"(价值)则指剥除了生活具体内容(实质)的纯粹存在。这个意义上的"valeur"实难翻译,不得以仍以"价值"译之。——中译注

与潜能的范畴。亚里士多德的(实现)活动(l'acte)⑨等同于存在。被置于目的与手段之系统中的人,在通过(实现)活动越出其表面的界限时实现自己。一如任何其他的自然(本性),人的自然(本性)也是通过起作用、通过(与……他物)建立起关联而实现自己,就是说,完全变成它本身。任何存在都是存在之进行,因而,思想与(实现)活动之同一化就并非隐喻。如果享用……、享受同样在于与他物建立某种关联,那么这种关联就并不显露于纯粹存在的层面。在存在层面上展开的(实现)活动本身,此外也进入我们的幸福之中。我们享用诸种(实现)活动——享用存在之(实现)活动本身,正如我们享用观念与情感。我之所为与所是者,同时也是我所享用者。我们以一种既非理论亦非实践的关联与之关联。在理论与实践的背后,有对理论与实践的享受:生活的自我主义。最终的关系是享受、幸福。

享受并不是诸种其他状态中的一种心理学状态,不是经验心理学的感受性的心境(tonalité),而是自我的战栗本身。在享受中,我们总是把自己维持在第二阶段上,但是这仍不是反思的阶段。因为,我们凭借单纯的生活事实而已活动其中的幸福,总是处于事物在其中现形的存在之彼岸。幸福是结果,但是在这里,对渴望的回忆授予此结果以实现(accomplissement)的特征,实现要比不动心更好。纯粹的实存是不动心,幸福是实现。享受由对其渴求的回忆构成,它是解渴。它是回忆着其"潜能"的(实现)活动。它并不如海德格尔所希望的那样表达着我于存在中扎根——处身性(disposition)⑩——的模式,表达着我(在存

---

⑨ 列维纳斯此处先后用了"l'activité"与"l'acte"这两个亚里士多德意义上的术语(本段下面都是用后一个词)。一般说来,在法语中,"activité"是用来翻译亚里士多德的"energia"(活动、实现)的,而"acte"是用来翻译亚氏的"entéléchéia"(隐德来希、现实)的。但据法国巴黎第十大学哲学系列维纳斯研究专家 C. Chalier 教授说,此处列维纳斯对"l'activité"与"l'acte"这两个词都是在"energia"(活动、实现)意义上使用的。从上下文看,似是如此。故此处皆译为"(实现)活动"。——中译注

⑩ "Disposition",即海德格尔《存在与时间》中所说的"Befindlichkeit"。该词在《存在与时间》中译本(陈嘉映、王庆节合译,熊伟校,陈嘉映修订,三联书店,1999年)中被译为"现身情态"或"现身"。——中译注

在中的)保持所具有的情绪状态。它并不是我在存在中的保持,而已经是对存在的越出;存在本身"来临"到那能够追寻幸福的人身上,其追寻幸福一如追寻一种位于实体性之上的荣光;存在本身是构成如此这般之人的幸福或不幸的内容:他不仅实现其本性,而且还在存在中追寻一种在诸实体范围内不可设想的胜利。而诸实体只是它们之所是。因此,幸福之独立就有别于哲学家所认为的实体所拥有的独立。似乎,在存在的充实之外,存在者还可以要求一种新的胜利。当然,人们可以如此反驳我们:唯有某存在者可以对之加以支配的实存的不完美(l'imperfection),才使得这种胜利得以可能和变得珍贵;而此胜利又只与实存的完满(la plénitude)相一致。但我们却要说,关于一种不完整的存在的奇怪的可能性,已经打开了幸福的范围,已经是这种对比实体性更高的独立的许诺的代价。

如果活动意味着(时间)绵延(此绵延然而又是连续的)中的开端,那么幸福便是活动的条件。当然,(实现)活动以存在为前提,但是在匿名的存在——其中终结与开端没有意义——中,(实现)活动却标志着一种开端与终结。于是,在这种连续性内部,享受便实现出那种相对于这种连续性而言的独立:每一次幸福都是第一次发生。主体性在独立中、在享受的主权中,有其本原。

柏拉图谈到过从真理中得到滋养的灵魂。⑪ 他在显示着灵魂主权的理性思想内区分出一种与对象的关系,这种关系不仅是沉思性的,而且还证实了思者在其主权范围内的**同一**。"那适合(养育)灵魂中最优秀部分的青草,恰恰来自"那位于真理平原中的牧场,"使灵魂轻扬上升的羽翼的本性也是靠此青草养育。"⑫那使灵魂提升至真理者,也由真理养育。在整个这部书中,我们都反对把真理与食物进行完全的类比。这恰恰是因为形而上学的**欲望**处于生活之上,而且我们并不能谈论对这种**欲望**的满足。但是柏拉图的图景却为思想描述了生活将要完成的那种关系本身,这种生活是这样的:在其中,对充实它的内容的依

---

⑪ 柏拉图:《斐德罗篇》,246e。
⑫ 同上书,248b-c。

附,为它提供了一种最高的内容。对食物的食用(la consommation)是生活的内容。

第三节 享受与独立

我们已经说过,享用某物,并不等于从某处汲取生命能量。生活并不在于寻找和消耗由呼吸以及食物提供的碳氢化合物,而是——如果我们可以这么说的话——在于食用天地间的食物。尽管生活因此依赖于那不是其本身的事物,但是这种依赖却并不缺乏对立面,后者最终取消这种依赖。我们享用的事物并不奴役我们,我们享受它。需要既不能被解释为单纯的缺乏,尽管有柏拉图制订的关于需要的心理学;也不能被解释为纯粹的被动性,尽管有康德式的伦理学。人在其需要中自得其乐,他为其需要感到愉悦。"享用某物"的悖论,或如柏拉图会说的那样,这些愉快所具有的疯狂,恰恰处在一种对于生活所依赖之物的满意(complaisance)之中。并非一方面是支配、另一方面是依赖,而是在这种依赖中有支配。或许,这就是对满意与愉快的定义本身。享用……,这就是依赖,就是变为统治、变为本质上自我主义的幸福的依赖。在某种意义上,需要——通常的维纳斯——也是 πόρος[13] 和 πενία[14] 的孩子;需要是作为 πόρος 之源泉的 πενία,与欲望相反,欲望是 πόρος 的 πενία。需要所缺之物,是其完满与丰富之源。作为愉悦的依赖,需要可被满足,就像一种被充满的虚空。生理学从外部教导我们说需要是一种缺少。人能够对其需要感到愉悦,这表明,在人的需要中,生理学的层面被超越了;也表明,自有需要以来,我们就处于存在范畴的外面。即使幸福的结构——经由依赖而独立,或自我,或人这种受造物——在形式逻辑看来,不能无矛盾地显露出来。

---

[13] "πόρος"(波若斯),意为"丰盈",原意为"出路"。参见柏拉图等:《柏拉图的〈会饮〉》,刘小枫等译,华夏出版社,2003年,第76页,注释第249条。——中译注

[14] "πενία"(珀尼阿),原意为"贫乏""贫困"。参见柏拉图等:《柏拉图的〈会饮〉》,刘小枫等译,华夏出版社,2003年,第76页,注释第250条。——中译注

需要与享受不会被主动性与被动性的概念所重新覆盖,即使后两者在有限自由的概念中混淆在一起。在与作为生活之他者的食物的关系中,享受是一种 *sui generis*(自成一格的, of sb.'s own kind)独立,是幸福之独立。生活享用某物,这样的生活是幸福。生活是感受性与感情。过生活,就是享受生活。只是因为生活原本就是幸福,对生活失望才有意义。痛苦是幸福的欠缺,而说幸福是痛苦的缺席却并不准确。幸福并不是由需要——人们揭露出了这种需要的专制性和被强加的特征——之缺席构成,而是由所有需要的满足构成。这是因为(在满足中)失去需要并不是随便一种失去,而是在一个认识到幸福之盈余的存在者中的失去,在一个得到满足的存在者中的失去。幸福是实现:它存在于一个被满足的灵魂中,而不是一个已经根除其需要的灵魂中、一个被阉割了的灵魂中。因为生活是幸福,所以它是人格性的。人格的人格性、自我的自我性(l'ipséité),要比原子和个体之特殊性更多,它是享受之幸福的特殊性。享受实现了非神论的分离:它去除了分离概念的形式,分离并不是抽象的裂缝,而是一个本土性自我的在家的实存。灵魂并不像在柏拉图那里那样是那"关切着任何无灵魂事物"者,⑮它当然居住在那不是其本身中;但正是通过这种在"他者"中的居住(而不是逻辑上通过与他者的对立),灵魂才获得其同一性。

第四节 需要与身体性

如果享受是**同一**之漩涡本身,那么它便并不是对他者的忽视,而是对它的剥削。世界所是的这一他者的他异性由需要克服了,需要点燃享受,而享受则回忆起需要。需要是**同一**之第一运动;当然,需要也是一种对他者的依赖,但这是一种穿过时间的依赖,它并非是对同一的瞬间背叛,而是一种对依赖的悬搁或延迟;因此,借助劳动或家政,它便是这样一种可能性:粉碎需要所依赖的他异性的尖锐本身。

柏拉图揭示出,伴随着需要之满足的那些愉快实乃虚幻;由此,他

---

⑮ 《斐德罗篇》,246b。

便确定了一种否定性的需要概念：需要会是一种较少，一种可由满足填满的缺乏。这种需要的本质可在疥疮与疾病所具有的瘙痒需要中见出。我们必须停留在一种于贫乏中理解需要的需要哲学上吗？贫乏是打破了动植物状态的人的解放所冒的诸种危险之一。需要的本质因素就在于这种破裂之中，尽管有这种冒险。把需要设想为单纯的缺乏，这是在一种混乱的社会中理解需要，这种社会既没有给需要留下时间也没有给它留下意识。正是那插入人与其所依赖的世界之间的距离，构造出需要的本质。一种存在者脱离了世界，然而又以此为生！从其扎根其中的整体中脱离出来的存在的部分，支配着它自己的存在；其与世界的关联从此便只是需要。需要从世界的全部重压中解放出来，从各种直接且连续不断的接触中解放出来。它处于一定距离之外。这种距离可以转化为时间，并可以使一个世界隶属于那个解放了的但却贫困的存在者。在这里有一种两可性，身体是这种两可性的关联本身。动物性的需要是从植物性的依赖中解放出来的，但是这种解放又是依赖和不确定性。一个猛兽的需要无法与斗争和恐惧分离开。这种需要从中解放出来的外在世界对于此种需要来说始终是威胁。但是，需要也是劳动的时间：与一个献出其他异性的他者的关系。忍饥受寒、衣不蔽体、寻求庇所——所有这些已变成需要的对于世界的依赖，使本能的存在者脱离开匿名的威胁，以便构造一个独立于世界的存在者，一个真正的**主体**，它能够确保满足它的需要，这些需要被确认为物质性的，就是说，被确认为可被满足的。需要处于我的权力之内，它们把我构造为**同一者**，而非依赖于**他者**的。我的身体不仅是主体将自身还原为奴隶、依赖那并非其自身者的一种方式；而且还是拥有和劳动的一种方式，是拥有时间、克服我应当享用的他异性本身的一种方式。身体是自身占有本身，凭借这种占有，那通过需要而从世界中解放出来的自我便成功地克服了这种解放所具有的不幸本身。我们后文将回到这一点。

在确认其需要为物质性的需要、亦即能够被满足的需要后，自我因此就可以转向它并不缺乏之物。它把物质性的事物从精神性的事物那里区别开，它向**欲望**敞开。然而，劳动已经要求话语，并因此，要求不可还原的**他者**相对于**同一**的高度，要求**他人**的在场。没有自然宗教；但是,人类的自我主义已经由于其直立着的、为高度这一方向所吸引的身体而出离了纯粹的自然。这并不是人类的经验幻觉,而是其存在论的生产,是不可消除的见证。"我能"就源自于这种高度。

让我们再强调一下需要与**欲望**之间的差异。在需要中,我可以啮食实在的事物,通过吸收他者来满足我自己。在**欲望**中,则并没有对存在的啮食,没有满足,而是有一个无尽的未来在我面前展开。这是因为需要所预设的时间由**欲望**提供给我。人类的需要已经建基在**欲望**之上。这样需要就有时间通过劳动把这个他者转化为同一。我作为身体实存着,这就是说,作为被提高者、作为器官实存着,器官可以在我所依赖的这个世界中掌握那些技术上可实现的目的,并因此置身于它们面前。所以对于一个劳动的身体来说,任何事物都不是已经完成的,都不是既成事实;因此,是身体,就是在诸事实中间拥有时间,就是尽管生活在他者中却仍是自我。

这里就有对于距离的启示,(这是)两可的启示,因为时间既摧毁瞬间幸福的稳靠,同时又使得对如此被揭示出来的脆弱性的克服得以可能。正是与**他者**的关系——它作为身体的提升而被铭刻在身体中——使得享受转化为意识与劳动得以可能。

第五节 作为自我之自我性的感受性

我们隐约看到一种可能性,使自我之唯一性可理解的可能性。**自我**的唯一性传达着分离。卓越的分离乃是孤独,享受——幸福或不幸——是隔离本身。

自我并不是像埃菲尔铁塔或《蒙娜丽莎》那样是唯一的。自我的唯一性并不在于它仅仅作为一个唯一的例子而现身,而是在于它之实存是没有属的,在于它的实存不是作为一个概念的个体化。自我的自我性在于它处于个体与普遍的区别之外。(自我)对概念的拒绝并不是 le τόδε τι(这一个)用来反对普遍化的抵制;le τόδε τι 与概念处于同一个层面上,概念通过 le τόδε τι 获得定义,正如通过一个反题项(获得定义)一样。在此,对概念的拒绝并不只是其存在的诸方面之一,而就是其整个内容——自我就是内在性。对概念的这种拒绝把拒绝概念的存在者推入到内在性的维度中。它是在家的。⑯ 自我因此就是那决定绝对他者之在场的总体的破裂具体实现出来的方式。自我是卓越的孤独。自我的秘密确保了总体的离散。

　　唯一性的这一逻辑上悖谬的结构，这种对于属的非参与，是幸福之自我主义本身。在其与食物这种"他者"的关系中，幸福是自足的；它甚至是由于这种与**他者**的关系而自足——幸福就在于满足它的诸种需要而非在于消除它们。幸福通过需要的"不自足"而自足。柏拉图揭示出的享受所具有的缺乏，并不危及自足之瞬间。瞬息之物与永恒之物的对立没有提供出自足的真实意义。自足是自我的收缩本身。自足是一种自为的实存，但并不是一开始就着眼于它的实存，它也不是由自身本身对自身的表象。自足是自为的，就像在"人人为己"这个习语中一样；它是自为的，就像"听不进忠告的饿汉"是自为的一样，他可以为了一口面包而去杀人；它是自为的，就像那不知饿汉饥且以慈善家的面目出现的饱汉是自为的一样，后者将饿汉作为穷苦之人、作为异类来接近。享受活动之自足清楚地标画出了**自我**或**同一**的自我主义或自我性。享受是一种自身中的回撤，是一种内转。那被人们称为感受状态者，并没有状态所具有的那种沉闷的单调乏味，而是一种自身于其中升起的颤动着的提升。实际上，自我并不是享受的**承载者**。在此，"意向性"结构是完全不同的。自我是感情的收缩本身，是一种螺旋的极，享受勾勒出这一螺旋的旋转与内转：曲线的焦点构成了曲线的部分。享受的进行，恰恰是作为"旋转"，作为朝向自身的运动。人们现在理解了，在何种意义上我们前文已经能够说自我是一种申辩：正是为了那对于其自我主义本身来说是构成性的幸福，说话着的自我才进行辩解，

---

⑯ 原文为"chez soi"。德译本译为"bei sich"（在自己这里），并在此加注曰："'Chez soi'在字面上即'bei sich'，但是主要是在'zu Hause'（在家）'的意义上使用。这里根据语境分别译为'bei sich'、'bei sich zu Hause'。"（见德译本，S. 164）。英译本将之译为"at home with itself"（见英译本第 118 页），也是同时译出了这两种意思。我们这里译为"在家"。——中译注

而无论这一自我主义将从说话中接受到怎样的变样。

通过孤独之享受——或通过享受之孤独——而实现的总体的破裂,是彻底的。当**他人**的批判性的在场质疑这种自我主义时,它不会摧毁其孤独。人们将在对知的操心中辨认出孤独来,知被表达为一个关于本原的疑难(这在一个总体中是不可想象的);因果性观念并不能为这个疑难带来解答,因为这个疑难恰恰涉及一个自身、一个绝对被隔离的存在者,因果性在把这一存在者重新置入一个系列时,会危及其隔离。唯有创造的观念能与这样一个问题相称,创造同时既尊重自我的绝对新颖性,又尊重它对于一个原则的依附,尊重它之被质疑。主体的孤独也可在申辩所导向的善良中被辨认出来。

自身从享受中浮现出来,在享受中自我的实体性并不被领会为动词存在(**是**)的主体(**主词**),而是被领会为蕴含在幸福中——不是属于存在论而是属于价值论;自身的这种浮现是存在者的直接提升。因此,存在者就不会属于"存在理解"或存在论的管辖。人们变为存在的主体,不是通过承担存在,而是通过享受幸福,是凭借对那也是一种提升、一种"高于存在"的享受的内在化。存在者相对于存在而言是"自治的"。存在者并不意味着一种对存在的参与,而是意味着幸福。卓越的存在者,就是人。

与理性——作为主题化和客观化之权能——同一的自我,丧失了它的自我性本身。为自己进行表象,就是倾空自己的主观实体,就是对享受麻木不仁。通过无止境地想象这种麻木,斯宾诺莎便使分离消失了。但是这种理智的一致所具有的快乐与这种顺从的自由,在如此被赢获的统一体中标画出一条分裂线。理性使得人类社会得以可能,但是一个其成员只能是诸理性的社会作为社会会消失。一个彻头彻尾理性的存在者能跟另一个彻头彻尾的理性存在者谈什么呢?理性并没有复数,如何区分许多的理性?如果组成康德式目的国的诸理性存在者并没有把他们对幸福的要求——感性自然瓦解后的奇迹般的幸存者——作为个体化原则保留下来,这一目的国如何可能?在康德那里,自我在对幸福的需要中重新出现。

是自我,就是如此实存,以至于他已经处于存在之彼岸而处于幸福之中。对于自我来说，是(**存在**)既不意味着自己与某物对立也不意味着为自己表象某物，既不意味着利用某物也不意味着渴望某物，而是意味着享受某物。

第六节　享受之自我既非生物学的亦非社会学的

由幸福实现的个体化，把一个其内涵与外延相一致的"概念"个体化了。由自身的同一化所实现的对概念的个体化，构成了这个概念的内容。我们在对享受的描述中已接近的分离人格的观念——此种人格在幸福的独立中确立起自身——有别于诸如生命哲学或种族哲学所捏造的那类人格观念。在对生物学生命的颂扬中，人格是作为种的产物或非人格的生命的产物而出现的，那非人格的生命为确保其非人格的胜利而求助于个体。⑰ 自我的唯一性，它的无概念的个体的身份，会在这种对越出其上者的参与中消失殆尽。

只要人格并不代表任何其他东西，就是说，只要它恰恰是一个自身，我们在某一方面所赞同的自由主义之动人处(pathétique)，就在于它提升了人格。这样，只有诸个体保持着它们的秘密，只有那把诸个体连接在复多性中的关系无法从外部看见，而是由此到彼，复多性才能产生。如果这种关系可以整个地从外部看见，如果复多性的终极实在可为外部视角所通达，那么复多性就会形成一个诸个体会参与其中的总体。人格间的纽带并不会使复多性免遭(单纯)累积的危险。为了保持复多性，那从自我到**他人**的关系——一个人格对另一个人格的态

---

⑰ 参见比如库尔特·席林(Kurt Schilling)——"国家哲学与法哲学引论"(Einführung in die Staats-und Rechtsphilosophie)，载《法学概论》(*Rechtswissenschaftliche Grundrisse*)，Otto Koellreuter 编，Junker und Dunhaupt Verlag Berlin 1939。根据这本典型的种族主义哲学的著作，个体与社会会是生命的事件，生命先于个体并且创造了它们，以便更好地适应和能够活下去。幸福的概念及其在个体那里唤起的东西，在这一哲学中付诸阙如。困苦——Not——乃威胁生命之物。国家只是这种多样性的组织体，以便使生命得以可能。归根到底，人格——甚至领袖的人格——始终服务于生命和生命的创造。人格性的本己原则从来不是目的。

度——必须要比连词的形式含义更强,在连词中,任何关系都有蜕化的危险。这种更强大的力量具体表现在这一事实中:从**自我**到**他者**的关联不能被包含在一个可为第三者所见的关系网中。如果这一从**自我**到**他者**的纽带可以整个地从外部掌握,那么它就会在包含它的目光中消除与这一纽带联结在一起的复多性本身。诸个体就会显现为总体的参与者;他人就会等于自我的复本——这二者全都含括在同一个概念中。多元论并不是一种数的复多性。为了一种形式逻辑所无法反映的自在的多元论能够实现出来,必须从根本上产生从我到他者的运动,产生一种自我对于**他人**的态度(已经被规定为爱或恨、顺从或支配、学习或教导……的态度),这一态度并不会成为关系一般的一个种;这意味着从我到他者的运动不会把自己作为主题呈交给一种反思,呈交给一种客观的目光,一种摆脱了他者的这种面对的目光。多元论预设了他者的彻底的他异性,我不是通过与我自己相比来简单地构想他者,而是从我的自我主义出发面对他者。**他人**的他异性是在其自身的,而非与我相比而言的;这种他异性启示出自己,但是我之通达它却是从我出发,而非通过自我与**他者**的比较。我从我与**他人**之间所维持的社会关联出发通达**他人**的他异性,而不是通过离开这种关系以思考其端项的方式通达之。性爱为这种在被反思之前就实现了的关系提供了例子:异性是一种他异性,这种他异性是作为本质、而非作为其同一性之另一面而为一个存在者所拥有的;但是这异性却并不能吸引一个无性别的自我。他人作为主人——也可以为我们充当一种如此这般的他异性的例子:这种他异性不仅是与我相比而存在;它属于**他者**之本质,但却只有从一个自我出发才能被见到。

第二章　享受与表象

我们所享用和享受之物并不与(享受)这一生活本身相混淆。我吃面包,我听音乐,我紧追着我的意念之流。如果我过着我的生活,那么我所过的生活与过生活这个事实仍保持着区别;即使下述这一点是真的:这一生活本身本质上持续地变成了它自己的内容。

我们可以确切地规定下面这一关联吗?享受作为生活与其内容相关联的方式,难道不是意向性——在这个词的胡塞尔的意义上,在一种被广泛接受的意义上,在作为人类实存的普遍事实的意义上——的一种形式吗?生活(有意识的生活和即使是无意识的、比如意识所预测的那种生活)的每一环节,无不处于与不同于这一环节本身的另一环节的关系之中。人们知道这一论断据以展开的那种格式,即任何感知都是关于被感知物的感知,任何观念都是关于一个被观念化者的观念,任何欲望都是关于一个被欲望者的欲望,任何激动都是关于一个激动人心之物的激动;而且,关于我们存在的任何模糊的思想都是朝向某物的。任何在其时间的赤裸中的当前,都趋向未来、回指过去或重新获得这个过去——任何当前都是展望与回顾。然而,自意向性作为一个哲学论题被首次阐明以来,表象的优先性就一直是显而易见的。任何意向性要么是一种表象,要么是奠基在表象之上——这一论断始终支配着 les *Logische Untersuchungen*(《逻辑研究》),并在胡塞尔的所有后来著作中都作为一种无法摆脱的顽念一再返回。在客体化行为——如胡塞尔所称呼的那样——的理论意向性与享受之间是何种关联?

第一节　表象与构造

为了回答这个问题,我们尝试着追踪客体化意向性的本己运动。

这种意向性是自在的分离事件的一个必要环节,我们在这一部分将对这种分离进行描述,这种分离从居所(la demeure)和占有(la possession)中的享受出发构成自身。① 的确,为(我)自己进行表象的可能性以及由此引出的观念论的企图已经从形而上学的关系中和那与绝对**他者**的关联中受益,但是它们也证实了在这种超越本身中间的分离(尽管这种分离没有被还原为超越的一种回声)。我们首先将通过使表象脱离它的源泉来描述它。就其自身而言,以某种拔根的方式来看——表象似乎是沿着一种与享受的方向相反的方向被定位的,并且反过来,它使得我们可以展示享受与感性(尽管表象实际上是由感性织成,且重复着身为分离的感性事件)的"意向性"图式。

在胡塞尔关于客体化行为之首要性的论断中,人们已经看到胡塞尔对于理论意识的过度依附,同时这一论断也为所有那些指责胡塞尔的理智主义的人充当了借口——似乎这是一种指责似的!胡塞尔的这一论断导致先验哲学,导致这样一种断言(在意向性观念看起来所达到的实在论的诸主题之后,这一断言是如此让人惊异):有别于意识的意识对象,作为意识所授予的"意义",作为 Sinngebung(意义给予)的结果,是意识的准产物。表象对象有别于表象行为——人们迫不及待地把实在论的后果所归之于的,正是胡塞尔现象学的这一根本的、最富生育力的断言。但是,心灵图像理论,那种由现象学所揭露的行为与意识对象的混淆,仅仅建立在一种由心理原子主义的偏见所引发的对于意识的错误描述之上吗?在某种意义上,表象对象的的确确内在于思想:尽管有其独立性,它仍落在思想的权力之下。我们在此暗指的,并不是感觉中感觉者与被感觉者的贝克莱式的两可性;我们并不把我们的反思限制于所谓感性的对象上。相反,这里涉及的是那种东西,即变

---

① 见下文第 125 页及以下(译按:原文页码,即本书边码)。

为清楚分明的观念——按笛卡尔术语——的东西。在清楚性中,一个对象,首先是外部对象,给出自己(se donne),就是说,向与它相遇者提交自己,仿佛它整个地被后者所规定似的。在清楚性中,外部存在者如此呈现自己,仿佛是接受它的思想之作品。以清楚性为标志的可理解性(l'intelligibilité),是思者与被思者之间的一种完全的相即性,这是在思者掌控被思者这一非常确切的意义上的相即性;在这种掌控中,对象的那种属于外在存在者的抵抗在对象中消失了。这种掌控是完全的,并且似乎是创造性的;它是作为意义给予而实现自身:表象的对象被还原为一些意向相关项。可理解者,正是那整个地被还原为意向相关项者;而它与理解的所有关联都被还原为光所创建之物。在表象的可理解性中,我与对象之间——内在与外在之间——的区别消失了。笛卡尔的清楚分明的观念将自己显示为真实的,显示为完全内在于思想的:完全呈现——没有任何秘密,它的新颖性本身毫无神秘。可理解性与表象是相等的概念:一种在清楚性中顺从地把其全部存在呈交给思想的外在性,就是说,是这样一种外在性:它完全呈现,原则上没有任何东西冲撞思想,思想也从来没有感到自己唐突冒失。清楚性是那可能冲撞思想之物的消失。对于**他者**来说,可理解性、表象行为本身,是它被**同一**规定而不规定**同一**、不把他异性引入**同一**的可能性,是**同一**的自由操作。它是与非我相对立的自我在**同一**中的消失。

因此,在意向性的作用中,表象占据着一个赋有优先性的事件的位置。表象的意向性关系,有别于任何其他关系——无论是机械的因果性还是逻辑形式主义的分析的或综合的关联;有别于任何不同于表象意向性的意向性——在这一点上:在表象的意向性关系中,**同一**是处于与**他者**的关系中,但却是以这样一种方式,即**他者**在这种关系中并不规定**同一**,而总是**同一**在规定**他者**。当然,表象是真理的所在地:真理的本己运动就在于,呈现给思者的对象规定着思者。但是,对象在规定思者时却并不触及思者,并不压在思者上,以致顺从于思想的思者是"心甘情愿地"顺从于思想,似乎对象——甚至在它所保留给知识的震惊中——已经被主体预见到。

任何活动都以这样或那样的方式被表象所照亮,并因此前进在一条已然熟悉的道路上——而表象则是一种从同一出发的运动,没有任何探照灯先行于它。根据柏拉图的说法,"灵魂是某种能预先看到未来的东西"②。有一种绝对的、创造性的自由,它先于手的历险之举,手为其所寻求之目标而冒险;之所以先于,是因为对于手来说,至少对这个目标的观看已经为其开辟了一条通道,这种观看已经把自己投射出去。表象,就是这种投射本身,它发明目标,后者就像先天的赢获物一样将自己呈交给仍然在逡巡摸索的行为。确切地说,表象"行为"并不在它自己面前发现任何东西。

表象是纯粹的自发性,尽管先于任何活动。这样,被表象的对象的外在性就向反思显现为进行表象的主体所赋予一个对象的意义,这个对象本身可以被还原为思想的作品。

诚然,思考着三角形内角和的自我也由这个对象所规定。它恰恰是思考着这个和的自我而非思考着原子量的自我。无论它回想起还是忘记了三角形内角和,它都为这个事实所规定,即它已经经历了关于三角形内角和的思想。这正是那将向历史学家显现的东西,对于历史学家来说,进行表象的自我已经是一个被表象者。(然而,)在表象的瞬间本身那里,自我并没有打上过去的印记,而是把过去作为被表象的和客观的元素加以使用。幻觉?忽视了表象自己的蕴含?表象是这样一种幻觉和这样一种遗忘的力量。表象是纯粹的当前。对一种纯粹当前、与时间没有任何关联——哪怕是相切的关联——的纯粹当前的设定,乃是表象的奇迹。时间的虚空,被解释为永恒的时间的虚空。诚然,那引导其思想的自我在时间中变化(或更确切地说,变老),它的连续的思想在时间中展开,它穿过这些思想在当前中思考。但是,这一在时间中的变化并不在表象的层面上显现:表象不包含任何被动性。与**他者**相关联的**同一**,拒绝那外在于其自己的瞬间、外在于其自己的同一性的东西,以便在这一无所亏欠的瞬间——纯粹的无据状态——把所有那些曾经被拒绝的事物作为"被赋予的意义"、作为意向相关项重新发现出来。表象的第一个运动是否定性的:它在于在自身中重新发现

---

② 《斐德罗篇》,242c。

和穷尽一种恰恰可以转变为意向相关项的外在性之意义。这就是胡塞尔的悬搁的运动,严格地说,这一运动乃是表象的特征。它的可能性本身界定了表象。

在表象中,**同一**界定**他者**,而并没有为**他者**所规定,这一事实为康德关于先验统觉之统一性的构想作了辩护,这种先验统觉在其综合作用中始终是空洞的形式。但是我们远不是认为,从表象出发就是从一种不受制约的条件出发!表象系缚(*liée*)于一种完全不同的"意向性"上,我们在这整个分析中都在尝试接近这种意向性。表象的奇迹般的构造作用尤其在反思中成为可能。这就是我们曾分析过的"拔根的"表象。表象系缚于一种"完全不同的"意向性的方式,不同于对象系缚于主体或主体系缚于历史的方式。

同一在表象中的完全的自由,在那并非一个被表象者而是**他人**的**他者**中有一肯定的条件。目前且让我们记住,作为**同一**对**他者**的非相互规定的表象结构,恰恰是这样的事实:对于**同一**来说,它是当前(**在场**)的;对于**他者**来说,它是(他者)向着**同一**当前(**在场**)的。我们把自我称作**同一**,是因为在表象中,自我恰恰失去了它与其对象的对立;此对立消失了,从而使自我的同一性,亦即自我之不可变性再次出现,尽管其对象是多样的。保持同一,就是进行表象。"我思"是理性思想的脉动。那在与**他者**之关联中不变且不可变的**同一**之同一性,正是表象之自我。凭借表象进行思考的主体是一个倾听其自己思想的主体:思想在一种类似于声音而非光的元素中思考自己。对于主体来说,它自己的自发性就像是一种突袭,似乎自我突然抓住那尽管有自我的完全掌控而仍发生之事。这种天赋就是表象之结构本身;(它是)在当前思想中向思想的过去的返回,(是)对这种在当前中的过去的接受;(是)对这种过去与当前的越过,就像在柏拉图的回忆中;在那里,主体攀登到了永恒之上。特殊的自我与**同一**混合为一,与那在思想中对它说话并且是普遍思想的"精灵"(*démon*)一致。表象的自我是从特殊到普遍的自然通道。普遍的思想是一种第一人称的思想。这就是为什么,那为了观念论而从主体出发重建普遍的构造并不是这样一个自我的自由:此自我在这种构造之后幸存,保持着自由,并且像是位于它将要构造出来的法则之上。进行构造的自我消解在它所统握的作品之中，并进入永恒。观念论的创造，就是表象。

但是，这只是就表象的自我而言才是真实的——表象的自我摆脱了它在其中有其潜在发端的诸种条件。而享受——它也同样摆脱了诸具体条件——却呈现出一种完全不同的结构。我们马上就表明这一点。现在先让我们注意在可理解性③与表象之间的那种本质的相关性。是可理解的就是被表象的，因此，就是先天的。把一种实在性还原为它的被思考的内容，这就是把它还原为同一。思考着的思想是这样一个处所，在这里，一种完全的同一性与一种应该否定它的实在性相互一致，毫无矛盾。被想象为思想之对象的最沉重的实在性，是在思考它的思想之无端由的自发性中产生的。所予物的任何的在先性都被还原为思想的瞬间性，并且与思想同时在当前浮现。由此，它获得意义。表象，并不只是"重新"使（某物）当前，它甚至是使一种流逝的现时感知化归为当前。表象，并不是使一个过去了的事实化归为一个现时的图像，而是使所有看起来独立于思想之瞬间性的事物都化归为思想之瞬间性。正是在这一点上，表象是构造性的。先验方法的价值及其所分有的永恒真理，全都建立在被表象者被还原为其意义、存在者被还原为意向相关项这样的普遍可能性的基础之上，建立在把存在者的存在本身还原为意向相关项这个最让人惊异的可能性的基础之上。

第二节 享受与食物

享受的意向性可以通过与表象的意向性的对立来描述。这种意向性就在于它依附于外在性，后者被包含在表象中的先验方法悬搁了。依附于外在性，并不等于单纯地肯定世界——而在于以身体的方式将

---

③ "可理解性"（intelligibilité）的本义是可为"智性"（intelligence）所把握的。所以，它才与表象之间有本质的相关性；因为根据列维纳斯，表象就是主体的智性的构造。——中译注

自己安置(se poser)④在世界之中。身体是昂然向上(这一姿态),但也是这一安置(**姿态**,la position)所具有之全部重量。裸露匮乏的身体,确定着它所知觉到的世界的中心;但是在受到它对世界之固有表象制约的同时,它也因此似乎摆脱了它所来自的那个中心——就像从岩石里涌出的泉水也把岩石冲刷走一样。匮乏裸露的身体——并不是我所"构造"的或我在上帝之中看到的、与思想有关的诸物中的一物;也不是一种动作思维(pensée gestuelle)的工具,理论可能会标志着这种思维的界限。裸露匮乏的身体是表象向生活的翻转本身,是进行表象的主体性向生活的翻转本身,不可还原为思想的翻转本身;生活由这些表象支撑,并享用这些表象。身体的匮乏——它的需要——把"外在性"肯定为非构造的,肯定为先于任何肯定的事物。

怀疑在天际或黑暗中浮现的形象是否实存,把既有的形式赋予一小块铁以便把它造成一把刀,克服一个障碍,或消灭敌人:怀疑、劳动、摧毁、杀死,所有这些否定性的行为都是自觉接受客观的外在性而非构造之。接受外在性,这就是进入与它的关系,在这种关系中,**同一**规定他者,同时又受他者规定。但是它被他者规定的方式又并不简单地把我们引到康德关于关系的第三个范畴所指示的相互性上。**同一**为他者所规定的方式,亦即勾勒了诸否定行为本身位于其中的那个层面的方式,恰恰是前文用"享用……"所指示的那一方式。这一方式由身体实现,身体的本质就是实现我在大地上的安置,就是说,赋予我——如果可以这么说的话——这样一种观看(une vision);这种观看已经且将一直由我所看到的图像本身支撑着。以身体的方式安置自己,就是接触大地,但却是以这样一种方式:这种接触已经被安置所制约,且脚踏在由这一脚踏活动所勾勒或构造的实在之中,似乎一个画家察觉到他正

---

④ "Se poser"以及由此而来的名词"position",在列维纳斯哲学中是一个非常关键的概念。早在《从存在到存在者》一书中,列维纳斯就已经用这个词来指意识或主体从匿名的"有"(il y a)中凸显出来的动作或过程。参见《从存在到存在者》,列维纳斯著,吴蕙仪译、王恒校,第二版前言的第2页,以及正文第四章第二节。中译者在那里将此词译为"置放"。但是在中文习惯中,"置放"一词一般多用于物,较少用于人、主体或意识。因此我们这里译为"安置"。——中译注

从他在画的图画中走出来。

表象就在于对对象进行说明这一可能性，似乎对象是由思想构造的，似乎对象是意向相关项。而这就把世界归结为思想之无条件的瞬间。那在凡有表象之处即发生的构造过程，在"享用"中被翻转过来了。我所享用者，并不像内在于表象的被表象者之在同一的永恒性中或在思之无条件的当前中那样在我的生活中。如果我们这里还能谈得上构造，那么就必须要说，被还原为其意义的被构造者在此溢出其意义，它在构造中变成了构造者的条件，或更确切地说，变成了构造者的食物。这种对意义的溢出，可以用进食（alimentation）这一术语来确定。意义的盈余并不复又是一意义，后者只被思考为条件——这又会把食品（l'aliment）归结为一被表象的相关项。食品制约着（conditionne）思想本身，后者会把食品思为条件。并不是说这一受制约性事后才被注意到：这一情境的本原性就在于，受制约性⑤是在表象者对被表象者的关联中、构造者对被构造者的关联中产生的——人们首先在任何意识事实中都发现这种关联。比如，吃就当然不能被还原为进食的化学。但是，吃尤其不能被还原为味觉的、嗅觉的、动觉的以及其他感觉的集合，这些感觉会构成关于吃的意识。吃的行为所尤其包含的这种对事物的啃食——测度着这种食品的实在性对任何被表象的实在性的盈余，这种盈余并不是量上的，而是自我、绝对的开端发现自己被悬挂在非我上的方式。生活着的存在者的身体性及其裸露饥馑的身体之匮乏，乃是这些结构的实现（我们可以用抽象的术语把这些结构描述为对外在性的肯定，不过这种肯定并不是一种理论的肯定）；它们就像是

---

⑤ 此句中的两处"受制约性"原文都是"conditionnement"，此词既有"受制约性"之义，也有"条件""制约作用"之义。英译本这里将其译为"conditioning"（见英译本第128页），系主动态的现在分词，意指"制约作用"；但德译本将之译为"Bedingtheit"（见德译本第181页），是由过去分词"bedingt"加表状态的后缀-heit构成，意指"受制约性"。而列维纳斯此处的意思，是指在"享用"中，那在表象中的被构造者颠倒过来成了构造者的条件，亦即，表象者反倒受被表象者制约。此处的"conditionnement"即指"在表象者对被表象者的关联中、构造者对被构造者的关联中"所"产生"的这一颠倒。所以，此处德译本的理解似更符合原意。我们这里采用德译本译法，将之译为"受制约性"。——中译注

在大地上的安置(position),这种安置并不是一块东西放置(position)在另一块东西上的那种放置。当然,在需要的满足中,支撑着我的世界的陌异性丧失了它的他异性:在饱足(satiété)中,我所啃食的实在之物被吸收了,那些处于他者中的力量变成了我的力量,变成了我(对需要的任何满足从某一方面看都是吸取营养)。通过劳动和占有,食物的他异性进入同一之中。这里的关系总是根本有别于我们前面已经谈过的表象的天赋。在这里,关系被翻转了,似乎构造着的思想在其自由的游戏中被其自己的游戏刺激得欲罢不能,似乎自由作为绝对当前的开端在其自己的产品中发现了它的条件,似乎这一产品并不是从一种赋予存在以意义的意识中获得其意义的。身体是对我们归之于那给任何事物"赋予意义"的意识之优先权的持续质疑。身体作为这种质疑而生活。我所生活其中的世界,并不单是思想及其构造着的自由的对面之物或同代之物,而是条件⑥和在先性。我所构造的世界养育着我、沐浴着我。它是食品和"环境"。瞄着外在之物的意向性变为在它所构造的外在性之内,并由此在其目标本身中改变了方向;它在其未来中辨认出它的过去,它在某种意义上来自于它要前往之处;它享用着它之所思。

　　因此,如果本义上是享受的"享用……"之意向性并不是构造性的,那么这并不是因为一种难以掌握的、不可设想的、无法转化为思想之意义的、不可还原为当前并因此不可表象的内容会损害表象的与先验方法的普遍性。发生反转的是构造运动本身。并不是与非理性之物的相遇中止了构造游戏,而是游戏改变着方向。匮乏裸露的身体,是这一转变方向本身。这正是笛卡尔在拒绝感觉材料具有清楚分明的观念等级、并把它们与身体和用具范围联结起来时所达到的深刻洞见。这也正是笛卡尔相较于胡塞尔现象学之优越性所在,后者在(把实在之物)意向相关项化时没有设置任何界限。当思想所执行的构造在其所

---

⑥ 此处"条件"的原文是"conditionnement",与前文中的"受制约性"是一个词,但在这里该词所指的当是"制约作用"或"条件"之义。英译本将之译为"conditioning"(制约作用)(见英译本第 129 页),德译本译为"Bedingung"(制约作用,条件)。——中译注

自由接纳或拒绝之物中发现一个条件时,当被表象者转变为从未穿过表象之当前的过去——作为一种没从记忆中收到其意义的绝对过去——时,一种根本有别于思想的运动就显示出来了。

我所享用的世界,并不是在表象已经把一个纯粹被给予的实在性的背景(une toile de fond)置于我们面前之后,在一些"价值论的"意向性已经赋予这个世界以一种使该世界适于居住的价值之后,完全在第二层次上构造起来的。一旦我睁开双眼,被构造者之向条件的"转变"就实现出来了:唯有在我已经享受景色时,我才能睁开双眼。以某种方式从思考着的存在者之中心出发的客观化,从其与大地接触一开始就显示出一种离心状态。主体将之作为被表象者而包含之物,也是那支撑和滋养主体之活动的事物。被表象者、当前者——乃是既成之物(事实,fait),已经属于过去。

第三节　元素与事物、用具

但是,享受的世界依据什么抵制那种描述,即那种倾向于把这个世界作为表象的相关项而呈现出来的描述呢?这种从被体验者到被认识者的、且为哲学观念论所缮用的普遍可能的翻转,会为了享受而中止吗?在哪些方面,人于其所享受的世界中的逗留始终不可还原为对这个世界的认识并且先于这种认识?为什么断言人内在于制约他——支撑他和包含他——的世界?这难道不意味着肯定事物与人相对而言具有外在性吗?

为了回答这些问题,必须更仔细地分析我们所享受的事物来到我们这里的方式。享受恰恰不是把它们作为事物来触及。事物是从一个深处的背景中来到表象这里的,它们从这个背景中浮现出来,并在我们所能具有的对它们的享受中返回到这个背景中去。

在享受中,事物并不陷于那把它们组织到一个系统里的技术的合目的性中。它们在一个环境(milieu)中显露自身,人们把它们从环境中提取出来。它们处身于空间中,沐浴在空气里,扎根在大地上,坐落在大街小巷。环境对于事物来说始终是本质性的,即使事物(之为事物)是参照于所有权(*propriété*)的;我们后面将展示所有权的基本形式,所有权把事物构造为事物。此一环境并不被还原为操作性的指引系统,既不等于这个系统的总体,也不等于目光或手在其中会有选择之可能性的总体,亦不等于每一次的选择会将之实现出来的诸事物的潜在性。环境有其本己的厚度。事物以占有为参照,可以被带走,是动产(*meubles*);它们从之出发而来到我这里的环境,则亘古永在、无所归属,它是共同的基础或根基,本质上不可占有,"非任何人"所有:(它是)大地、海洋、阳光、城市。任何关系或占有都处于不可占有者之内,后者含括或包含(前者),却不能被包含或含括。我们把后者称为基元(l'élémental)。

航海者利用海洋和海风,他支配这些元素,却并不把它们转化为事物。尽管统治着它们、且可为我们认识和教授的法则具有其精确性,但它们仍保存着元素的不定性。元素不具有那些会把其含括在内的形式。元素是无形式的内容。或者毋宁说,它只有一边:海洋与田野的表面(la surface)、风的头;这一面(face)从中显露出来的环境,并不由事物组成。环境在其自己的维度——深度——中展开自身,深度不可以转化为宽度与长度,元素的面在宽度与长度中伸展。当然,事物,它不再只由唯一的一面呈现自己;相反我们也可以围绕它转;它的背面与正面是等价的。所有的视角都具有同等价值。元素的深度使元素弥漫于天地且迷失其间。"一切无始亦无终"。

真正说来,元素根本就没有面。人们并不通达它。与元素之本质相符的关系恰恰把其揭示为环境:人们沐浴其间。我总是内在于元素。人唯有通过克服这种没有出口的内在性,才能战胜各种元素;而人对这种内在性的克服则是凭借那授予其以治外法权的住所(domicile)而进行。人通过一个已被居有的边面而立足于基元中:我所耕耘的田地,我在其中捕捞并泊舟其间的海洋,我伐木其中的森林,与所有这些行为、这全部的工作,都参照着住所。人从住所这最初的居有物——我们下面还要谈到它——出发沉浸入基元中。人内在于他所占有之物,以致我们可以说:居所、任何所有权的条件,使内在生活得以可能。如此,自我便是在家的。借由家,我们与作为距离和作为广延的空间的关系,就代替了单纯的"沐浴在元素中"。但是与元素的适当关系恰恰是沐浴行为。沉没的内在性并不转化为外在性。元素的纯粹的质并不悬挂在一个可能会支撑这种性质的实体之上。沐浴在元素中,就是在一个背面朝外的(à l'envers)的世界中存在,而且在这里,反面并不等于正面。事物借由其面向我们呈交其自己,事物的面就像是一种来自其实体性、来自某种坚实性(已经被占有悬搁)的刺激。我们当然可以把液体或气体表象为很多的固体,但这样一来我们就把我们在元素中的在场抽象掉了。沐浴者沉没在液体中,液体向这种沉没显示出它的液体性、它的没有支撑的性质、它的没有名词的形容词。元素向我们呈交出的好像是实在性之反面;此反面并没有一个处在存在者中的本原,尽管元素在享受的亲熟性中如此呈交出自己,(以致)我们似乎处于存在的内部。因此我们也可以说,元素是从无何有之乡来到我们这里。元素呈交给我们的面并不规定一个对象,它完全保持匿名。它是风,是大地,是海洋,是天空,是空气。在这里,不定性并不等于超出界限的无限。元素先行于有限和无限的区分。它并不涉及某物,即某个显示为抵制质的规定的存在者。质在元素中显示为这样的东西:它根本不进行规定。

因此思想并不把元素固定为一个对象。作为纯粹的质,元素处于有限与无限的区分之外。在(我们)与元素所维持的关系中,并不出现这样的问题,即:那向我们呈交出其一个面的事物的"另一个面"是怎样的。天空、大地、海洋、风——这就足够了。元素以某种方式阻挡住无限;(但)元素本应当是通过与无限的关系被思考的,并且实际上,那从其他地方接受无限观念的科学思想也确实是通过与无限的关系来确定元素的位置。元素把我们从无限那里分离开。

任何对象都将自身提供给享受——经验的普遍范畴——即使我掌握到一个作为用具的对象,即使我把它作为 Zeug(用具、工具)来使用。对工具的使用与利用,对任何工具性生活用品的运用——无论是用来制造其他工具还是用来得到一些事物,它都在享受那里完成自身。作为物资或用品,日常使用对象从属于享受——打火机从属于人们抽的香烟,餐叉从属于食物,酒杯从属于嘴唇。事物指向我的享受。这是一种最为平凡的觉察,对 Zeughaftigkeit(用具性)的诸种分析并不能成功地取消这一觉察。占有本身和与抽象概念的任何关系都转化为享受。普希金的吝啬的骑士以对世界的占有的占有为享受。

与存在的实体性的充盈的终极关系、与其物质性的终极关系——享受,包含着与事物的所有关系。在有所操心的使用中,Zeug(用具)作为 Zeug 的结构与用具处身其中的指引系统,当然将自己显示为一些不可还原为观看的东西,但是它们却并不包含那总是附加的对象的实体性。此外,家具、家、食品、衣物等并不是 Zeuge 这个词的本义上的 Zeuge：衣物是用于保护或遮挡身体的,家是用来庇护身体的,食物是用来复原身体的。但是我们也从它们那里得到享受或痛苦,它们是目的。那些作为为……之故(en-vue-de...)的工具本身,变为享受的对象。对一物——即使它是工具——的享受,并不只在于把它用到它为之而被制造出来的那一用途上,(比如)钢笔被用来书写,钉锤被用来钉(钉子);而且也在于从这种操作中感受到痛苦或愉悦。那些并不是工具的事物——面包片、壁炉火、香烟等,都把它们自己提供给享受。但是这种享受伴随着对于事物的每一种利用,甚至在涉及复杂的事业时、在唯有劳动的目的才吸引着研究时,情况也是如此。为……之故而对一物的利用,这种对整体的指引,处于该物属性的层次上。人们可以热爱他们的职业,享受这些具体行动以及使它们得以实现的事物。人们可以把对劳动的诅咒转化为娱乐。活动并不是从一个最终的唯一目的那里借取其意义与价值,好像世界构成了一个其终点关涉我们实存本身的有用的指引系统似的。世界对应于一整套互不相关的自治的最终目的。无功利的、没有任何回报的享受,毫无根据且不指向任何其他事物的享受,纯粹支出的享受——这就是人。(人是)事务与爱好的毫无系统的堆积,它与理性系统和本能系统保持同等距离。在理性系统中,与**他人**的相遇打开无限;本能系统则先于(与无限)分离开的存在者,先于真正是诞生出来的、与其原因分离开的存在者;本能系统是自然。

是否应当说,(人之为事务与爱好的)这种堆积是以对功利的觉察为条件,而这种觉察可以还原为对实存的操心？但是,对食物的操心却并不与对实存的操心相关。对吸收营养——它已丧失其生物学最终目的——这一本能的颠倒,标志着人的无利害本身。最后目的的悬搁或缺席有肯定的一面,即游戏的无利害的快乐。生活就是游戏,不顾最终目的和本能压力的游戏;生活就是享用某物,此物并不具有目的的意义或存在论上的手段的意义;生活就是单纯的游戏或对生活的享受。对实存不操心,这种不操心有一种肯定的意义。这种不操心就在于品尝世界美食,在于把世界作为富饶接受下来,在于释放出世界的元素本质。在享受中,事物回归到它们的元素性质。享受、感性(其本质由享受展开),恰恰通过忽视饥饿的后果乃至忽视对于(自身)保存的操心而作为一种存在可能性产生出来。在这里,栖居着享乐主义道德的恒久真理:不要到需要之满足的背后寻找这样一个秩序,满足只是通过与它发生关联才会获得价值;而要把那作为愉快之意义本身的满足当作终点。对食物的需要并不以实存为目的,而就是以食物为目的。生物学教导说食物的后果一直延伸到实存——而需要是单纯的。在享受中,我绝对是为我自己的。与他人毫无关联的自我主义——我是唯一的(seul)但却并不孤独(solitude),清白无辜的自我主义和唯一。不反对他者,不"持守于自身"——却整个地对他人无动于衷,处于任何交流和拒绝交流之外——一如饿汉一样不长耳朵。

  作为用具整体——此整体形成系统,依附于为其存在而焦虑的实存所具有的操心之上——的世界,被解释为一种存在—论,它为劳动、居住、家和家政提供证明;此外,它还为一种特殊的劳动组织提供证明,以致在这种劳动组织中,"食物"从经济机器中获得那种碳氢化合物的价值。看到海德格尔并没有把享受关系纳入考虑范围,的确令人奇怪。用具整个地掩盖住了用途与目标的实现——满足。海德格尔那里的 Dasein 从来不感到饥饿。食物并不能被解释为用具,除非在一个剥削(利用)的世界中。

第四节 感 性

但是,把元素设定为没有实体的质,并不等于接受一种与如此这般现象相应的、残缺的或尚不连贯的思想。当然,在元素之中存在(Etredans-l'élément),把存在者从对全体的盲目、隐晦的参与中解放出来,但这并不同于一种朝向外部的思想。相反在这里,运动不停地在我身上发生,一如不断地淹没、吞噬、把我席卷而去的波浪。连绵不绝,运动不息,不带有任何裂隙与虚空的全面联系;从这种裂隙与虚空中,本来可以重新生发出思想的反思运动。(这是)在(元素)内部存在,在……之内存在。这一状况不可以还原为表象,甚至也不可以还原为没有清晰表达出来的表象。这里涉及的是作为享受之方式的感性。正是在人们把感性解释为表象和残缺之思的时候,人们才被迫祈求于我们思想的有限性以说明这些"模糊的"思想。我们从对元素的享受出发所描述的感性,并不属于思想的范围,而是属于感情的范围,亦即自我的自我主义颤动于其中的感受性的范围。我们并不是认识而是体验(vit)感性的质:这些叶子的翠绿,这落日的殷红。对象在其有限性中满足着我,并不在一个无限的基础上向我显现。没有无限的有限,只有作为满足状态(contentement)才可能。作为满足状态的有限是感性。感性并不构造世界,因为所谓感性的世界并不以构造一个表象为己任,而是构造实存的满足状态本身;感性并不构造世界,因为世界的理性上的不自足(insuffisance)甚至并不在世界带给我的享受中凸显出来。进行感觉(sentir),就是在内部存在,同时感觉(la sensation)中无论如何都不包含着这种扰乱着理性思想的氛围所具有的那种受制约的、因此自在地不一贯的特征。本质上素朴的感性,在一个对于思想来说不自足的世界中保持着自足。那些对于思想来说处于虚空中的世界对象,对于感性——或生活来说——则在一个完全遮蔽着这一虚空的境域之上展开自己。感性触及背面,并不对正面好奇——这一点恰恰是在满足状态中产生。

我们曾经说过,笛卡尔关于感性之物的哲学的深刻之处就在于,它断言感觉具有非理性的特征,永远是一种既不清楚也不分明的观念,属于实用之物而非真实之物的范围。康德关于感性之物的哲学的有力之处同样在于把感性与知性分离开,在于断言——即使以否定的方式——认识的"质料"相对于表象的综合能力而言具有独立性。当然,在为了避免有显现而没有显现者这样的悖谬而设定自在之物时,康德越过了关于感性之物的现象学，但是他至少由此承认了感性之物就其自身而言是一种不带有任何显现者的显现。

感性建立起一种与没有支撑者的纯粹质的关系，一种与元素的关系。感性是享受。感性的存在者、身体，把下面这种存在方式具体化了，这种存在方式就在于在那另外还可以作为思想对象、作为单纯被构造物而显现出来的事物中发现一个条件。

因此，感性就并不被描述为表象的一个环节，而是被描述为享受的事件（le fait de la jouissance）。它的意向，如果可以求助于这个术语的话，并不沿着表象的方向前进。说感觉缺乏清楚分明，似乎它处于表象的层面上——这样说并不充分。感性并不是一种低等的理论知识，即使后者是与感受状态紧密联系在一起的；在其真知（gnose）本身中，感性是享受，它满足于所予物，它自满自足。感性"知识"无须克服无限后退，即理解的眩晕；它甚至都没有经验到这种无限后退。它直接处在终点处，它完成了，它终结了，它没有参照无限。不参照无限的终结（la finition），没有限制的终结，这就是与作为目标（but）的终点（fin）的关系。因此，感性沉湎其中的感性材料总是前来填充需要，前来满足一种欲求（tendance）。这并不是说在一开始就曾经有饥饿；饥饿与食物的同时性构成享受最初的天堂般的条件，以至于关于各种消极愉快的柏拉图式的理论仅限于勾勒出享受的形式轮廓，而无识于下面这样一种结构的本原性；这种结构并不在形式之物中显露自身，而是具体地编织起享用……。具有这样一种方式的实存是身体——它既与它的（作为目标的）终点（即它的需要）相分离，但又已经朝向这一终点而去，同时又并不必须知道达致这一终点所必要的手段；这一实存是一种行动，后者由终点所发动，它被完成但又并没有关于手段的知识，亦即并没有工具。纯粹的目的性，不可还原为一结果，它只能通过身体的行动才能产生，这种身体行动无视其生理学的机械论。但是，身体并不只是那沐浴在元素中的东西，而且也是那栖居着的事物，也就是那居住和占有（其他事物）的事物。在感性本身中，并且独立于任何思想，有一种不稳靠性（insécurité）昭示出来，这种不稳靠性对元素的这种近乎永恒的古老性进行质疑；元素像他者一样搅扰感性，而感性则通过在居所中的自身聚集而把元素据为己有。

在元素和不稳靠性的威胁中预示出一种将来,就此而言,享受似乎触及一个"他者"。我们下文将谈到这种属于享受范围的不稳靠性。目前对于我们来说重要的是要表明,感性属于享受的范围而非经验的范围。如此被理解的感性,并不与"关于……的意识"的那些仍然摇曳不定的形式混淆为一。它并非凭借一种单纯的程度差异而与思想分离开来。甚至也不凭借下述差异而与思想分离开来:这种差异可能会涉及感性与思想这二者的对象的庄严性或其充分发展的程度。感性并不指向对象,即使是初级的对象。感性与意识的那些甚至精巧复杂的形式有关。但是它的本己作用在于享受,通过享受,任何对象都分解为享受沐浴其中的元素。因为实际上,我们享受的感性对象已经经受了加工。感性性质已经附着在一个实体上。我们将进一步分析作为事物的感性对象的含义。但是在其素朴性中的满足,却隐藏在与事物的关系的背后。我处身其中的这片土地,我由之出发接纳或朝向感性对象的这片土地,满足着我。那支撑着我的大地在支撑着我,而我同时并不关心是什么在支撑着大地。世界的这一角落,我日常活动的范围,我生于斯长于斯的这座城市、这片区域或这条街道,我骋目所及,所有这些,我满足于它们提供给我的这一面,我并不把它们奠基在一个更广大的系统之中。是它们在为我提供基础。我接纳它们而不是思考它们。我享受着这个事物的世界,把它们作为纯粹元素来享受,作为无支撑、无实体的质来享受。

但是,这种"为我"难道没有预设一种对(我)自身的表象——在表象这个词的观念论的意义上?世界是为我的——这并不意味着我把这个世界作为为我的存在者表象给我,以及把这个我表象给我自己。当我置身(*je me tiens*)于这个世界——它就像一个不可表象的远古所具有的绝对那样先行于我——中时,我与我自己的关联就实现出来了。我当然不能把我处身其中的境域当作一个绝对那样来思考,但是我置身境域中却像置身于一个绝对中那样。置身其中,恰恰有别于"思考"。支撑着我的这一片土地,不只是我的对象;它还支撑着我对对象的经验。踏过的位置不是抵抗着我,而是支撑着我。凭借这种"置身"而发生的与我的位置的关系,先行于思想与劳动。身体、安置(position)、置身行为——与我自身的第一性关系的样式,我之与我自己相一致的样式——它们与观念论的表象毫不相像。我是我自身,我在这里,我在家,我是居住,我是在世界中的内在。我的感性就是这里。在我的安置中,并没有对于定位的感受,有的是对我的感性的定位。安置,绝对不带超越,与凭借海德格尔式的 Da(此)所进行的对于世界的理解毫无共同之处。不是对存在的操心,不是与存在者的关系,甚至也不是对世界的否定,而是世界在享受中的可通达性。感性,生命的局限本身,未经反思的自我的素朴性,超逾本能,而又未及理性。

但是,作为元素呈交出来的"事物的面"难道没有以隐含的方式指向其他的面吗？当然隐含地(指向)。在理性的目光看来,感性的满足使自己变得荒谬可笑。但是,感性并不是一种盲目的理性,不是一种疯狂。它在理性之先;人们不应该把可感者与它向之封闭自身的总体联系在一起。感性发挥的作用是分离开的、独立的存在者之分离本身。置身于当下(l'immédiat)的能力,并不被还原为无,它并不意味着权能的失灵(défaillance),这种失灵会以辩证的方式明显当下的诸种预设,使它们进入运动,通过提升它们以消除它们。感性并不是一种不自知的思想。为了从隐含过渡到明晰,必须要有老师来唤醒关注。唤醒关注并不是辅助的工作。在关注中,自我超越自己,但是为了唤醒关注却必须要有一种与老师的外在性的关联。明晰化预设这种超越。

对满足状态的限制(la limitation)并不参照不受限制者(l'illimité),它先行于诸如强加给思想的那种有限(le fini)与无限(l'infini)的区分。当代心理学的各种描述把感觉弄成一种从黏糊不清的无意识——相对于无意识而言,对可感物的意识可能已经丧失了它的真实性——背景中浮现出来的小岛,这些描述没有认识到感性由于置身于其境域内部而具有的那种根本的和不可还原的自足。感觉,恰恰是真实地满足于被感觉者,是享受,是拒绝无意识的延伸,是无思想地存在,就是说,没有背后的意图、没有歧义、与任何蕴含决裂——这就是持守于自身(在家)。在摆脱任何蕴含、摆脱思想所提供的任何延伸之后,我们生活的所有瞬间就可以完成,而这恰恰是因为生活免除了对于无条件者的智性的寻求。对一个人的任何一个行为都进行反思,这当然是把这些行为置入与无限的关联之中,但是未被反思的素朴意识却构成了享受的本原性。意识的素朴性一度被描述为一种黯淡不清的思想,但是从这种黯淡不清中人们却无论如何都不能抽引出思想。这就是在人们说品味生活的意义上的生活。我们享受着世界,在反思它的诸种后果之前;我们呼吸、漫步、欣赏,我们四处闲逛……

  对刚刚被引导到此的享受的描述,当然并没有传达出具体的人。实际上,人已经具有无限观念,就是说,已经生活在社会关联中,已经为其自己表象事物。作为享受,也就是说作为内在性而实现出来的分离,变为对象意识。事物由于那给出它们、传递它们和对它们加以主题化的语词而被确定下来。事物因语言而获得新的确定性,这种新的确定性所预设者要比将声音添加在事物上多得多。超越于享受之上,与居所、占有、(对事物的)共同处置一道现身的,是关于世界的话语。居有与表象给享受添加一种新的事件。它们建立在语言之中,语言是人们之间的关联。事物拥有名字和同一性——无论发生多少变化,事物始终如一:石头虽经风化,但始终是同一块石头;我找到的是同一支钢笔和同一把椅子;《凡尔赛条约》是在同一个路易十四宫殿中签订的;同一辆火车在同一个时刻出发。知觉的世界因此是一个事物在其中有其同一性的世界;显而易见,这个世界的持续存在只有通过记忆才可能。人们的同一性以及他们工作的连续性赋予事物以框架,通过这个框架,人们重新发现同一的事物。人秉有语言,如此这般之人所居住的大地充满着稳定的事物。

  但是事物的这种同一性一直是不稳定的,并且并不阻止事物向元素的返回。事物实存于它的残渣之中。当木柴燃烧并变为灰烬,我桌子的同一性就消失了。残渣不再可辨,烟雾到处弥漫。如果我的思想追随事物的变化,那么我将立刻丧失它们的同一性的踪迹——只要它们离开它们的容器。笛卡尔就蜡块所做的推理表明了任何事物丧失其同一性的过程。在事物中,质料与形式的区分是本质性的,就如同形式消解在质料中是本质性的一样。这一区分强行用一种定量物理学来代替知觉的世界。

形式与质料之间的区分并没有刻画出全部经验。面容并不具有附加其上的形式;但是它也并不作为无形式者、作为缺乏形式且呼唤形式的质料呈交出自身。事物有形式,它们在光中被看到——剪影或轮廓。面容则自己表示。作为剪影和轮廓,事物从一个角度中获得其本质,始终保持着与一个视角的相对性——事物的处境因此构成它的存在。严格说来,事物并没有同一性;它可以转化为别的事物,它能变为金钱。事物没有面容。它们可转变,"可实现",它们有一个价格。它们代表金钱,因为它们来自基元(l'élémental),因为它们是财富。由此,它们在基元中的扎根,它们之可为物理学进入,以及它们的工具含义,就都得到了证实。人们赋予其世界万物的审美的取向,代表着一种在更高层次上向享受与基元的返回。事物的世界呼唤艺术,在艺术中,向存在的理智进入转变为享受,观念的**无限**则在有限的、然而自足的图像中得到膜拜。任何艺术都是可塑的。工具与用具本身预设享受,它们又将自己呈交给享受。它们是玩物:精美的火机,漂亮的汽车。它们佩有各种饰品,它们沉没在美里面;在美中,任何对享受的越出都回转到享受。

第五节　元素的神秘格式

溢出表象之自由的感性世界所宣告出来的,并不是自由的失败,而是对世界的享受,对一个"为我的"且已经满足我的世界的享受。元素并不是作为让人感到耻辱、限制人的自由的流放之地来接受人。人这类存在者并不是处于一个他好像被抛入的、悖谬的世界中。这一点绝对真实。我们后面会看到,在对元素的享受中显示出来的不安,将在那摆脱享受之温柔统治的瞬间之溢出中通过劳动而得到弥补。劳动弥补了感觉相对于元素的滞后。

但是元素对于感觉的这种溢出呈现出一种时间性的意义;这种溢出出现在一种不确定性之中,元素即以这种不确定性将其自身呈交给我之享受。在享受中,质并不是某物的(性)质。支撑着我的大地的坚固,头顶天空的那一片蔚蓝,风的轻抚,海的波动,光的闪耀,这些都不是依附于某个实体。它们来自无处。这种从无处到来这一事实,从并不存在的"某物"到来这一事实，这种不曾有显现者的显现这一事实——因而，这种永远到来、同时我又无法占有源泉这一事实——勾勒出感性与享受的将来。这里还没有涉及对将来的表象：在这种表象中，威胁允许(被)延缓和解除。正是通过表象，那求助于劳动的享受，又在借助与其居所之关联而把世界内在化之际绝对地重新成为世界的主人。将来，作为不稳靠性，已经处在这种缺少实体范畴、缺少事物的纯粹的质中。这并不是指(纯质的)源泉实际上摆脱了我：(而是指)质在享受中消失于无处。这是与无限不同的无定性(apeiron)，⑦它对立于事物，作为抗拒同一化的质呈现出自己。质对同一化的抵制，并非因为同一化会表象着河流和绵延；相反，是质的元素特征，是它从无中来，构成它的脆弱性，构成它的变易所具有的碎片化，构成这种先于表象的时间——后者乃是威胁与拆解。

基元适宜我——我享受它；基元所满足的需要是这种适宜性或幸福的样式本身。唯独将来的不确定性把不稳靠性带给需要，带来匮乏：背信弃义的基元以抽身而退的方式给出自身。因此，那会把需要之不自由标示出来的，就并不是需要与一种彻底的他异性的关系。物质的抵制并不像绝对那样进行挑战。呈交给劳动的已被克服的抵制，在享受本身中打开一道深渊。享受并不与一个处于滋养它的事物之彼岸的无限相关，而是与那呈交给它的事物的潜在消逝有关，与幸福的不稳定性有关。食物之到来就像一种幸福的偶然。食物一方面呈交出自身、满足需要，但同时也已经抽身远离，以便消失于无处；食物的这样一种双重性既有别于无限在有限中的在场，也有别于事物的结构。

这种从无处的到来，使得元素与我们以面容之名所描述者相对立；在面容中，一个存在者恰恰以人格的方式呈现出自己。当(我)被存在物的一个面(face)所触动，同时这个存在物的深度保持着不确定，并且该物是从无处来到我这里的，那么这种被触动就是投身于未来的不稳靠性之中。元素的将来作为不稳靠性，被具体地体验为元素的神秘的

---

⑦ "Apeiron"，音译"阿派朗"，意为"无限、无定形、无规定、无界限等"。古希腊哲学家阿那克西曼德以之为万物的本原。这里译为"无定性"。——中译注

神圣性(divinité)。没有面容的诸神,人们并不对之说话的非人格的诸神,标志着虚无,虚无与元素亲密无间,它与享受的自我主义相毗邻。然而,这因此就是享受实现分离(的方式)。⑧ (与无限)分离开的存在者必须冒那见证其分离且此分离于其中实现出来的异教的危险,直至诸神的死亡将把此存在者重新领回非神论、领回至真正的超越。

将来之虚无确保分离:我们所享受的元素导致进行分离的虚无。我居于其间的元素处于黑夜的边缘。那转向我的元素的面所隐藏者,并不是可以启示自身的"某物",而是不在场之日日新的深度,是没有实存者的实存,是地地道道的非人格者。这种在存在与世界之外、并不启示自身的实存样式,应当被称为神秘。元素之黑夜般的延伸,乃是神秘诸神的统治。享受毫无稳靠性。但是这种将来并不具有一种 *Geworfenheit*(被抛状态)的特征,因为不稳靠性威胁着一种在元素中已然幸福的享受,并且只是这种幸福才使得享受对不安敏感。

我们已经在有(*il y a*)的名下描述了将来的这种黑夜的维度。元素延伸到有之中。享受,作为内在化,冲撞着大地的陌异性本身。

但是享受拥有劳动和占有之助。

---

⑧ 此句中的"的方式"系根据德译文补充的。德译文为:"Aber dies ist die Weise, wie der Genuß die Trennung vollzieht." 见德译本 S. 202。——中译注

第三章　自我与依赖

第一节　快乐及其未来

享受与幸福的那种朝向自身的运动标志着自我的自足,尽管我们曾经使用的旋转螺旋形象并不能够同时传达出这种自足在享用……(vivre de…)之不自足中的扎根。当然,自我是幸福,是在家的在场。但是,作为在其非自足中的自足,自我居住于非我之中;它是对"他物"的享受,从来不是对自身的享受。它是本土的,也就是说扎根于它所不是之物;然而,在这种扎根之中,它又是独立与分离开的。自我与非我的关联作为幸福——它促进自我——产生出来;这一关联既不在于接受非我,也不在于拒绝非我。在自我与其所享用者之间,并没有那把同一从他人那里分离开的绝对距离横亘其中。对我们所享用之物的接受或拒绝蕴含了一种预先的认可①——(该物)同时既被给予(我们)又被(我们)接受;幸福之认可。最初的认可——去生活——并没有异化自我,而是维系自我,构成它的在家(chez soi)。居所、居住,属于自我的本质,属于自我的自我主义。与匿名的有、恐怖、震颤和眩晕相反,与那并不与自身一致的自我之振动相反,享受之幸福肯定了**自我**是在家

---

① "认可"的原文是"agrément"。这个词在法文里同时包含有"赞同、认可、接受"与"愉悦、愉快"两种含义。英译者和德译者都在此处加了注,指出列维纳斯这里是同时在这双重含义上使用对这个词的(分别见英译本第143页注释,以及德译本第204页注释)。中文中很难找到一个词同时具有这种双重含义。我们勉强将之译为"认可",因为"认可"里似乎不仅有单纯"接受"之义,还有一丝"满意"之义。——中译注

的。但是如果,在与自我所居住世界之非我的关系中,自我作为自足产生出来,并且置身于一个摆脱了时间之连续性的、不必接受或拒绝一个过去的瞬间之中,那么自我就并没有凭借一种从永恒中获得的优先权而受益于这种不必性。凭借诸开端,自我使时间抑扬顿挫、充满节奏,并由此打断时间;自我在时间中的真正安置就在于这种打断。这一点通过各种行动产生。连续性中的开端唯有作为行动才可能。但是,自我于其中能够开始其行为的时间,昭示出自我的独立具有不稳定性(labilité)。将来的不确定性损害享受,这些不确定性提醒享受:它的独立中包含着依赖。幸福并没有成功地掩盖住其主权的这一缺陷——它的主权显示为"主观的""心理的"和"仅仅是内在的"。一切存在模式向自我的返回、向在享受之幸福中构造起自身的不可避免的主观性的返回,并不创建起绝对的、独立于非我的主观性。非我给享受供给养料,自我则需要世界,后者提升自我。因此,享受的自由被经验为受限制的。这种限制并不在于这样的事实:自我并没有选择其诞生,因此它自此以后就总已位于处境之中;而是在于下述事实:自我之享受的瞬间所具有的充实并不能确保它克服其享受的元素本身所带有的未知,快乐始终是一种机运、一种幸运的相遇。享受可能只是一种自身满足的虚空这一事实,无论如何都不会使人怀疑享受的质上的充实。享受与幸福并不由进行相互补偿或不能相互补偿的存在的量与虚无的量来计算。享受是提升,是顶峰,超出于存在之单纯运作之上的顶峰。但是,享受的幸福,作为需要的满足——需要—满足这一节奏并没有损害这种幸福——却会因为操心未来而失色,这种对未来的操心被包含在享受所沐浴其中的元素的深不可测之中。享受的幸福在需要之"不幸"(mal)的基础上绽放,并因此依赖于一个"他者"——它是幸运的相遇,是机运。但是,(其为机运)这一情况既不能为把愉快揭露为虚幻进行辩护,也不能为下述做法进行辩护:以遭(上帝遗)弃(la déreliction)来刻画世界中的人。人们不会把下面两件事混为一谈:一是威胁到作为享用(vivre de⋯)的生活(le vivre)的匮乏——因为生命可能缺乏其所赖以为生者;一是那已经被置于享受之中的胃口的(有待餍足的)虚空,这种虚空能够在满足中,在单纯存在之彼岸,使胃口得其欣享。另一方面,需要的"不幸"绝不证明感性之物是所谓非理性的,似乎感性之物触犯了理性人格的自治似的。在需要的痛苦中,理性并不与一种先于自由而存在的所予物这样的丑闻做斗争。因为,人们不能首先设定一个自我,以便随后追问享受与需要是否触犯它、限制它、损害它或否定它。只是在享受中,自我才凝聚起来。

第二节 对生活的爱

在本原处,就有一个被满足的存在者,一个天堂的居民。被感觉到的"虚空"以那意识到它的需要已经置身于享受之中为前提,即使这种享受是对人们所呼吸的空气的享受。"虚空"期待着满足的快乐,这种快乐要比不动心(l'ataraxie)更好。痛苦,远非对感性生活的质疑,它就处于感性生活的诸种境域之中,并且参照着生活的快乐。生活已经且总是被热爱的。当然,自我可以反抗其处境所提供的诸种既予物——因为它并没有在家中丧失自己,尽管它生活其中;并且它始终有别于它所赖以生活(享用)之物。但是在自我与滋养自我者之间的这一距离,并不允许否定食物之为食物。如果在这一距离之中有一种对立在上演,那么这一对立就是在它所拒绝并又沉湎其中的处境本身的界限内得以维持。任何与生活的对立,都躲避在生活之中,并参照着生活的价值。这就是对生活的爱,就是与那即将发生在我们身上的事物的先定和谐。

对生活的爱并不类似于对存在的操心,后者会被归结为对存在的理解或存在论。对生活的爱所爱的并不是存在,而是存在之幸福。被爱的生活——就是对生活的享受本身,就是满足状态,即在我用来反对满足状态的拒绝中已被品尝的满足状态,以满足状态本身之名遭到拒绝的满足状态。生活与生活的关系,对生活的爱,既不是对生活的表象,也不是对生活的反思。我与我的快乐之间的距离并没有为完全拒绝留下一席之地。在反抗中并没有彻底的拒绝,正如在生活对生活的享受过程中根本没有任何主动接受(assomption)一样。感觉活动所具有的众所周知的被动性是这样一种被动性:它并不让会主动接受被动性的自由之运动发挥作用。对感性事物的真知(诺斯,gnose)已经是享受。人们可能会倾向于将之作为在享受中被否定或被消费之物而提出来的东西,并没有把它们自己肯定为自为的,而是一开始就给出自己。享受触及一个既没有秘密也没有真正陌异性的世界。享受之原初的、完全清白无辜的肯定性,并不与任何东西对立,在此意义上,它一开始就是自足的。瞬间或中止、享受当下(carpe diem)(这一原则)之成就、"我们之后任它洪水滔天"的君权——如果享受的瞬间不能绝对地从绵延之分衍过程中挣脱出来,那么上述这些要求就会毫无意义或不是永恒的愿望。

因此,需要既不会被刻画为自由,既然它是依赖;也不会被刻画为被动性,既然它享用着与它已然亲熟且毫无秘密的事物,此类事物不是奴役它而是愉悦它。强调(人之)遭弃状况的实存哲学家们,在**自我**与其快乐之间出现的对立上搞错了:此对立或者来自那渗透到享受——它受到那本质上属于感性的未来之不定性的威胁——之中的不安,或者来自劳动所固有的痛苦。在这种对立中,存在无论如何都没有在其总体中遭到拒绝。自我在与存在的对立中,向存在本身要求庇护。自杀是悲剧,因为死亡并不能解决出生带来的所有问题;自杀也无力贬低大地的价值。由此,麦克白面对死亡时发出的最后的呼喊也就被打败了,因为世界并没有在他生命毁灭的同时一道崩溃。② 受苦,既对被钉牢在存在之上感到灰心失望,又爱着它被钉牢其上的存在。(这是)出离生活的不可能性。悲哉!喜哉!Le *taedium vitae*(厌世)仍沉浸在爱中,对其所拒斥的生活的爱中。绝望并不与快乐的理想决裂。实际上,这种悲观主义具有一种家政的底层结构——它表达出对未来的焦虑和

---

② 在《麦克白》中,魔鬼曾对麦克白说:"不要害怕,除非勃南森林会到邓西嫩来。"在该剧最后一幕,马尔康带兵攻打麦克白,当军队行至勃南森林时,马尔康令其士兵每人砍一根树枝举在面前,以隐匿军队实际人数。这导致麦克白的使者将行进中的马尔康军队误认为是向邓西嫩移动的勃南森林。当麦克白得知这一消息时曾发出一段绝望的感慨,其中即有"我现在开始厌倦白昼的阳光,但愿这世界早一点崩溃"这一句。此即列维纳斯此处所指。参见莎士比亚:《麦克白》第五幕第五场,朱生豪译,人民文学出版社,1984年,第272—273页。——中译注

劳动的痛苦,我们下文将会展示出劳动在形而上学的欲望中的角色。在这一点上,马克思主义的观点始终有其效力,即使是从另外的角度看。需要的痛苦不是在厌食中而是在满足中得到平复。人们喜欢需要,有需要的人是幸福的。一个无欲无求的存在者不会比一个一贫如洗的存在者更幸福——而是处在幸与不幸之外。匮乏可以指明满足的愉快;不是通过拥有完全的充实,而是通过需要与劳动,我们才通达享受——这一局面取决于分离之结构本身。如果分离开的、自足的存在者,如果自我,并没有听到元素回流其中且消失其中的虚无之喑哑的沙沙声,那么由自我主义所实现的分离就只会是一句空话而已。

给存在者带来匮乏的是未来的不确定性而非需要,这种匮乏可由劳动克服。

我们将看到,未来的虚无转变为占有和劳动寓于其中的时间间隔。从瞬间享受到制造物品的过渡,指向居住与家政,而家政,则预设着对他人的欢迎。因此,有关(人)遭到(上帝)遗弃的悲观主义并不是不可救药的——人的双手中握有治病的药方,而且那些药方在其疾病之前即已存在。

但是,我赖以自由生活的劳动本身,那确保我抵抗生活之不确定性的劳动本身,并不为生活带来其终极意义。劳动也变为我所享用之物。我享用生活的一切内容——甚至享用那确保未来的劳动。我享用我的劳动,一如我享用空气、阳光和面包。那只顾着需要而顾不上享受的极端情形,那强迫人去从事该死劳动的无产者的状况,在此状况中,身体生存的匮乏既无法在家中找到庇护也无法在家中找到娱乐——这种极端情形、这种状况,就是 *Geworfenheit*(被抛状态)那荒谬的世界。

第三节　享受与分离

自我主义的存在者在享受中颤动。享受通过牵连于它所享用的内容而分离。分离就像这一牵连的肯定成就那样进行着。它并非源自一种单纯的分割,就像一种空间性的远离似的。(与无限)分离,就是在家。但是在家……,就是享用……,就是享受基元。对我们所享用之对象的构造的"失败",并不在于这些对象的非理性或晦暗性,而是在于它们所具有的食物的功能。食品并不是不可表象的;它支撑着它自己的表象,但是在它之中,自我又再次发现自己。在构造的两可性中,被表象的世界制约着表象行为;构造的两可性是那不仅被设定,而且自己设定自己者的存在样式。那绝对的虚空,元素消失其中又从中浮现出来的"无处",从四面八方拍打着那以内在方式生活着的**自我**的孤岛。享受所打开的内在性,并不是像一种属性、像众多心理性质中的一种那样被添加到"具有"意识生活的主体之上。享受的内在性是自在的分离,是诸如分离这样的事件能够在存在的家政中据以产生的模式。

幸福是一种个体化原则,但是自在的个体化只有从内部、通过内在性才可以设想。个体化、自行的人格化、实体化或自身之独立,皆在享受的幸福中上演;它们是对过去之无限纵深的遗忘,是对那概括了这些纵深的本能的遗忘。享受是一个如此这般的存在者之产生本身:这个存在者开始出现(naît)③,它打破其种子般或子宫般实存的宁静的永恒,以便把自己封闭在一个人格之中,后者通过享用世界而生活在家中。我们已经阐明过的那种从忘我的表象到享受的持续转化,在每一个瞬间都重现着我所构造之物相对于这种构造本身的在先性。这就是活生生的和被体验的过去,这种活生生和被体验并不是在我们如此称呼一种非常活跃或非常靠近的回忆的意义上而言的,这种过去甚至也不是一种钉住我们、掌控我们并因此奴役我们的过去,而是一种这样的过去;它为那从它那里分离开和解放出来者奠定基础。在幸福之光中熠熠生辉的解放——分离。它的自由翱翔与优雅惬意被感受——产生——为美好时光④的自如(l'aisance)本身。自由参照幸福,由幸福组成,因此它与一种并非 causa sui(自因)而是被造的存在者相容。

我们已经力图阐明自我于其中上升和颤动的享受的观念;我们并没有用自由规定自我。作为开端之可能性的自由,作为参照幸福——

---

③ 此处的"naît"是主动态,而非被动态,故译为"开始出现"。——中译注

④ "美好时光"的原文为"l'heure bonne",这两个词合起来即构成"幸福"(le bonheur)。——中译注

参照超拔于时光之连续性之上的美好时光的奇迹——的自由,就是**自我**之产生,而非众多经验中的一种"来"到**自我**身上的经验。分离、非神论,这些否定观念是通过肯定事件产生的。是我、非神的、在家的、分离的、幸福的、被造的——这些都是一些同义词。

自我主义、享受与感性,以及内在性的整个维度——分离的这些关节(articulations),对于那从分离的和有限的存在者出发开辟自己道路的**无限**观念或与**他人**之关系而言,是必要的。因此那只能在一个分离的、亦即享受着的、自我主义的和满足的存在者中产生的形而上学**欲望**,并不是从享受中引出来的。然而如果分离的——亦即进行感觉的——存在者对于无限与外在性在形而上学中的产生来说是必要的,那么,在通过一种辩证运作将其自身构造为正题或反题之际,它就会摧毁这种外在性。无限并不通过对立引起有限。正如享受的内在性并不是从超越关系中推导出一样,后者也不是作为辩证的反题从分离的存在者中推导出,以便与主观性相对称,就像任意某个关系中的两项之间的结合与其区分相对称一样。分离的运动并不与超越的运动处于同一个层面上。我们处于自我与非我在表象的永恒性中(或在自我的同一性中)(所达成)的辩证和解之外。

无论是分离的存在者,还是无限的存在者,都不能作为反项产生出来。那确保着分离(并不是作为对关系概念的抽象反驳)的内在性,必须产生出一种绝对封闭在其自身中的存在者,后者并不是以辩证的方式从其与**他人**的对立中获得其隔离。这种封闭必须不阻止从内在性中的出离,以便外在性可以对它说话,可以在一种无法预见的运动中向其启示自身,而这种运动无法由(与无限)分离的存在者之隔离凭借单纯的对比而激起。因此,在分离的存在者中,通往外部的大门必须同时既是敞开的又是封闭的。因此,分离的存在者的封闭必须是足够的两可,以便一方面,对于无限观念而言是必要的内在性始终是现实的而不只是表面的,以便内在存在者的命运能够在一种没有外在之物可以反驳的自我主义的非神论中进行,以便这种命运可以如此进行而又不带有下述情况:在向内在性下降的所有运动中,下降到自身的存在者通过一种辩证法的单纯作用并以抽象相关性的形式而与外在性发生关联。但是另一方面,在享受所深化的内在性本身中,又必须产生一种他律,这种他律引起一种不同于那种动物性的自我满意的命运。如果内在性维度在这种沿着愉悦的斜坡下降到自身的过程中,不能凭借一种异质元素的显现而拆穿其内在性的谎言[这种下降实际上只是深化这种(内在性)维度],那么在这一下降中就仍必须产生一种冲突,这种冲突并不逆转内在化的运动,也不打破内在实体的基本结构,而是提供重获与外在性的关系的机会。内在性必须同时既封闭又敞开。⑤ 由此,人们当然也就描述了脱离动物状况的可能性。

实际上,凭借那扰乱其基本稳靠性的不稳靠性,享受回应了这一独特的要求。这种不稳靠性并非由于世界相对于享受而言的异质性,这种异质性自称会挫败自我的主权。享受的幸福要比任何不安都更为强大,但是不安可以扰乱幸福——这就是动物与人之间的差距。享受的幸福要比任何不安都更为强大:无论未来所带来的不安如何,生活的幸福——呼吸的幸福、观看的幸福、感觉的幸福——("再等一分钟吧,刽子手先生!")总在不安之中作为逃避世界的目的地而继续存在,即逃避那为不安所扰乱乃至无法忍受的世界的目的地。人们向着生活逃离生活。作为一种可能性,自杀是向这样一个存在者显现出来的:这个存在者已经处于与**他人**的关联之中,已经被提升到为他人的生活的高度。这是一种已经是形而上学的实存之可能性。唯有一个已经能够牺牲的存在者才能够自杀。在把人定义为能够自杀的动物之前,必须先把人定义为能够为他人而活、能够从他自己之外的他人出发而存在的动物。但是,自杀与牺牲的悲剧性证明对生活的爱具有根本性。人与物质世界的原初关联并不是否定状态,而是对生活的享受与认可。只是在考虑到这种在内在性中不可逾越的认可——它之所以不可逾越乃因为它构成了内在性——的情况下,世界才能显得充满敌意;有待否定与征

---

⑤ "内在性必须同时既封闭又敞开。"这一句原文为"L'intériorité doit, à la fois, être fermée ou ouverte."据此应译为"内在性必须同时是封闭的或敞开的"。德译本"译者附录"中的"法文版勘误"将此句订正为"L'intériorité doit, à la fois, être fermée et ouverte."此处即据此勘误译出。——中译注

服。即使在享受中完全被认可的世界所具有的那种不稳靠性扰乱着享受,这种不稳靠性也并不会消除对于生活的根本认可。但是,这种不稳靠性却在享受的内在性中带来一道分界线,这道分界线既不是来自他人的启示,也不是来自任意某个异质的内容——而是以某种方式来自虚无。它源于分离的存在者在其中感到自满自足的元素来到这一存在者的方式,源于那把元素延展开去并且元素消失其中的神秘的厚度。这种不稳靠性——它因此在内在生活的周围勾勒出一道(属于)虚无的边线,并证实着内在生活的孤岛性——在享受的瞬间被体验为对未来的操心。

但是因此,在内在性中就打开了一个维度,通过这个维度,内在性可以期待和欢迎来自超越的启示。在对未来(lendemain)的操心中,闪耀着感性之本质上不确定的将来(avenir)这一原初现象。将来的含义是延迟(ajournement)和推迟(délai)。通过掌握将来的不确定性和不稳靠性,通过建立占有,劳动穿过将来的这一含义而以家政性独立的形式勾勒出分离。为了这一将来能够在其作为延迟和推迟的含义中浮现出来,分离的存在者必须能够自身聚集⑥并拥有表象。自身聚集和表象是作为在居所或家中的居住而具体地产生出来的。但是,家的内在性是由一种治外法权构成的,这种治外法权处于生活沉湎其中的享受的元素之中。(这是)拥有积极面的治外法权。它在内部性的柔和(douceur)⑦或热烈(chaleur)中产生。这一产生并不是一种主观的心灵状态,而是存在全体(l'oecuménie)中的一个事件——存在论秩序的一次美妙"失灵"。凭借其意向性结构,柔和从他人那里来到分离的存

---

⑥ "自身聚集"的原文是"se recueillir"。"自身聚集"是其字面义,这个词在法文中通常的意思是"静心""集中心思""沉思""冥想"等。列维纳斯这里用这个代动词主要是表达存在者通过家与居所而把自己从元素中聚集起来以便独立出来的过程。故此处将此词及其名词形式"recueillement"译为"自身聚集"或"聚集自身"。可参见下一章第二节。——中译注

⑦ 列维纳斯把"douceur"这一表达既用于人也用于物。视语境不同,它将分别被译为"Sanftmut"(温柔)或"Milde"(柔和)。——德译注(我们这里还是遵循一词一译原则,将之统一译为"柔和",以兼人、物。——中译注)

在者这里。**他人**——根据其他异性——恰恰不是在一种否定我的震惊中启示出自身,而是作为柔和之原初现象启示出自身。

本书的全部工作都倾向于展示出一种与**他者**的关系,这种关系不仅判然有别于矛盾逻辑——在这种逻辑中,A 的他者就是非 A,就是对 A 的否定;而且还判然有别于辩证逻辑——在这种辩证逻辑中,**同一**以辩证的方式具有**他者**,并在系统的统一中与**他者**达成和解。对面容的欢迎从一开始就是和平的,因为它回应的是对**无限**的难以遏制的**欲望**;战争本身只是这种欲望的一种可能性,而根本不是它的条件。对面容的欢迎以一种原初的方式在女性面容的柔和中产生;在此柔和中,分离的存在者可以自身聚集,并且由于这一柔和而得以居住;分离就是在其居所中实现出来的。由此,居住,以及那使人类存在者的分离得以可能的居所的内部性,就预设了**他人**的最初启示。

由此,无限观念——在面容中启示自身——就不仅要求有一分离的存在者。面容的光对于分离来说是必要的。但是,在建立家的内部性的时候,无限观念并不是通过某种对立的力量或辩证吁求的力量诱发分离的,而是通过无限观念的光芒所具有的那种女性的优雅进行诱发的。对立的或辩证吁求的力量在把超越整合进一个综合时会摧毁超越。

第四章 居 所

第一节 居 住

　　人们可以把居住解释为对"诸用具"中的一种"用具"的利用。(这样,)家用来居住就会像锤子用来钉钉子或笔用来书写那样。确实,家属于人类生活的必需品。家用来遮风避雨,用来庇护人,使其得以躲避敌人与纠缠者。然而,在人类生活维系其中的合目的性之系统中,家却占有一优先地位。这并不是指一种终极目的的地位。虽然人们可以把家作为一个目标来寻找,可以"享受"他们的家,但是家并不凭借这种享受的可能性显示出它的本原性。因为,所有"用具",除去它们作为着眼于某个目的的手段这种用处之外,它们还具有直接的益处。实际上,我能够乐于操作一个工具,乐于劳动,乐于通过使用工具以完成一些动作,这些动作当然嵌入一个合目的性的系统,但是这个系统的目的却处于这些孤立隔绝的动作本身——它们无论如何都充实或维系着一种生活——所引起的愉快或痛苦之外。家的优先角色并不在于它是人类活动的目的,而是在于它是人类活动的条件,并且在这个意义上,它是开端。为了能够表象自然、加工自然,为了自然仅仅显露为世界,人聚集自身是必要的;这种必要的自身聚集作为家而实现出来。人处于世界之中,就像是从一个私人领域来到世界上、从一种任何时候他都可以退回去的在家(状态)中来到世界上一样。他并不是从一个他可能已经占有、并且每时每刻都可能必须由之出发重新开始一段危险的着陆过程的星际空间来到这个世界上的。但是,他也并没有觉得自己是被粗暴地抛弃和遗弃到这个世界上。他同时在外又在内,他由内部性出发走向外部。另一方面,这种内部性也在家中打开,家则处于此外部。因为居所,作为建筑,属于对象世界。但是这种属于,并不取消下述事实的含义:任何对对象——即使它们是建筑对象——的考虑,都是从一个居所出发产生的。具而言之,居所并不处于客观世界之中,而是客观世界处于与我之居所的关联之中。那先天地构造其对象、甚至构造它处于其中的位置的观念论主体,严格说来,并不是先天地构造它们的,而恰恰是事后构造它们的,在它作为具体存在者已经居住在这个位置上之后构造的;这个位置溢出了知、思想与观念,主体是在事后想把这一与知没有任何共同尺度的居住事件封闭在知、思想与观念中。

对享受与享用……的分析表明,存在者并不消解在经验性事件和反思这些事件或"意向性地"瞄准这些事件的思想之中。把居住表象为对人的身体与建筑之间的某种局面的意识,这就是对意识流入事物(这一实事)的忽略与遗忘:对于意识来说,这一流入并不在于对事物的表象,而在于具体化所具有的一种特殊的意向性。我们可以如此表达这一意向性:对一个世界的意识已经是穿过这个世界的意识。这个被看到的世界上的某物,乃是观看的器官或本质性的手段:头、眼睛、眼镜、光线、灯、书籍、学校等等。整个劳动与占有的文明,是作为实现其分离的、(与无限)分离开的存在者的具体化而浮现出来的。但是这种文明所参照的是意识的肉身化与居住——参照的是从家的内部性出发的实存,这种实存是最初的具体化。观念论主体这一概念本身即是由于不了解具体化的这一溢出而产生的。主体的自为在某种以太中安置自身,它的这种安置没有给这种包含着这一安置的、自身对自身的表象增添任何东西。观照,以及它对事后构造居所本身的要求,当然证明着分离,或者更好地说,是分离之产生的不可或缺的环节。但是,在表象的诸多条件之间,居所并不会被遗忘,即使表象是具有优先地位的、吞没其条件的被制约者。因为被制约者只是事后、后天地吞没其条件。因此,观照世界的主体,以居所的发生为前提,以从元素那里(就是说,从直接的、但已经为未来感到不安的享受那里)的回撤为前提,以在家的内部性中的自身聚集为前提。

家的隔离,并不是魔术般地激发起,也不是"以化学的方式"诱发起自身聚集和人的主观性。必须颠倒有关的术语:自身聚集、分离的工作,把自己具体化为在居所中的实存、具体化为家政的实存。这是因为自我通过自身聚集而实存,它以经验的方式躲避到家中。建筑唯有从这种自身聚集出发才具有这种居所的含义。但是,"具体化"并不只是反映出它加以具体化的那种可能性,这种可能性是它为了阐明这种可能性中所包含的那些关节而加以具体化的。家所具体实现出来的那种内在性,以及通过居所向自身聚集的(实现)活动——l'énergie[(实现)活动]——的过渡,打开了一些新的可能性;这些新的可能性并不以分析的方式包含在自身聚集的可能性中,但它们本质上属于自身聚集的 énergie,并只有当这种 énergie 展开的时候才得到显示。居住实现出这种自身聚集,实现出这种内部性及其热烈或柔和;这种居住如何使那完成了分离之结构的劳动和表象得以可能?我们马上就会看到这一点。但重要的首先是要描述自身聚集本身的"意向性内涵",描述自身聚集于其中被体验到的柔和的"意向性内涵"。

第二节 居住与女性

在该词通常的意义上,自身聚集意指一种对世界所刺激起来的那些直接反应的悬搁,以便更大程度地关注自身本身、关注它的可能性、关注处境。它与一种摆脱了直接享受的关注的运动一致,因为它不再从对元素的认可中得到它的自由。然则它从何处得到其自由?一个从未变为实存之赤裸事实的存在者,一个其实存是生活、亦即是对某物的享用的存在者,如何会被允许进行一种总体的反思?在一种是对……的享用的生活之中,在一种享受着元素、并为克服享受之不稳靠性而忧心忡忡的生活之中,如何会产生一种距离?自身聚集就意味着置身于一个漠不相干的区域、一个虚空中吗?意味着置身于伊壁鸠鲁式的众神逗留其间的那些存在间隙中的一个间隙里吗?如此一来,**自我**就会丧失那种证实,即它作为享用……、作为享受……而从滋养它的元素中获得、且没有从别处获得的那种证实。除非与享受的距离并非意味着存在间隙的冷漠的虚空,而是从肯定方面被体验为一种内在性维度、一种从生活浸入其中的内部亲熟性出发的内在性维度?

世界的亲熟性不仅来自在此世界中获得的习惯,这些习惯消除掉世界的粗糙扞格,并衡量着生物对一个它所享用、并被其滋养的世界的适应程度。亲熟性与内部性是作为一种在事物表面上展开的柔和而产生。这种柔和不仅是自然对于分离的存在者之诸种需要的适宜性,这种存在者一开始就享受着自然,①并在这种享受中被构造为分离的,亦即被构造为自我;而且,这种柔和还是一种来自对于这个自我的友爱(amitié)。亲熟性(la familiarité)所已预设的内部性(l'intimité)——乃是一种与某人之间的内部性(**私密性**)。自身聚集的内在性是一种孤独,在一个已经是人类世界的世界中的孤独。自身聚集指向(**对他人的**)欢迎。

但是孤独之分离与内在性,如何能够面对**他人**而产生? 他人的在场,难道不已经是语言与超越?

为了自身聚集的内部性能够在存在的全体中产生出来,**他人**的在场必须不只是在穿透其自己的可塑形象的面容中启示出来,而且与这种在场同时,它还必须要在其回撤与不在场中启示出来。这种同时性并不是辩证法的抽象构造,而是矜持②的本质本身。**他者**的在场通过矜持而成为一种不在场,由这种不在场出发,那对内部性领域加以描述的、真正的好客式欢迎才实现出来;这样的**他者**乃是**女性**。女性是自身聚集的条件,是家与居住的内在性的条件。

单纯的享用,对元素的自发认可,还不是居住。但是,居住也还不是语言的超越。在内部性中进行欢迎的他人并不是那在高度上启示出

---

① "享受着自然"的原文是"en jouit…"其中的"en"为代词,可代单数名词,亦可代复数名词。德译本此处将之还原为"die Natur"("an die Natur genießt",见德译本第221页,边码128页),中译此处亦从德译本。但英译本将此处译为"enjoys them"(见英译本第155页),"them"为第三人称复数,则当指前文中的"诸种需要",故"en jouit"当译为"享受着诸种需要"。姑录于此,供参考。——中译注

② "矜持"的原文是"la discrétion",这里的意思似是用其"谨慎""严守秘密"之意,指他人于在场的同时又不表现自身、回撤自身,从而使自身不在场。由于下文列维纳斯又把如此这般的他者称为"女性",所以我们将"la discrétion"勉强译为"矜持";因为在汉语中,"矜持"往往被用来形容女性的那种既在场又有所收敛的方式。——中译注

来的面容中的您——而恰恰是亲熟性中的你：不含教导的语言，沉默的话语，无言的会通，秘密的表达。马丁·布伯于其中觉察到人际关系范畴的我—你，并不是与对话者的关系，而是与女性的他异性的关系。这种他异性处在一个不同于语言的层面上，并且也绝不代表一种残缺的、初创的、仍然原始的语言。完全相反，这种在场的谨慎，包含了与他人的超越性关系的所有可能性。只有在完全人类性的人格性背景下，这种谨慎才能被理解，才能发挥它的内在化的功能；而这种人类性的人格性在女性中恰恰又能够被保存下来，以便打开内在性的维度。这是一种全新的、不可还原的可能性，一种存在中的美妙失灵，是自在的柔和的源泉。

亲熟性是分离的一种实现，是分离的一种 *én-ergie*（实现）。从亲熟性出发，分离被构造为栖居③与居住。因此实存意味着栖居。栖居，恰恰不是一个存在者之匿名实在的简单事实，这个存在者像一块被扔到身后的石头那样被抛入实存之中。栖居是自身聚集，是来到自身，是回撤至家中，就像回到庇护所，这个庇护所适合好客、期待与人类性的欢迎。人类性的欢迎，在它这里，那保持沉默的语言始终是一种本质的可能性。女性存在——它的脚步声使存在的那些隐藏的稠密发出阵阵回声——的这些沉默的来往奔波，并不是波德莱尔喜欢歌咏其奇怪的两可性的那种动物性的、猫一般的④在场的神秘骚动。

通过居所的内部性而具体化了的分离，勾勒出与元素的全新关联。

第三节　家与占有

家并不为了让分离的存在者处于与元素的植物般的交流中而使其

---

③ "栖居"的原文是"demeure"，前面一般译为"居所"。德译本在此处将它译为"Bleiben"，并加注曰：此词在这里既意味着"bleiben"（持留、逗留、栖居）也意味着"wohnen"（居住）（参见德译本第223页注释c）。我们在此的译法参照了德译本。——中译注

④ 据波德莱尔《恶之花》的中文译者钱春绮说，《恶之花》中共有三首咏猫诗（见波德莱尔：《恶之花》，钱春绮译，人民文学出版社，2011年4月，76页注释），它们分别是《恶之花》"忧郁与理想"部分的第36首、第54首、第69首。——中译注

扎根于土地。家从大地、空气、阳光、森林、道路、海洋、河流的匿名状态中抽身而退。它有"临街的房屋",但也有其秘密。以居所为基础,分离的存在者与自然的实存决裂;自然的实存沉浸在一个环境之中,在这里,毫无稳靠且充满紧张的存在者的享受转化⑤为操心。分离的存在者在可见性与不可见性之间循环往复,它总是即将启程前往内在,它的家或它的角落或它的帐篷或它的洞穴,乃是此内在的前厅。家的原初功能并不在于用建筑的布局来为存在者定向,也不在于发现一块位置——而在于打破元素的充实,在于在元素中打开一个乌托邦,在此乌托邦中,"自我"在栖居于家中的同时聚集起自身。但是,分离并不使我离群索居,似乎我被简单地从这些元素中拔根出来。分离使劳动和所有权得以可能。

由于以某种方式被元素的不确定的深渊所吸入,自我可以投身于那忘我的和直接的享受;如此这般的享受在家中得到延迟、获得宽限。但是,这种悬搁并没有取消自我与元素的关联。居所以其自己的方式保持着对它与之分离的元素的开放。距离本身总具有两可性,既是疏远又是接近;窗户则消除了距离的这种两可性,以便使一种支配性的目光得以可能,这是那摆脱了目光的人的目光,是那进行观照者的目光。诸元素始终由自我处置——或者抓取它们或者遗弃它们。于是劳动,就把事物从元素那里连根拔出,并因此将揭示出世界。这一原初掌有,劳动的这种控制,使事物产生,把自然转化为世界;如此这般的掌有、控制,正如目光的观照一样,以自我在其居所中的自身聚集为前提。一个存在者借以建立其家、借以为自己打开内在性并向自己确保内在性的运动,在一种这样的运动中构建起自身:分离的存在者借着这种运动以聚集自身。世界的潜在诞生从居所开始发生。

享受的延迟使一个世界变得可以进入——就是说,使存在无人继承、但可为任何将占有它的人所支配。在此没有任何因果性:世界并不

---

⑤ "转化"的原文是"s'invertissant",乃现在分词形式。德译本"译者附录"中的"法文版勘误"将此处订正为"s'invertit",即第三人称现在直陈式形式。此处据此勘误译出。——中译注

是由这种在抽象思想中被决定的延迟导致的。享受的延迟没有任何其他具体的含义,除去这种受支配;这种支配实现了这种延迟,是这种延迟的实现(l'én-ergie)。为了这种实现能够展开,一种由居所中的逗留而非抽象之思所实现的存在中的新局面是必要的。这种在居所中的逗留、居住,在作为经验事实突出自己之前,制约着所有的经验主义,制约着那把自己强加给观照的事实之结构本身。相反,"在家"(chez-soi)的在场则溢出了关于"自为"的抽象分析在它那里发现的那种表面的单纯性。

接下来,我们将描述家所创建的关系,即与一个有待占有、获得、被变为内在的世界的关系。实际上,家政的最初运动是自我主义的——它并不是超越、并不是表达。把事物从我沐浴其中的元素那里连根拔出的劳动,揭示出持续的实体;但是,通过把它们作为动产(biens-meubles),作为可搬运的、被保存的、放置在家里的财产来获得,劳动也悬搁了它们持续存在的独立性。

家为占有物提供基础,但家并不在与它能够聚集和庇护的可移动的事物相同的意义上是占有物。它被占有,因为它自此以后就对其所有者殷勤好客。这把我们指引向它的本质上的内在性,指引向那在任何居住者之前就居住在它之中的居住者,指引向卓越的欢迎者,指引向自在的欢迎者——指引向女性的存在。我们是否必须要补充说,无论如何,这里都不涉及——不管如何可笑——对这样一种经验性的真理或谎言的坚持:任何的家事实上都已预设了女性?在这种分析中,女性作为内在生活置身其中的那一境域的一个基本点,已经被遭遇到了——"女性的"人类存在在一个居所中的经验性的缺席,并不改变那保持开放的、作为居所之欢迎本身的女性的维度。

第四节　占有与劳动

对世界的接近是在这样一个运动中产生的:这个运动从居所的乌托邦出发,穿过空间,以便在其中进行原初把握(prise),以便掌握和带走。元素的不确定的将来被悬搁了。元素在家的四壁内固定下来,在占有中平息下来。它在其中作为事物显现出来,而事物或许可以由宁静定义。就像在一幅"静物"画(nature morte)中一般。这种对基元的掌有⑥——是劳动。

从家出发的对事物的占有由劳动产生,这样一种占有有别于在享受中(发生)的与非我的直接关系,有别于那种不带有获得物的占有;沐浴在元素中的、"占有"而不把握(prendre)的感性享受着那种获得物。在享受中,自我不接受任何东西。从一开始,自我就享用着……。由享受实行的占有与享受混而为一。没有任何活动先行于感性。但是反之,在享受活动中进行的占有活动,⑦也被占有,也被呈交给不可测量的深度,就是说,被呈交给元素的令人不安的将来。

从居所出发的占有,有别于被占有的内容和对此内容的享受。在对享受的自我进行提升但又将之席卷而去的元素中,劳动通过以占有为目标的掌握而悬搁了元素的独立性:它的存在。事物证明了这种把握或这种统握(理解)——这种存在论。占有对这种存在加以中立化:事物作为所有物,是一种已经丧失其存在的存在者。但是因此,根据这种悬搁,占有把—握住了存在者的存在,并且只是由此才使事物浮现出来。掌握存在者之存在的存在论——作为与事物之关系、并使事物显示出来的存在论——是大地上每一个居住者的一种自发的、前理论的成就。元素的不可预见的将来——它的独立性、它的存在——占有掌控之、悬搁之、推迟之。"不可预见的将来",并不是因为它超出了视觉的范围,而是因为,它作为没有面容者、作为迷失于虚无中者,它将自己铭刻在元素的难以测度的深度中;因为它来自一种没有本原的、不透明

---

⑥ "掌有"的原文是"saisie",由"saisir"(掌握)变来。——中译注

⑦ 前一句中"由享受实行的占有"的原文是"La possession par la jouissance"。在这里,虽然主语是"占有"(la possession),但施动者却是"享受"(la jouissance)。下一句中的"通过享受活动而进行的占有活动"的原文是"posséder en jouissant"。在这里,主语是"占有活动"(posséder),施动者也是它自身,"享受活动"(jouissant)是"占有活动"借以进行的方式。前一句是说:"享受实行的占有"同时也是"享受",是从享受的角度说;后一句是说:"在享受活动中进行的占有活动"本身也"被占有",是从"占有"的角度说。——中译注

的厚度,来自坏无限或未被规定者,来自无定性(apeiron)。它没有本原,因为它没有实体,它并不悬挂在"某物"上;它是不规定任何东西的质,是没有零点——任意一个坐标轴都会穿过它——的质;它是绝对未被规定的最初质料。凭借占有,对存在的这种独立性、对元素性非我的这种质料性进行悬搁,既不等于思考这种悬搁,也不等于通过一种套路的效果来获得它。⑧ 通达质料之不测晦暗的方式,并不是无限观念,而是劳动。占有通过进行占有(la prise de possession)或作为手之本己命运的劳动而实现自身。手是掌有和把握的器官,⑨是在熙攘拥挤中进行的最初的和盲目的把握的器官:它把从元素——它无始无终,沐浴着和浸没着分离的存在者——中连根拔出的事物与我关联起来,与我的自我主义的诸种目的关联起来。但是,把基元与需要的最终目的关联起来的手,只有通过把它的把握与直接的享受分离开、通过将把握置于居所中、通过授予把握以拥有的身份,才能构造起事物。劳动是获取的实现(l'én-ergie)本身。对于一个没有居所的存在者来说,劳动将是不可能的。

在对计划的任何实施之先,在对规划的任何设想之先,在任何会导致离开在家状态的最终目的之先,手便实现出它自己的功能。手的运动严格说来是家政性的;手的这种运动以及它的掌有和获取的运动,被这种获取在其向家的内在性返回的运动中遗留下来的踪迹、"残余"和"作品"所掩盖。这些作品作为城镇、田野、花园、风景,重新开始它们元素性的实存。在其最初意向中的劳动,乃是这种获取,是这种朝向自身的运动。劳动不是一种超越。

劳动与元素协调一致,它使事物从这些元素中脱离出来。它把质料作为最初质料来掌握。在这种原初把握中,质料同时既表明它的匿

---

⑧ 此句法文原文为"…, ni à l'obtenir par l'effet d'une formule"。德译文将之译为"…noch darauf, sie als Resultat einer Formel zu Erlangen"。如按德译文则当译为:"也不把它作为一种套路的效果来获得。"德译文可作理解的参考。——中译注

⑨ 这在中文中更鲜明地体现出来:无论是"掌握""掌有"还是"把握",里面都有"手"字。——中译注

名性又放弃它的匿名性。它表明之,是因为劳动、对质料的把握,既不是观看也不是思想。在观看与思想中,已被规定的(déterminée)质料会通过与无限的关联获得界定(se définirait);而在掌有中,质料恰恰保持为完全未被界定的与不可理解的(incompréhensible)——在这个词的智性的意义上。但是,质料也放弃了它的匿名性,因为劳动的原初把握——将它引入一个可同一化者的世界之中,掌控着它并把它置于一个存在者的支配之下;这个存在者在(具有)任何身份之先、任何特性之先便已聚集自身和同一化,它只源自它本身。

凭借劳动进行的对未被界定者的把握,并不与无限观念相似。劳动"界定"质料而并不求助于无限观念。原初的技术并不是把先有的"知识"转化为实践,而是对质料的直接把握。手进行掌握、夺取、弄碎、搅拌,手的力量并不是使元素与无限相关,事物会通过与无限的关联而得到界定;而是使无限与目标意义上的终点相关,与需要的目标相关。享受在元素中所猜度的那不可测的深度,屈服于劳动;劳动掌控将来,它使有(l'il y a)之匿名的沙沙声,使基元的那种即使在享受本身中也躁动不安、不可控制的混乱嘈杂,都归于平静。质料的这种深不可测的晦暗将自身作为抵制而非面对面呈现给劳动。不是作为抵制的观念,也不是作为借助观念宣告出来的抵制或像面容一样将自身宣告为绝对的抵制——毋宁说,(抵制)已经向那使质料屈服的手的触摸呈现自身,已经作为潜在的被克服者呈现自身。劳动者将战胜抵制,抵制并不从正面对抗手,而是已经作为认输者来对抗手;手寻找着质料的弱点,手,既已是计谋与工业,便是迂回地触及质料。劳动上前接触的是无名质料的虚假抵制——它的虚无的无限。因此最终,劳动也不能被称为暴力。它运用于没有面容的东西,运用于虚无的抵制。它在现象中起作用。它攻击的只是它从此揭露出其虚无的异教诸神的没有面容者。从天庭盗火的普罗米修斯象征着亵渎神灵的工业劳动。

劳动无限期地掌控着或悬搁着元素之不确定的将来。通过掌握事物,通过把存在作为家具(**动产**,meuble)、作为家中的可搬运之物来处理,劳动支配着不可预见的将来,存在对于我们的控制就在这种不可预见的将来中宣告出来。劳动为自己保留这种将来。占有使存在摆脱其变化。占有本质上是持续性的,它不仅像心境一样持续着。它肯定着它对于时间的权力,对于那不属于任何人的东西的权力——对于将来的权力。占有把劳动产品设定为在时间中恒久持续之物——设定为实体。

事物将自身作为轮廓分明的固体呈现出来。除去桌子、椅子、信封、本子、钢笔等被制造事物外——石头、盐粒、土块、冰块、苹果等也是事物。这种把对象分离开的形式、勾勒出对象边线的形式,似乎在构造着事物。一个事物之所以区别于另一个事物,是因为有一道间隔将它们分开。但是一个事物的部分复又是一事物:比如椅子的靠背和腿。而且椅子腿的任意一个块片也都是事物,即使它并不构成椅子的一环;所有可以从椅子上拆下和带走的东西都是事物。事物的轮廓标志着拆卸事物的可能性,标志着移动它而非其他事物的可能性,标志着运走它的可能性。事物是家具(动产)。它与人的身体保持着某种比例。一种这样的比例:它使事物臣服于手;而不只是臣服于对它的享受。手,同时既把元素性的质引导到享受,又为了未来之享受而把握和保藏诸元素性的质。手使它的把握脱离元素,手勾勒出带有形式且被界定好的诸存在者,就是说勾勒出固体;由此,手勾勒出一个世界。对无定形者的赋形,就是固体化,就是可掌握者的浮现,就是存在者和各种质的承载者的浮现。因此,既然感性与享受一致,而享受享受着没有名词的"形容词",享受着纯粹的质,享受着没有承载者的质,那么实体性就并不存在于事物的感性本质中。那会把感性事物提升到概念的抽象,并不会赋予感性事物以感性内容所缺乏的实体性。除非我们强调的不是概念的内容,而是通过劳动所实行的原初把握而导致的概念的潜在诞生。这样,概念的可理解性所参照的就会是劳动的掌有,凭借这种掌有,占有就产生了。事物的实体性是在其坚实性中,后者被呈交给进行把握和携带的手。

于是,手并不只是我们借之将一定的力量传递给质料的尖状物。手穿过元素的不定性,悬搁其不可预见的突袭,延迟这些突袭已经在其中进行威胁的享受。手进行把握和统握,它承认存在者的存在,既然它捕获的是战利品而非影子;同时它也悬搁存在者的存在,既然存在是其所有物。然而，这种被悬搁的、被驯服的存在却维持着自身，并不在消耗和使用它的享受中被耗尽。在一定时间内，它被设立为持续的，被设立为实体。在某种程度上，事物，乃是不可食用者，是工具、使用对象、劳动器具，是财产。手统握（comprend）事物，并不是因为它同时从所有方面触摸事物（它并没有全方位触摸事物），而是因为它不再是一感官器官，不是纯粹享受，不是纯粹感性，而是掌控、统治、支配——这些并不属于感性的范畴。作为把握、获取的器官，手采摘果实，将它从树叶那里拿开，加以保存、贮藏，在家里占有它。居所构成劳动的条件。进行获取的手为其他所把握者牵绊。手并不凭其自身为占有物提供基础。此外，获取计划本身预设了居所的聚集。布特鲁⑩在某处曾说过，占有物是我们身体的延长。但是身体作为赤裸的身体，并不是最初的占有物，它仍处于所有物和非所有物之外。通过居住，我们已经悬搁了沐浴着我们的元素的存在；以此方式，我们支配着我们的身体。身体之成为我的占有（物）是根据下述情况而定的：在家中，我的存在是处在内在性范围内还是处在外在性范围内。家的治外法权是对我之身体的占有本身的条件。

　　实体参照于居所，就是说，参照于词源学意义上的家政。占有在对象中掌握存在，但它对存在的掌握也就是对它的质疑。通过把对象作为所有物置于我的家中，占有赋予对象以一种纯粹外表的存在、一种现象的存在。属于我或其他人的事物，并不是自在的事物。唯有占有触及实体，与事物的其他关系只影响到属性。用具的功能，作为事物所具有的价值，并不是作为实体，而是作为这些存在者的一种属性而将自身凸显给自发的意识。对价值的通达，以及使用、操作和制作，皆建立在占有的基础上，建立在进行把握、获取和携带回家的手的基础上。与占有相关的事物的实体性，对于事物来说，并不在于绝对地呈现自身。在其呈现中，事物被获取，并献出自身。

　　因为事物并不是自在的，所以它可以被交换，并因此可以进行比较、可以被量化，也因此已经丧失其同一性本身，并可以反映在金钱中。

---

⑩　布特鲁（Boutroux，1845—1921），法国哲学家。——中译注

因此事物的同一性并不是它的原初结构。只要人们把事物作为质料来接近,它的同一性立刻就消失了。唯有所有权在享受的纯粹质中创建出持久性,但这种持久性立刻消失在反映在金钱中的现象性中。作为人们加以买卖的所有物与商品,事物在市场上显示为可为某人所有、可以交换的东西,因此显示为可转化为金钱、易于在金钱之匿名性中消散的东西。

但是,占有本身参照着一些更为深刻的形而上学的[11]关系。事物并不抵制获取;其他的占有者——那些不能被占有者——质疑占有并因此能够奉献出占有本身。这样,对事物的占有就导致话语。而行动,那在劳动之上预设了另一个存在者之面容的绝对抵制的行动,则是命令与说话——或者是谋杀的暴力。

第五节　劳动、身体、意识

137　　那种把世界解释为事物由之出发呈现自身的视域、解释为用具、解释为操心其存在的实存的用品的学说,没有认识到这种由居所使之可能的在内在性边缘的定居。所有对于工具系统和用具系统的操作,所有劳动,都预设了一种对于事物的原初把握,预设了占有,围绕着内在性的家标志着这种占有的潜在诞生。世界是可能的占有物,工业造成的对于世界的任何改造,都是所有制制度的一种变动。从居所出发,占有——它是由那对黑夜中的、处于最初质料之无定性中的事物的准奇迹般的掌有实现的——揭示出一个世界。对事物的掌有照亮了无定性的黑夜本身;使事物可能的并不是世界。另一方面,对世界的智性的概念把握将世界作为呈交给冷静观照的景象,这种概念把握同样没有认识到居所的聚集;没有这种聚集,元素无休无止的嗡嗡声就不能呈交给进行掌握的手,因为如果没有居所的聚集,手作为手就不能从沉浸在元素中的身体里浮现出来。观照并不是对人的活动的悬搁;它是在悬搁

---

　　[11]　"形而上学的"原文是"métaphysique",是单数形式。德译本"译者附录"中的"法文版勘误"将此处订正为复数形式,即"métaphysiques"。此处据勘误译。——中译注

了混沌的、并因此独立的存在之后到来,是在与对占有本身提出质疑的**他人**相遇之后到来。无论如何,观照预设了对手所掌有的事物的动产化(mobilisation)本身。

在前面的一些考察中,身体并不是显现为其他诸多对象中的一个,而是显现为分离据之以运作的机制本身,显现为这种分离的"如何",显现为——如果我们可以这么说的话——副词而非名词。似乎,在分离的实存的颤动中,本质上会产生出一个节点,有两种运动在这里相遇:一种是内在化的运动,一种是被引向元素之不测深渊的劳动和获得的运动;这把分离的存在者置于两种虚空之间,置于"某处",在这里,分离的存在者恰恰把自己确立为分离的。这一状况必须得到更为确切的推导与描述。

在永恒的、无忧无虑的天堂般享受中,主动性与被动性的区分在(对元素的)认可中混融为一。享受完全是由它栖息其中的外部滋养的,但是它的认可却显示出它的主权;这种主权既无关乎自因的自由,没有什么外部的东西能影响到这种自由,也无关乎海德格尔的 *Geworfenheit*(被抛状态),这种被抛状态在限制它和否定它的他者中被把握住,它于这种他异性中所承受的痛苦与观念论者的自由会从中承受的一样多。分离的存在者是分离的,或者说,是愉快地满足于呼吸、观赏与感受。它在他者中心花怒放;这样的他者——诸元素——一开始既不是为它的,也不是反对它的。关于享受的最初关系,没有任何假定对之做出辨析,它既不是对"他者"的消除,也不是与"他者"的和解。但是,在享受中颤动着的自我的主权的特殊之处在于,此主权沐浴在一个环境之中,并因此经受着影响。这种影响的独特性在于:享受之自治的存在者,可以在它粘连其上的享受本身中显露为被它所不是者所确定,但同时享受又并不被中断,并没有暴力产生其中。存在者显现为环境的产物,它沐浴在环境中,然而又是自足的。本土性,同时既是主权之属性又是顺从之属性。它们是同时的。那对生活施以影响者,像甜美的毒药一样渗透到生活之中。生活被异化了,但甚至在受苦中,异化也是从内部来到生活中的。生活的这种总是可能的颠倒,不能用受限制的或有限的自由这样一些说法来表达。在这里,自由是作为在本土生活中起作用的可能的原初歧义中的一种而呈现出来的。这种歧义的实存就是身体。享受的主权用对他者的依赖滋养其独立。享受的主权冒着背叛的危险:它所享用的他异性已经把它逐出伊甸园。生活是身体,不只是其自足显露于其中的它本己的身体,而且也是诸种物理力量的汇合处,是作为效果的身体。在其深深的恐惧中,生活证明了这种从作为主人的身体到作为奴隶的身体、从健康到疾病的总是可能的颠倒。是身体,这一方面是自持(se tenir),是自身的主人;另一方面是站立在(se tenir sur)大地之上,是在他者中,并因此受其身体羁绊。但是——让我们再重复一次——这种羁绊并不是作为纯粹依赖发生的。它构成那享受这种羁绊的人的幸福。那对于我之实存的持续存在来说为不可或缺者,吸引着我的实存。我从这种依赖转入到那种快乐的独立——在我的受苦本身之中,我从内部引出我的实存。在他物中即是在家中、在享用他物之际而成为自己本身、享用……,这都是在身体性的实存中具体化的。"肉身化的思想"(la pensée incarnée)一开始并不是作为一种对世界发挥作用的思想产生的,而是作为一种分离的实存产生的,这种分离的实存在需要所具有的那充满愉悦的依赖中证明着它的独立。这并不是说,这种歧义涉及两种关于分离的前后相续的观点,(而是说)它们的同时性构成了身体。最后的决定权不属于那依次显示出来的两方面中的任何一方面。

居所使得获取与劳动得以可能,借此,居所悬搁或延迟这种背叛。生活有沦入终结的危险,克服生活之不稳靠性的居所是对这种终结的永恒延迟。对死亡的意识,是对永恒地延迟死亡的意识,这种永恒的延迟处于对死亡期限的本质性的忽视之中。享受作为进行劳动的身体,在这最初的延迟中维持着自身,这一延迟打开时间的维度本身。

被聚集起来的存在者之受苦,是卓越的忍耐,是纯粹的被动性;这种受苦同时也是向绵延、即这种受苦中的延迟的敞开。在忍耐中,失败的逼临也就是与失败的距离。身体的两可性就是意识。

因此并不存在二元性:本己的身体与物理的身体,必须使二者一致。安顿生活和延长生活的居所,生活所获得的、并通过劳动而利用的世界,也是劳动在其中被解释为匿名力量之游戏的物理世界。对于外部世界的各种力量来说,居所只是一种延迟。居住下来的存在者之所以超拔于万物之上,只是因为它允许自己延期,因为它"推迟结果",因为它劳动。

我们并不质疑生活的自发性。相反,我们已经把身体与世界之间的相互作用的问题化归为居住、化归为"享用……";在居住与"享用……"中,我们不会再发现自因的、但又不可理解地受限制的自由这样的图式。自由乃是生活与安顿生活、且生活藉之而在家的他者之间的关联;这样的自由并不是一种有限的自由,它潜在地是一种零自由。自由似乎是生活的副产品。自由附着于它有可能失落于其中的世界之上;这种附着恰恰是——同时是——自由赖以自卫和赖以在家的方式。这身体,元素性实在的链环,也是那使对世界的掌握、使劳动得以可能者。是自由的,就是建造一个这样的世界,在这个世界中人们能够是自由的。劳动来自一个存在者,这个存在者乃万物中之一物,并接触万物;但是,在这种接触中,此物也是从其在家(状态)而来。意识并不落入身体之中——并不肉身化;它是一种解肉身化——或更严格地说,是一种对身体之身体性的延迟。这并不是在抽象的以太中发生,而是作为栖居与劳动的整个具体物而产生。具有意识,就是处于与那现在存在之物(ce qui est)的关联之中;然而那现在存在之物的当前(le présent)似乎还没有完全实现出来,似乎只是构成一个被聚集起来的存在者的将来。具有意识,恰恰就是具有时间。这并不意味着在预期着将来的计划中溢出当前的时间,而是意味着拥有一段相对于当前本身的距离,意味着与如此这般的元素发生关联,在这种元素中,人们仿佛是被安顿在某种尚未在此的事物之上。居住的全部自由都依赖于时间,后者总是持续地属于居住者。环境之无法测度、亦即无法理解的格式,遗留下时间。与自我委身于之的元素的距离,只是在未来中才威胁着那居住在其居所中的自我。在眼下(pour le moment),当前(le présent)只是对危险的意识,只是害怕这种特出的感情。元素的不定性、它的将来,变为意识,变为利用时间这样的可能性。劳动并不刻画一种已经脱离存在的自由,而是刻画一种意志:一种已受威胁、但又拥有时间以便防备威胁的存在者。

在存在的一般家政中,意志标志着这样一个点,在这里,一个事件的确定状态作为不确定状态发生。意志的力量并不作为一种比障碍更强大的力量展开自身。它并不通过对抗障碍来接近障碍,而是通过总是与障碍保持一段距离、通过对自身与障碍之逼临之间的间隔的觉察来接近障碍。意愿,就是在危险之先到来(prévenir)。设想将来(l'avenir),就是先—来(pré-venir)。劳动,就是推迟它的失效。但是,劳动只有对于一个拥有身体结构的存在者、一个掌握着(其他)存在者的存在者、亦即一个被聚集在家中并且只与非我发生关联的存在者而言,才是可能的。

但是,在居所的聚集中展示出来的时间预设了——我们下文将谈到这一点——与一种他者的关系,这种他者并不被呈交给劳动;与这样一种他者的关系就是与**他人**的关系、与无限的关系、与形而上者的关系。

自我凭借身体的这种两可性而被束缚在他者上,但又总是从(自我)这一边出发——身体的这种两可性在劳动中产生。劳动并不是连续的因果链条中的第一因,就像启蒙了的思想对它所领会的那样;也不是这样一个原因:当从目的出发向后回溯的思想会止步于这一原因——它因与我们一致而离我们最近——时,它就会起作用。密切连接在一起的不同原因形成一种机械结构,后者的本质可由机器表现出来。机器的构件完美地相互咬合在一起,形成一种没有断裂的连续体。就一部机器而言,我们可以以同样的理由说,结果乃是最初运动的目的因,是这一最初运动的效果。相反,那使机器发动起来的身体的运动,那伸向锤子或要被钉进去的钉子的手,却并不只是下面这种目的的动力因,这种目的可能会是那最初运动的目的因。因为某种程度上,手的运动的关键总是在于以其带有的全部冒险去寻找和抓住目标。这一由朝向机器的身体或朝向其所发动的机械结构的身体所打开或穿越的距离,可以更大也可以更小;它的幅度可以更多地限制在习惯的动作中。但是即使动作是习惯性的,仍然要有熟练和灵巧来引导习惯。

换言之,身体的行动——它可以事后用因果性来描述——在行为受目的(在该词真正的意义上)因控制的那一刻展开;在目的因这里,那些能够填充这一段距离、以便自动地相互启动的中间项还没有被发现,手盲目前行,带着不可避免的幸运或不幸捕捉着它的目标,因为它可能失误。手本质上是摸索与控制。摸索并不是一种不完善的技术行动,而是一切技术的条件。目的并不被视为一种解肉身化的欲求中的目的,目的会确定这种解肉身化的欲求的命运,一如原因确定效果的命运。如果目的决定论并不让自己转化为原因决定论,这是因为对目的的构想并不与对它的实现分离开;目的并不吸引作为手的身体,在某种不可避免的程度上也不是作为手的身体,而是遭遇到并因此预设作为手的身体。唯有一种具有器官的存在者才能设想一种技术的合目的性,设想一种在目的与工具之间的关联。目的是手在有可能错失它的过程中所寻求的终点。作为手之可能性的身体——它的整个的身体性可以替代手——实存于这一朝向工具的运动的潜在性中。

　　摸索——手的典型工作,与元素的无定性相符合的工作,使目的因的整个本原性得以可能。如果目的所实行的吸引作用不能全部还原为一连续的冲击、一种持续的推动,人们说,这是因为目的观念支配着对这些冲击的摆脱。但是,如果这种目的观念并不以最初的冲击被给予出来的方式显示出自身:虚空中的推动、盲目的推动,那么,它就会是一种副现象。实际上,对目的的"表象"与手——它不经侦察兵的先行勘察便穿过一段距离而冲向目的——的运动只构成唯一一个同一事件,并界定一个存在者,这个存在者在它定居其中的这个世界中,从这个世界之前⑫出发——从一种内在性维度出发、从一个居住在世界中亦即以世界为家的存在者出发,来到这个世界上。(手的)摸索揭示出身体的这一位置,身体同时既被整合入存在之中又栖居于其间隙之中,总是被诱惑盲目地跨越距离,同时又完全独自持守于这一距离之中:这就是

---

⑫ "这个世界之前"的原文是"en deçà de ce monde"。这一表达的字面意思是"这个世界的这一边",在这里指的是在世界之前、尚未进入世界的那个维度,即"内在性维度"。但是中文"这个世界的这一边"却难以表达出这层意思。故这里勉强译为"这个世界之前"。"en deçà"的这种用法在其他语境里也有,我们也会酌情译为"之前"。——中译注

（与无限）分离开的存在者的位置。

第六节　表象的自由与赠予

（与无限）分离开，就是栖居于某处。分离以肯定的方式在局部化中产生。身体并不是像一个偶然事故那样发生在灵魂上。灵魂附着于广延里？这个比喻解决不了任何事情。仍然会有如何理解灵魂附着于身体的广延内这一问题遗留下来。作为万物中之一物而向表象显现出来的身体，实际上是下述这种存在者之分离地实存的方式，这种存在者既不是空间性的，也不是与几何学的或物理学的广延无关。身体就是分离的机制（régime）。栖居的某处是作为一种原初事件发生的，我们必须相对于这一原初事件来理解物理—几何学的广延的展开事件（而非相反）。

然而，那沉湎于和享用着其所表象的存在本身的表象性思想，指向这一分离实存的一种例外的可能性。这并不是说，在作为自我之基础的所谓理论的意向性之上，会添加上一些意志、欲望和感情，以便把思想转化为生活。严格的理智主义的论断使生活从属于表象。人们主张，为了进行意愿，必须先表象出所意愿之物；为了进行欲望，必须先表象出其目标；为了进行感觉，必须先表象出感觉的对象；为了做事，必须先表象出人们将做之事。但是，生活的紧张与操心如何会从冷静的表象中诞生？相反的论断也会提出同样多的困难。表象，作为介入实在的极端情形，作为一种被悬搁的、犹豫不定的行为的剩余物，作为活动的终止，它穷尽了理论的本质吗？

如果从对对象的冷静观照中引出对于行为而言的必要的合目的性是不可能的，那么，从介入、行为、操心中引出表象所宣告出来的自由是否更容易？

此外，从表象与行为的单纯对立中也无法引出表象的哲学意义。与介入相对立的冷静，足以刻画出表象的特征吗？被与表象连接在一起的自由，是关系的缺席吗？是历史——其中没有什么保持为别样的——的终点吗？因此，是虚空中的主权吗？

表象是受制约的。它的先验要求不断地为生活所否认,而生活总已经且始终植根于表象所宣称构造的存在之中。但是,表象要求事后替代这种在实在中的生活,以便构造出这种实在本身。这种构造性的、由表象实现出来的受制约性必须能够由分离来说明——尽管表象是在事后发生。理论性的东西,为了是事后的,为了本质上是回忆,它当然不能是创造者,但是它的批判性本质——它向(自身)之前的回溯——并不与享受和劳动的任何一种可能性相混淆。这一本质表明一种逆流而上的新的能量(énergie),观照的冷静只是表面上传达出这种新的能量。

表象受生活的制约,但是这一受制约性可在事后被翻转过来——观念论是一种永恒的诱惑——这一事实取决于分离事件本身,此分离在任何时候都不能被解释为空间中的抽象割裂。当然,(翻转的)事后性这一事实表明,构造性的表象的可能性并不把充当每一事物的尺度这样的优先权归还给抽象的永恒或瞬间;相反它表明,分离的产生是与时间连接在一起的,它⑬甚至表明,分离在时间中的关联因此是就其本身而言发生的,而不只是在第二性的意义上为我们而发生的。

表象既是构造性的,但又已经建基于对某个完全被构造的实在之物的享受之上。这样一种表象指示着那在家中聚集自身者所具有的拔根这一根本特征;而家则是这样一个处所:在这里,自我尽管沐浴在元素之中,却置身在一个**自然**的对面。我所生活其中并享用的元素,也是我与之对立者。我已经从这个世界中划出一部分并将之封闭起来这个事实、我经由门窗通达我所享用的元素这个事实,实现出思想的治外法权和主权;思想先于它所后于的世界。以后于的方式先于,如此,分离就不是被"认识",而是产生。回忆恰恰是这种存在论结构的实现。那

---

⑬ "它"的原文是阴性第三人称代词形式"elle",德译本"译者附录"中的"法文版勘误"将此处订正为阳性第三人称代词形式"il"(参见德译本第448页)。据此"它"所指代者当同为此句开头所说的"事后性这一事实"中的"事实"。此处据此勘误译出。——中译注

返回并舔舐着其出发处沙滩的一波波潮水⑭,那构成回忆之条件的时间的痉挛。如此,我只是看而不被看到,一如古各斯;我不再被自然入侵,不再沉没于一种氛围或氛围中。如此,家的歧义本质只是把间隙深化到大地的连续性之中。海德格尔对于世界的分析已经使我们习惯于认为,那标志着此在(Dasein)之特征的"为自身之故",那处境性的操心,最终制约着所有的人类产品。在 Sein und Zeit(《存在与时间》)中,除去用具系统外,家并不显现。但是,如果没有从处境中的抽身而退,如果没有自身聚集,如果没有治外法权——如果没有在家,操心的"为自身之故"能够实现出来吗?本能一直嵌在其处境中。逡巡摸索的手盲目穿过虚空。

这种先验的能量,这种作为时间本身的延迟,这种将来——记忆将在它里面掌握到一种过去之前的过去、掌握到"深远的往昔,杳不可追的往昔"⑮,在家中的自身聚集所已预设的这种能量,从何处来到我这里?

我们已经把表象界定为**他者**之被**同一**规定而同时**同一**并不被**他者**规定。这种界定曾经把表象从相互关系中排除出来,相互关系的关系项相互触及并相互限制。我为我自己表象出我所享用者,这就会等于我处在我所沐浴其中的元素之外。但是如果我不能离开我沐浴其中的空间,那么从居所出发,我就只能接近这些元素,就只能拥有事物。我当然不能在我的作为对……的享用的生活之中聚集自身。不过,这种规定着占有的栖居之否定性环节,以及那使我从沉没中脱离出来的自身聚集,并不是占有的单纯回声。我们并不能从这种否定性环节和自身聚集中看到向着事物的在场的对立面,似乎对事物的占有作为向着它们的在场辩证地包含着从它们那里的回撤。这种回撤意味着一个新

---

⑭ "潮水"原文为"marais"(沼泽地),德译本"译者附录"中的"法文版勘误"将此处订正为"marée",即"潮汐、潮水"(参见德译本第448页)。此处据此勘误译。——中译注

⑮ "深远的往昔,杳不可追的往昔"的原文是"profond jadis, jadis jamais assez"。它来自瓦雷里(Paul Valéry)的诗歌《圆柱颂》(Cantiques des colonnes),包含这部分内容的原文是"C'est un profond jadis, Jadis jamais assez!"。《瓦雷里诗歌全集》(葛雷、梁栋译,中国文学出版社,1996年)的中译本将该句译为:"昔日是一个深不见底的洞,昔日是一个填不满的坑!"见该书第83页。——中译注

的事件。我必须已经处于与某种我并不享用的事物的关系之中。这一事件是与**他人**的关系,**他人**在**家**中、在**女性**之矜持的在场中欢迎我。但是,为了我能够从**家**的欢迎所建立的占有本身中解放出来,为了能够看到在其本身中的事物,就是说,为了能够把事物向我自己表象出来,为了能够同时既拒绝享受又拒绝占有,我就必须能够给出我所占有之物。唯有如此我才能绝对地从我对非我的投入中超拔出来。但是为此,我又必须遇到那对我进行质疑的**他人**之泄露性的(indiscret)面容,**他人**——绝对他者——使我的占有陷于瘫痪,他借助其在面容中的临显对我的占有提出异议。他只是因为接近我,不是从外部而是从高处接近我,他才能对我的占有提出异议。如果不消灭这种**他者**,同一就不能征服它。但是,这种谋杀之否定所不可跨越的无限恰恰凭借这一高度宣告出自己;于此高度上,**他人**在进行这种谋杀的伦理的不可能性中具体地来到我这里。我欢迎那打开我的家、并由此出现在我家中的他人。 146

对自我的质疑与**他人**在面容中的显示具有相同的外延——我们将这种质疑称为语言。语言所来自的那一高度,我们以教导一词名之。苏格拉底式的助产术曾经压倒过那种通过侵犯或诱导(二者是一回事)一个心灵而把观念引入这个心灵的教育。这种助产术并不排除那作为**老师**面容中的高度的无限这一维度本身之敞开。这一来自(河的)另一岸的声音所教导的乃是超越本身。教导意味着外在性之全然无限。而外在性之全然无限并不是首先产生出来,以便随后进行教导——教导乃是外在性的全然无限之产生本身。最初的教导所教的是这种等于其外在性的高度本身,是伦理。借着这种与外在性之无限或高度之无限的往来(commerce),那直接冲动的素朴性,那就像一种一往无前的力量那样运行着的存在者的素朴性,为其素朴性而感到羞愧。它把自己揭示为一种暴力,但由此,它便处在一种新的维度中。与无限之他异性的往来,并不像一种意见那样使人受伤。它并不以一种对于哲学家来说无法容忍的方式限制精神。限制只有在一总体中才产生,而与**他人**的关系却突破总体的界限。这种关系在根本上是和平的。**他者**并不像一个其他的、但又与我的自由相似并因此与之敌对的自由那样与我对立。**他人**并不是一个与我的自由同样任意的自由,否则他就会立刻跨过那使我与之分离开的无限,从而进入同一个概念之下。他人的他异性显示在一种支配性(maîtrise)中,这种支配性并不进行征服而是进行教导。教导并不是被称为统治的属中的一个种,并不是一种在总体中起作用的霸权,而是炸毁总体之封闭圆圈的无限之在场。

从那本质上是道德的与**他人**的关系中,表象获取其相对于那滋养着它的世界的自由。道德并不是被添加到自我的各种担心之上,以便对这些担心进行规整或对它们进行判断的——道德对自我本身进行质疑,并与之保持一定距离。表象并不是在被呈交给我的暴力、然而在经验上逃脱了我的力量的事物之在场中开始的,而是在我对这种暴力进行质疑的可能性中开始的,在一种凭借与无限之往来或凭借社会关联而发生的可能性中开始的。

与**他者**之间的这种没有疆界的或没有任何否定性的和平关系,在语言中产生。语言并不属于那些能在形式逻辑结构中显露出来的关系:它是穿过一段距离的接触,是与那不被触摸者的关联,是穿过一段虚空的关联。语言处于绝对欲望的维度中;凭借这种欲望,**同一**位于和一个他者的关联之中,此他者并不是**同一**当初所单纯丧失之物。接触或观看不是作为率直的典型姿态而突出自身。**他人**自始至终都不是我们所掌握者或我们所主题化者。但是,真理既不在观看(voir)中,也不在掌握(saisir)中——观看与掌握乃是享受、感性与占有的模式。真理是在超越中,在超越这里,绝对的外在性通过表达自身呈现自身;绝对的外在性是在这样一种运动中表达自身:这种运动就在于每时每刻都重新接纳和破解外在性所发出的符号本身。

但是,面容的超越并不在世界之外上演,似乎分离借以产生的家政要比对于**他人**的某种有福的观照(contemplation)低一等。(这种观照因此就会转变成偶像崇拜,后者隐藏在所有的观照之中)。对作为面容的面容的"视见"⑯是在家中逗留的某种方式,或者,为了以一种不那

---

⑯ 参见"前言"第 XI 页对"视见"的注释。当列维纳斯把"vision"放在引号中使用时,似乎特指对作为面容的面容"观看",亦即与他人的直接的面对面,故这种语境下我们译为"视见";而一般情况下译为"观看"。——中译注

么独特的方式说,是家政生活的某种形式。任何人类性的关系或人与人之间的关系都不会在家政之外上演,任何面容都不能以空空的双手或紧闭的家门去接近;在向**他人**敞开的家中的聚集——好客——乃是人类性的聚集与分离之具体的和最初的事实,这一事实与对绝对超越的**他人**的**欲望**是一致的。被选择的家是根的根本对立物。家指示着一种脱离,一种已经使家得以可能的漂泊,这种漂泊并不是一种相对定居而言的较少,而是与他人的关系的一种盈余或形而上学的一种盈余。

但是,分离的存在者可以将自己封闭在其自我主义中,就是说,封闭在其隔离的实现本身之中。而这种可能性,即遗忘**他人**之超越的可能性——把全部的好客(亦即全部的语言)从其家中驱逐出去而不受惩罚的可能性,把那只是允许**自我**封闭在其自身中的超越的关系从其家中驱逐出去的可能性——证明着分离的绝对真理和激进主义。分离并不仅仅以辩证的方式作为其反面而成为超越的相关项。分离将自身实现为一种积极的事件。与无限的关系,作为在其居所中被聚集的存在者的一种别样的可能性而持续存在。家之向**他人**敞开的可能性,与封闭的门窗一样,对于家的本质来说都是本质性的。如果封闭在家这一可能性并不能作为自在的事件不带任何内在矛盾地产生(如果它应当只是一种经验的、心理学的事实,只是一种幻觉),就像非神论本身的产生那样,那么分离就不可能是彻底的。古各斯的戒指象征着分离。古各斯脚踏两只船,在向其他人显现与消失之间不断变换,在向"其他人"说话同时又逃避说话。古各斯是人的条件本身,是非正义和彻底的自我主义的可能性,是接受游戏规则、但又进行欺骗的可能性。

当前这一工作的全部展开,都是努力摆脱下述设想:这一设想试图在一种两义性的条件下把受对立符号影响的诸生存事件重新统一起来;这一条件会单独具有一种存在论的尊严,而进入此方向或彼方向的诸事件本身则一直会是经验性的,在存在论上没有表达出任何新东西。这里采用的方法的确就在于寻找诸经验处境的条件,但是这一条件把一种存在论的角色——这一角色把根本的可能性的意义、在这一条件中不可见的意义明确化了——留给了起制约作用的可能性于其中实现出来的那些所谓经验性的展开,留给了具体化。

与他人的关系并不在世界之外产生,但却对被拥有的世界进行质疑。与他人的关系,超越,就在于向着他人言说世界。但是语言实现出了原初的共同掌握⑰,后者则参照占有并预设家政。从语言位于其中的伦理的角度看,一件事物从那使它脱离此时此地(*hic et nunc*)的语词中所获得的普遍性,丧失了它的神秘。此时此地本身起始于占有,在占有中,事物被掌握;而那把事物指示给他者的语言,则是原初的解占有(**剥夺**,dépossession),是最初的赠予。语词的一般性创建出一个共同的世界。构成一般化之基础的伦理事件,是语言的深层意向。与他人的关联,不仅激起、引起一般化,不仅为一般化提供机会和场合(从没有人怀疑这一点),而且它就是这种一般化本身。一般化是一种普遍化——不过,普遍化并不是感性事物进入理念的一块 *no man's land*(无人之地)的入口,并不像一种徒劳的放弃那样单纯是否定性的,而是把世界呈交给他人。超越并不是对**他人**的一种观看——而是一种原初的赠予。

语言并不是把在我之中先行存在的表象外在化——它使一个直到那时还是我的世界成为共有。语言实现出事物向一种新的以太的进入,在这一新的以太中,事物获得名字、变为概念;语言是位于劳动之上的最初的行动,是没有行动的行动,即使说话包含有劳动的努力,即使语言作为肉身化的思想把我们嵌入世界之中、嵌入所有行动的各种危险与风险之中。语言立即使这种劳动成为呈交,且每时每刻都凭借着这种呈交之慷慨而超出这种劳动。对语言的各种分析都倾向于把语言展现为其他行动中的一种富有意义的行动,这些分析都没有认识到这种对世界的呈交、这种对内容的呈交;这种呈交回应着他人的面容或向他提问,只是这种呈交才打开意义之物的景象。

对面容的"视见"并不与语言所是的这种呈交分离。视见面容,就是言说世界。超越并不是一种看法(optique),而是最初的伦理姿态。

---

⑰ "共同掌握"的原文是"la mise en commun"。——中译注

第五章 现象世界与表达

第一节 分离是一种家政

在肯定分离时,我们并没有把空间间隔这样的经验性形象转移到抽象的表达中,这种空间间隔凭借那把其端点分离开的空间本身又把这些端点重新结合在一起了。分离必须在这种形式主义之外显露出来,亦即必须作为不与其对立面相等同的事件,既然它是产生出来的。分离、不与总体联系在一起,从肯定方面说这就是在某处,就是在家中,就是以家政的方式存在。"在某处"与家把自我主义、把分离产生于其中的那种原初的存在方式明确化了。自我主义——是一种存在论事件、一种实际的分裂,而非一种梦想,一种在存在的表面流动且可被人们作为阴影加以忽略的梦想。总体的分裂,只有通过自我主义的颤动才能产生;这种自我主义既非幻觉也非隶属于——无论以何种方式——它所分裂的总体。自我主义是生活:享用⋯⋯,或享受。享受耽于元素,后者满足它,但也使它转入"无何有之乡"并威胁它——如此这般的享受从元素中抽身而出,退入居所之中。如此多相反的运动——在元素中的沉醉(它轻启内在性)、在大地上的逗留(它幸福又穷乏)、时间与意识(它们松开存在的钳制又确保对世界的掌控)——在人的身体性存在中重新结合;这种身体性存在是裸露与匮乏,它们展露给忽冷忽热的匿名的外在性,但身体性存在也是于居家内在性中的聚集收敛,并且因此是劳动与占有。劳作中的占有把那首先作为他者而呈交出来的事物还原为同一。家政的实存(完全作为动物性的实存)使需要之无限延展得以可能,尽管如此,家政的实存仍保持在同一之中。它的运动是向心性的(centripète)。

但是,作品难道没有把这种内在性向外部显示出来吗?作品难道没有穿透这种分离的外壳吗?行动、姿态、样式、使用和制造的对象,它们难道没有报道出它们的作者吗?但是当然,只有当它们穿上了那在作品之外建立起来的语言含义的外衣。仅仅通过作品,自我并不能到达外部;它从作品中抽身而退或凝固在作品中,似乎它并不向他人诉求也不回应他人,而是在它自己的活动中寻求舒适、惬意和睡眠。活动在质料中所留下的意义的线条立刻充满歧义,似乎行动在追求其目的之际毫不在意外在性,是无所关注的。在着手进行我所欲之事时,我实现了如此多我并不想要的事情——劳动耗尽,作品浮出。工人并不能控制其劳动的所有方面。他凭借一些在某种意义上已经失败的行动外化自己。如果他的作品提供出了一些符号,那么它们必须能无须他的帮助而被解读。如果他参与这种解读,那么他就在说话。因此劳动的产品并不是一种不可让渡的占有物,它可以被他人侵占。作品具有一种独立于我的命运,它们被整合进一种由作品组成的整体中:它们可以被交换,就是说,被置入金钱的匿名性中。整合进一个家政的世界,这并不涉及作品所源出的那种内在性。这种内在生活并不像一时的激情那样转瞬即逝,但是它也不能在我们于家政中归于它的那种实存中得到辨认。它在人对**国家**之专制的意识中得到证明。**国家**唤醒人们去追求自由,它又立即侵犯这种自由。通过诸作品而实现其本质的**国家**,逐渐变得专制并因此证明我在这样一些作品中的缺席:它们穿过家政的必然性作为陌生者返回到我里。从作品出发,我就只是被推演出来,并已经遭到了误解、背叛而非表达。

我借助他人的作品接近他人,但是我也没有因此更多地打破分离的外壳;他人的作品就像是我的作品一样,它们被提交给家政生活的匿名领域,在这个领域中我始终是自我主义的、分离的,并借助劳动与占有,在多样性中同一化着我之作为**同一**的同一性。他人有所示意,但并不呈现自己。作品象征着他人。生活和劳动的象征体系(**符号体系**, le symbolisme),在弗洛伊德曾于我们所有有意识的显示中和梦中揭示出来的那种极其独特的意义上象征着他人;这一意义是任何符号的本质,是其原初的定义;符号只是通过隐藏才进行揭示。在这个意义上,符号构造并保护着我的内部性。凭借其生活和作品进行表达,这恰恰是拒绝表达。劳动始终是家政性的。它来自于家并返回到家中,它是一种奥德赛式的运动,其中,在世界中追求的冒险只是返回的偶然事件。当然,以某种绝对的方式,对象征(**符号**,symbole)①的阐释可以引向一个被猜测的意图,但是我们如此进入这个内在世界就像是非法入侵,并没有消除不在场。不在场,单单话语——但是摆脱了它作为语言学产品的不透明——就可以使它终结。

第二节 作品与表达

事物将自身显示为对一个问题的回答,这个问题就是 *quid*?(什么?)的问题,它相对于这个问题具有一种意义。这个问题在寻找一个名词和一个形容词——二者不可分离。与这一寻求相符的,是一种或者感性的或者理智的内容,是一种概念的"统握"("**理解**",compréhension)。作品的作者如果是从作品出发而被接近,他就将只是作为内容而被呈现出来。这一内容不会脱离诸作品本身被整合其中的那一语境、那一系统,它以其在系统中的位置来回答那一问题。追问什么,就是追问作为什么:而这并不是把显示当作显示本身。

但是,那追问本质(la quiddité)的问题被向某人提出。而那应当回答之人则早已呈现出自身,因为他由此回答了一个在所有寻找本质的问题之先的问题。实际上,"这是谁?"并不是一个问题,并不为知识所满足。问题向之提出的那个人,已经呈现出他自身,他并不是一个内容。他把自己作为面容呈现出来。面容并不是本质的一种模态,不是

---

① "象征"的原文是"symbole",从上下文看,列维纳斯也是在"符号"(signe)的意义上使用该词,有时甚至把它与符号交替使用。在这个意义上,我们也可以把"symbole"译为"符号",甚至这样译可能更好。但考虑到列维纳斯似乎是用这个词特指人的"作品"这一类不说话不表达,而是通过隐藏进行揭示的符号,并不含括语言符号;而且,他有时又把"symbole"和"signe"两个词放到一起同时使用,所以我们还是将之译为"象征",以示区别。——中译注

对一个问题的回答,而是那在所有问题之先者的相关项。那在所有问题之先者,并不复是一个问题,也不是一种先天拥有的知识,而是**欲望**。在形而上学中,**欲望**相关的那个谁,问题向之提出的那个谁,是一个与本质、存在、存在者和诸范畴同样根本和普遍的"概念"。

当然,谁往往是一个什么。人们问"某某先生是谁",人们回答说:"他是行政法院院长"或"他是某某先生"。回答将自己作为本质呈交出来,它以一个关系系统为参照。谁的问题由一个存在者的不可定性的呈现(**在场**,la présence)予以回答,这个存在者把自己呈现出来而不参照任何事物,然而,他也有别于任何其他存在者。谁的问题指向一副面容。面容的概念不同于任何被表象的内容。如果谁的问题不是在与什么的问题同样的意义上进行提问,那么这是因为在这里人们所要的(答案)与所问及的(人)是一致的。瞄向面容,就是把谁的问题向这个就是对此问题之回答的面容本身提出来。回答者与所回答者一致。面容,卓越的表达,形成最初的话:它是在其符号之顶端浮现出来的能指,一如凝视着你们的双眼。

活动中的谁并没有在活动中被表达出来,没有被呈现出来,没有在其显示中出席,而是仅仅被一个符号系统中的某个符号所意指,就是说,是作为这样一个存在者,它恰恰是作为在其显示中的缺席(**不在场**)而显示自己:一种在存在之缺席中的显示——一种现象。当人们从作品出发理解一个人时,这个人就是被无意中知晓而不是被理解。他的生活和劳动给他戴上了面具。(作为)象征,它们求助于阐释。这里所涉及的现象性,并非简单意味着一种知识的相对性;而是意味着一种存在方式,在这种方式中,没有什么是终极的,一切都是符号,都是在其呈现(**在场**)中缺席(**不在场**)的呈现者(**在场者**),在此意义上,一切都是梦。一旦拥有外在性,那并非是事物之外在性的外在性——象征体系便消失了,存在秩序便开始了,天也亮了,从此白昼永恒,再也无须新的破晓。那为内在实存所缺乏者,并非一种将其内在性和象征体系这样的歧义性加以延长、放大的最高级的存在者,而是一种维度(ordre),在这一维度中,所有象征体系都被这样一些存在者破解了:它们绝对地呈现出自己——它们表达自己。**同一**并不是**绝对**;那在其作品中表达自己的**同一**的实在,乃是在其作品中的缺席;在其家政性的实存中,**同一**的实在并不完整。

只有通过接近**他人**,我才出席到我自身之中。这并不是说,我的实存在他者的思想中被构造起来。一种比如反映在他者之思想中的所谓客观的实存,我借之而被纳入普遍性、**国家**、历史、总体中的那种客观的实存,并没有表达出我,而是恰恰遮蔽了我。我所欢迎的面容,使我在另外一个意义上从现象转到存在:在话语中,我向**他人**的讯问展露自己,而这种回应的急迫——当前的紧急性——为了责任(**应承**,responsabilité)而把我召唤出来;作为能负责者(**能回应者**,responsable),我被引向我最终的实在。这种极端的关注并不是对曾经是潜在的东西的实现,因为如果没有**他者**这种关注就是不可想象的。关注,意味着一种意识的盈余,这种盈余预设了**他者**的呼唤。关注,就是承认**他者**的支配性,就是接受他的命令,或者更严格地说,就是从他那里接受去命令的命令。当我在我的最终的实在中寻找我时,我的实存作为"自在之物"就是以无限观念在我之中的呈现开始的。但是这种关联已经在于服侍他人。

死亡并不是这一主人。它总在未来,始终未知;它引发害怕,或使人逃避责任。然而尽管有它,人们却勇气永在。勇气在其他地方有其理想,勇气使我投入生活。死亡,作为所有神秘之源,只在他人那里呈现;并且只有在他人那里,它才紧急地把我唤往我的最终的本质,唤往我的责任。

要想使满足状态的总体性暴露出其现象性及其对于绝对而言的不相即性,那么以不满足状态来取代满足状态就还并不足够。作为一种处于需要之中、期待着其满足的匮乏,不满足状态仍然处于总体的境域之中。这就是一种底层的无产阶级,它只会垂涎于资产阶级内部的舒适惬意及其附庸风雅的世界。当一种并没有进入那被满足或受阻碍的需要之虚空中的外在性突然来到时,满足状态的总体就显露出它自己的现象性。当这种外在性——它与需要不可公度——凭借这一不可公度性本身打破内在性时,满足状态的总体就暴露出它的现象性。于是内在性就将自己揭示为不足的,而这种不足却并不意味着由这种外在性强加的任意一种限制；这种内在性的不足也并不立即转化为那些需要，它们预感到其满足会发生或饱受其匮乏之苦；被打破的内在性也并没有在需要所勾勒出的那些境域中被重新缝合在一起。因此，这样一种外在性就揭露出分离开的存在者的不足，但这是一种没有可能满足的不足。不只是事实上没有满足，而且是处于所有满足或不满足的视角之外。因此外在性，与需要不同，就会揭露出一种不足，这种不足充满着这种不足本身而非希望；就会揭露出一段比接触更宝贵的距离，一种比占有更宝贵的非占有，一种不是由面包而是由饥饿本身滋养的饥饿。这并不是某种浪漫的梦幻，而是那从这项研究一开始就作为**欲望**而确立起来的东西。**欲望**并不符合未被满足的需要，它处于满足与不满足的彼岸。与**他人**的关系，或无限观念，实现出这种欲望。每一个人都能在对**他人**的奇怪欲望中经历这种**欲望**；这种对他人的奇怪欲望，没有任何快感可以使其臻于顶峰、使其终结或使其入睡。多亏这种关系，那从元素中抽身而出、并于家中聚集自身的人们，方得把世界表象给自己。因为有它，有在**他人**面前的在场，人才不会让自己被其作为生物者而具有的辉煌的胜利所欺骗，并且人才能——不同于动物——认识到存在与现象之间的差异，才能承认他的现象性、他的充实中的缺乏，那不可转化为需要的缺乏；这种处在充实与虚空之彼岸的缺乏并不能被填满。

第三节　现象与存在

外在性的临显暴露出分离的存在者的那种至高无上的内在性所具有的缺乏，这样的临显并不把内在性作为受他者限制的一个部分置于总体之中。我们进入**欲望**的领地，进入一些关系的领地，这些关系不可还原为对总体进行统治的那些关系。自由的内在性与那应当会限制它的外在性之间的矛盾，在向教导开放的人那里达成和解。

教导是一种话语，在这种话语中，老师可以把学生还不知道的东西教给他。教导并不是像助产术那样运作，而是持续地把无限观念置入我之中。无限观念以这样一种灵魂为前提：这种灵魂有能力包含比它可从自身中引出的东西更多的东西。它指示着一种有能力与外在发生关系的内在的存在者,并且这种存在者并不把其内在性当作存在的总体。我们当前的全部工作都仅在于努力按照这一先于苏格拉底式秩序的笛卡尔式秩序来呈现精神性的事物(le spirituel)。因为,苏格拉底的对话已经预设了对话语做出裁决、并因此已经接受了话语规则的存在者;而教导则引向这样一种逻辑话语:它没有修辞,不带奉承和引诱,因此也没有暴力,而是维护着那接受者的内在性。

保持在内在性中、确保其分离的享受之人,可以忽视其现象性。这种忽视的可能性并不意味着一种较低程度的意识,而是分离的代价本身。分离作为参与的破裂,曾经是从**无限观念**中推演出来的。因此它也是一种横跨在这种分离之不可填补的深渊之上的关系。如果分离必须用享受和家政来描述,这是因为人的主权无论如何都不是与**他人**关系的简单颠倒。分离并不被还原为关系的简单对称物,与此同时与**他人**的**关系**也并不与被呈交给客体化思想的那些关系具有相同的地位,在那些关系中,端项之间的区别又反映着它们的统一。在**自我**与**他人**的关系中并没有形式逻辑在所有(其他)关系里面所发现的那种结构。这种关系的端项始终从这种关系中脱离出来,尽管有它们处于其中的这种关系。与**他人**的关系是这样的关系:在这里,形式逻辑的崩塌可以突然发生,这种关系是唯一的。但是这样一来,我们也就理解了那苛求分离的无限观念对分离的苛求何以到了非神论的地步;这种分离是如此深邃,以致无限观念都能被遗忘。对超越的遗忘并不是作为分离的存在者中的一种偶然而发生,这种遗忘的可能性对于分离来说是必然的。在对关系的恢复中,距离与内在性一直完整无损;而当灵魂在教导的奇迹中敞开自己时,教导的传递性不多不少正好是本真的(authentique),正如老师和学生的自由一样,即使分离的存在者因此离开家政的和劳动的层面。

我们已经说过,分离的存在者于其中被发现而又并没有表达自己、显现但又缺席其显现的这个瞬间,与现象的意义非常确切地相应。现象,就是显现但又保持缺席的存在者。它并不是外表(apparence),而是缺乏实在性的实在性,仍然无限远离其存在的实在性。人们在某人的作品中猜测其意图,但是对他进行缺席审判。存在者没有前来援助它自己(就像柏拉图就书写话语所说的那样),对话者没有出席到他自己的启示之中。人们进入了他的内部,但是是在他缺席的情况下。他就像一个留下石斧和图画却没有留下言辞的史前人那样被理解。一切都是如此发生,似乎说话,那进行撒谎和隐藏的说话,对于诉讼以及为了澄清残卷与物证都是绝对不可缺少的;似乎单单说话就可以帮助法官,可以使被告出席;似乎只要凭借说话,那在沉默和模糊中进行象征的象征符号的相互竞争着的多种可能性就可以被裁定,就可以使真理诞生。存在是一个人们在其中言说并言说着它的世界。社会是存在的在场(**呈现**, présence)。

存在、自在之物,并不是相对于现象的隐藏者。它的在场在它的言辞中呈现出来。假定自在之物是隐藏的,就等于认为它是与现象相对的、现象是其外表的那种东西。解蔽的真理最多是隐藏在外表之下的现象的真理。自在之物的真理并不被解蔽。自在之物表达自己。表达显示出存在的呈现(**在场**),却不是通过简单地揭开现象之面纱的方式。表达由其自身而来,它是面容的呈现(**在场**),并因此是呼唤与教导,是与我之关系——伦理关系——的开始。表达尤其不是通过从符号向所指的回溯来显示存在的呈现(**在场**)。表达呈现出表示者(**意指者**, le signifiant)。表示者(**意指者**),那给出符号者——并不是所指。为了符号能够作为符号显现出来,人们必须已经处于表示者(**意指者**)所组成的社会中。表示者因此必须在任何符号之前就凭借他本身呈现出自己——呈现出面容。

实际上,说话(**言辞**)是一种无与伦比的显示:它实现的并不是从符号出发、到意指者(**表示者**, le signifiant)和所指那里去的运动。它通过使表示者出席(assister)到这种对所指的显示,而解放出所有符号在其打开通往所指的通道时都锁闭的东西。这种出席衡量着被说出的语言比被写下的、重新变为符号的语言所多出来的那种盈余。符号是沉默的语言,是被阻止的语言。语言并不把象征组成系统,而是对象征进行解码。但是,在**他人**的这种原初显示已经发生的意义上,在一个存在者已经呈现出自己、已经对自己施以援手的意义上,所有不同于口头符号(les signes verbaux)的符号都可以充当语言。相反,说话(**言辞**)本身却并不总是找到那应当保留给说话(**言辞**)的欢迎。因为它包含一些非言辞的因素(la non-parole),并能像用具、衣服和姿态那样进行表达。通过表达方式和风格,说话(**言辞**)就像活动与产品那样进行表示。它之于纯粹的说话(**言辞**),就如提供给笔迹学家的文字之于提供给读者的书写表达。作为活动的说话进行表示就像家具和用具那样进行表示。它并没有四目相对所具有的完全透明,也没有处于任何说话之根基处的面对面所具有的那种绝对的坦率。我缺席我的说话—活动,就好像我不在我所有的产品中那样。但是,我是这种一再更新的解码之永不干涸的源泉。这种更新恰恰是在场,或我出席到我本身之中。

只要人的实存一直是内在性,它就始终保持为现象性的。一个存在者借之而为另一个存在者实存的语言,是他以一种多于其内在实存的实存而去实存的唯一可能性。与所有那些显示着一个人的工作与劳动相对而言,语言包含着一种盈余,这种盈余衡量着生者与死者之间的间距;而死者又是唯一能为历史——历史在死者的作品与遗产中客观地通达他——所承认者。在封闭在其内在性中的主体性与在历史中被误解的主体性之间,有说话着的主体性出席其中。

从现象性实存所具有的符号与象征的世界出发向单义的存在的返回,并不等于被整合进一个全体,诸如智性对全体的构想或政治对全体的创建。在这个大全中,分离存在者的独立性将被遗失、误认、压制。向外在存在的返回,向单义意义——这种意义不隐藏任何其他意义——上的存在的返回,就是进入到面对面的率直之中。这并不是一种反射游戏,而是我的责任(**应承**),就是说,是一种已经赋有义务的实存。这种责任把一个存在者的重心置于这一存在者之外。对现象性的或内在的实存之越出,并不在于接受**他人**的承认,而在于把其存在呈交给他人。自在地存在,就是表达,就是说,已经去侍奉他人。表达的基础是善良。据其自身地(καθαὐτό)存在——就是成为善。

第三部分
面容与外在性

第一章　面容与感性

面容难道不被呈交给观看吗？作为面容的临显，何以标志着一种与刻画着我们一切感性经验的关联不同的关联？

意向性观念从那种所谓纯粹质的和主观的、与一切客观化无关的状态那里剥夺掉了具体材料的特征；由此，意向性观念便已危及了感觉的观念。古典的分析已经从一种心理学的视角出发展示出了感觉的被构造特征——可由内省把握的感觉已经是一种知觉。我们总是会处于万物之中：颜色总是有广延的和对象性的，总是一条裙子、一块草地、一面墙的颜色；声音，总是(比如)急驰而过的汽车的噪音，或说话人的语声。事实上，没有什么心理学的因素会与对感觉的生理学定义的单纯性相符。感觉作为在空气中或我们灵魂中漂浮着的单纯的质，代表一种抽象，因为，由于没有与之相关的对象，质不会具有质的含义，除非在一种相对的意义上才有：把一幅画翻过来，我们(才)可以看到着色对象的作为自在颜色的颜色(但实际上它们已经是承载着它们的布料的颜色了)。除非颜色的纯粹审美效果就在于对于对象的摆脱(否则没有作为自在颜色的颜色)，但是这样一来感觉就将会是一个漫长的思考过程的结果。

这种对感觉的批判没有认识到感性生活在其中被体验为享受的那一层面。这种生活模式不应当根据客观化进行解释。感性(la sensibilité)不是一种寻找着自身的对象化活动。实质上已被满足的享受，标志着所有那些感觉的特征：这些感觉的表象性内容(le contenu représentatif)消解在它们的感受性内容(le contenu affectif)中。表象性内容与感受性内容之间的区分本身，就是承认享受赋有一种不同于感知动力的动力。但是，在我们已经放眼四顾或尽情倾听之时，并且由经验揭示的对象又沉溺在纯粹感觉——人们在这种纯粹感觉中就像沐浴和生活在无所凭依的质中一般——的享受(或痛苦)中时,那么即使是在视觉和听觉的领域中,我们也可以谈论享受或感觉。这在某种程度上恢复了感觉概念的地位。换言之,当我们在它之中看到的不是客观性质的主观对应物而是一种享受,而这种享受又是"先于"意识在主体和对象中的凝固,即我与非我,那么这时,感觉就重新找到了一种"现实性"。这种凝固并不是作为享受的最终目的而发生,而是作为意识变化的一个环节而发生,这一意识变化要根据享受加以解释。不是把感觉视为用来填充对象性之先天形式的内容,相反,必须要在它们身上认识到一种独特的先验功能(对于每一种有其自身方式的质方面的特性来说都是如此);非我的先天形式结构,它们并不必然是①对象性之结构。感觉主义者一直在感觉中寻找着这种"既无支撑也无广延的质";每一种恰好被还原为这种质的感觉的特性,都指示着一种结构,这种结构并不必然被还原为一个具有各种质的对象的图式。诸感官具有一种意义,这种意义并不被预先规定为对象化。正是由于已经在感性中忽略掉了该词在康德意义上的这种纯粹感性功能,以及关于经验"内容"的全部"先验感性论",我们才被引导在一种单义的意义上把非我确定为对象的对象性。事实上,我们为视觉的质与触觉的质保留了一种先验功能,而对于那些来自于其他感官的质,则只为它们留下形容词的角色,这些形容词黏附在可见的与所触的且与劳动和家密不可分的对象之上。解蔽的、去蔽的与显现着的对象作为现象——乃可见或被触的对象。在解释其对象性时,其他感觉并不参与其中。总是与其自身保持同一的客观性,会处在观看的视野内或触摸着的手的运动中。正如海德格尔在圣奥古斯丁之后所指出的那样,我们把观看这一术语不加区别地使用到所有经验上,甚至当它涉及不同于视觉的其他感官

---

① "非我的先天形式结构,它们并不必然是……"的原文是"structures formelles a priori du non-moi ne sont pas nécessairement…"。德译本"译者附录"中的"法文版勘误"将此句订正为"structures formelles a priori du non-moi, elles ne sont pas nécessairement…"。(参见德译本第449页)。此处据该勘误译出。——中译注

时。我们也在这一优先的意义上使用掌握(le saisir)一词。观念和概念完全与经验一致。这种从观看与触摸出发对经验的解释,并非由于偶然,因此可以在文明中充分发展。毋庸置辩,对象化优先在注视中进行。并不确定的是,注视的那种为一切经验赋形的倾向是否毫无歧义地被铭刻在存在之中。必定会有一种关于作为享受的感觉的现象学,一种对可以称作感觉的先验功能的东西的研究;这种感觉的先验功能并不必然通向对象,也不必然通向一个对象(如其单纯被看到的那样)的质上的详细规定。《纯粹理性批判》揭示出了精神的先验活动,借此,它使人们熟悉了一种并不通向对象的精神活动的观念——即使在康德哲学中,这一革命性观念由于上述活动构成了对象的条件而有所减弱。一种关于感觉的先验现象学会为向感觉这个术语的返回进行辩护,同时刻划出质的那种与它自己相符的先验功能。古代对于感觉的理解——不过在这种理解中,主体之为对象所感总是发挥着某种作用——曾比现代人的素朴实在论的语言更容易使人想起这种功能。我们曾经坚持,享受——它并不处于客观化与观看的图式之中——并没有在对可见对象的定性(qualification)中穷尽自己的意义。我们前面一部分的所有分析都一直受这一确信的引导。它们也受到下述观念的指引,即表象并不单独是注视的产物,而且也是语言的产物。但是为了区分注视与语言,也就是说区分注视与语言所预设的对于面容的接受,就必须要进一步分析观看(视觉,vision)的优先性。

观看,正如柏拉图曾经说过的那样,在眼睛与事物之外还设定了光。眼睛看到的不是光,而是处于光中的事物。因此观看是与这样一个"某物"的关系:该物置身于与那并非一个"某物"的东西的关联之中。就我们于无中遇到物而言,我们处于光中。光驱散黑暗,使物显现;光把空间清空。它恰恰使空间作为虚空浮现。就触摸着的手的运动穿越空间之"无"而言,触摸与观看相似。然而,观看具有超出于触摸之上的优先地位:它把对象保持在这一虚空中,并且总是从这一虚无出发接受对象,一如从一个本原出发那样;而在触摸那里,虚无则是向着触摸的自由运动显示自身。因此对于观看与触摸来说,一个存在者就像是从虚无中到来,而观看与触摸在传统哲学中的威望恰恰就在这里。因此,这种从虚空中来就是从它们的本原而来——经验的这种"敞开(状态)"或这种对敞开(状态)的经验——解释了客观性的优先性,以及后者的这样一种要求:要与存在者之存在本身一致。从亚里士多德到海德格尔,我们一再发现这种观看的图式。与个体之物的关系,建立在并不实存的普遍性之光中。在海德格尔那里,一般说来,为了某物能显示自己,一种向并非一个存在者也不是一个"某物"的存在的敞开是必需的。在存在者存在这个可以说是形式的事实中,在存在者之存在的劳作或运作中——在存在者的独立本身中,寄居着存在者的可理解性。如此,观看的诸环节(les articulations)就显现出来了;在观看中,主体与对象的关联隶属于对象与敞开之虚空的关联,而虚空自己并不是对象。对存在者的理解正在于超逾存在者而走进这种敞开者之中。统握(**理解**,comprendre)个别的存在者,就是从一个它并没有填满的、被照亮的位置出发去掌握(saisir)住它。

但是,这种空间性的虚空,难道不是一个"某物",即一切经验的形式、几何学的对象?它难道不是自身也被看到的某物?事实上,为了看到一条线,就必须要画出一道轨迹。不管具有怎样的通往极限的含义,直观几何学的概念仍将以被看到的物为基础而突出自身:线是一个物的边,平面则是一个对象的表面。几何学的概念是以某物为基础突出自身。(它们是)试验性的"概念",不是因为它们与理性相抵触,而是因为只有以物为基础它们才能变成注视的对象:它们是事物的边界。但是,被照亮的空间却包含着这些边界的逐渐减弱直至虚无,包含着它们的消逝。就其自身来看,被照亮的空间,那被充满着它的黑暗的光所清空的空间,乃是无。这个虚空当然不等于绝对的虚无,穿过它并不等于就是超越。但是,尽管虚空的空间有别于虚无,尽管它所打开的距离并没有为穿越它的运动可能会提出的对超越的要求进行辩护,它的"充实性"也绝没有使它返回到对象的地位上。这种"充实性"属于另外的秩序。光从空间中驱走黑暗;如果光在这样的空间中所打开的虚空并不等于虚无,那么甚至在所有个别对象的不在场中,也仍然有(il y a)这种虚空本身。它的存在并不是由于词语游戏的作用。对一切可形容之物的否定,让非人格的有又重新浮现出来。它在一切否定之后仍完好如初,并且完全不受否定程度的影响。无限空间的沉默令人害怕。这种有的蔓延与任何表象都不相符;我们在其他地方曾描述过它的眩晕。元素的元素性本质,伴随着它由之而来的神秘的无面状态(le sans-visage),正具有这种眩晕的性质。

光在驱逐黑暗时,并不中止有之持续不断的作用。光所产生的虚空始终是不定的稠密。这种稠密并不能在话语之先凭其自身而有意义,而且也还没有克服神秘诸神的返回。但是,在光中的观看却恰恰是这样一种可能性:遗忘对这种无休止的返回和这种 apeiron(无定性)的恐惧的可能性,在这种是虚空的虚无的外观面前保持自己的可能性,接近那些就像在其本原处、就像从虚无而来的对象的可能性。这种从对有的恐惧中的突围,表现在享受的满足中。空间的虚空并不是那绝对外在的存在可以从中浮现出来的绝对间隔。这种虚空是享受和分离的一种模态。

被照亮的空间并非绝对的间隔。观看与触摸之间的连接,表象与劳动之间的连接,一直是本质性的。观看变为把握(prise)。观看通向一片远景,通向视域,画出一段可穿过的距离,邀请着手前来穿越和接触,并确保它们能够进行。苏格拉底曾嘲笑格老孔,后者想把对星空的观看看作是对高度的经验。对象的形式召唤着手,召唤着把握。通过手,对象最终被包括进来了,被触及,被把握,被拥有,被与其他对象关联起来,并且通过与其他对象的关联而具有一种含义的外衣。虚空的空间是这种关联的条件。它不是视域的缺口。观看不是一种超越。它通过它使之可能的关系而赋予含义(signification)。它没有打开任何超越于同一之外而会是绝对不同的、也就是说自在的东西。光制约着所予物之间的关联——它使得彼此并排的诸对象的含义得以可能。它不允许迎面接近它们。在直观这个词的非常宽泛的意义上,它并不与关系的思想相对立。它已经是关联,既然它是观看;它隐约看见空间,事物正是通过空间而相互移动。空间并没有(把事物)摆渡到彼岸,而只是为事物在**同一**中的横向的含义②保证条件。

观看,因此就总是在视域中观看。在视域中进行掌握的观看遇不到一个从一切存在之彼岸而来的存在者。作为对有的遗忘的观看,要归功于本质性的满足,归功于感性之愉悦,归功于享受,归功于对不牵挂无限的有限之满意。在逃避于观看之际,意识又回到了它自身。但是,光难道不是在另外的意义上也是自身的本原?作为光的源泉的本原——在这种源泉中它的存在与显现一致?作为火与太阳的本原?当然在这里有与绝对之全部关系的比喻。但这只是一个比喻。光作为太阳也是对象。如果在白昼的观看中,光使观看产生而并不被看到的话,那么夜间的光就作为光之源泉而被看到。在对光亮的观看中,光与对象结合在一起。感性之光作为视觉上的所与物和其他的所与物并无区别,并且它自身始终是与一个元素性的模糊的基础相对而言的。为了使对于彻底外在性的意识得以可能,必须要有一种与这样的事物的关联:这种事物在另外一种意义上绝对来自于它自身。为了看到光,必须要有光。

科学难道没有允许超越感性的主观条件吗?即使我们把布伦士维格的作品所颂扬的那种科学从定性科学(la science qualitative)中区分开来,我们仍然可以追问:是否数学思想本身就与感觉决裂了?现象学使命的关键之处就在于给出否定的回答。物理—数学科学所触及的实在仍然从那些立足于感性事物的步骤那里借取它们的意义。

完全的他异性——幸亏它,一个存在者才不再与享受发生关联,并且从自身出发呈现自己——并不在事物借以向我们敞开的形式中闪现,因为在形式底下,事物隐藏自身。表面可以转化成内在:我们可以把事物的金属熔化,以便用它锻造出新的对象;也可以对一个箱子进行刨、锯、削,以便用它的木料做一张桌子;原来被遮蔽的部分现在翻转到

---

② "事物在**同一**中的横向含义(la signification latérale)",是指诸事物通过它们在同一个空间中的并排关系(而非面对面的关系)而获得的含义。这种"并排关系"是由一个在诸事物之外对它们进行的横向观视(侧视)赋予的,所以在这个意义上,它们的含义是一种"横向含义"。——中译注

了外面,而原来外面的部分现在则变成被遮蔽的了。这种考虑可能显得很朴素——似乎形式所遮蔽的事物的内在性或本质应当一直在空间的意义上被把握——但是实际上,除去其质料的含义外,事物的深处不可能有其他的含义;质料的显示本质上是表面性的。

似乎,在不同的表面之间存在着一种更为深刻的区别:背面和正面的区别。一个表面将自己呈交给注视,我们可以把衣服翻过来,正如我们熔铸一枚硬币。但是,背面与正面之间的区别难道没有使我们走出这些表面的考虑吗?难道没有给我们指出一个不同的层面,一个与我们最后这些意见有意涉及的那一层面不同的层面吗?正面应当会是事物的本质,相对于此本质来说,纹理在其中并不可见的背面则支撑着那些附属物。然而普鲁斯特却一直对一位贵妇的裙子衣袖的背面赞叹不已:它就像教堂的那些虽在暗处、却仍与外观一样被精雕细刻的角落。正是技艺赋予事物某种类似外观的东西——凭借这种东西,各种对象才不只是被看到,而且还像那些展示自己的对象一样存在。质料的黑暗会指示出一个恰恰没有外观的存在者所具有的状态。外观的概念借自于建筑物,这提示我们:建筑可能是第一种美的技艺(**美的艺术**)。但是美在外观中构造起自身,美的本质是漠不关心,是冰冷的辉煌和沉默。凭借外观,那严守其秘密的事物一方面展露自身,同时又封闭在其纪念碑式的本质和其神秘之中;在其神秘中,事物闪耀如光辉,却又并不献出自身。它凭其优雅进行征服,一如凭借魔法,却又并不启示自身。如果超越者超拔于感性之上,如果它是卓越的敞开,如果它的景象(vision)是存在之敞开本身的景象——那么这种景象就超拔于形式的景象之上,它就既不能根据观照来述说,也不能根据实践来述说。它是面容;它的启示是言辞。与他人之关系独独引入一种超越之维,并把我们引向一种关联,这种关联完全不同于在其感性意义上的经验,不同于相对的和自我主义的经验。

第二章　面容与伦理

第一节　面容与无限

对存在者的接近要诉诸观看。就此而言,这种接近统治着这些存在者,并对它们施以权力。事物被给予我,被呈交给我。我在通达事物之际仍保持于**同一**之中。

面容通过其拒绝被包含而呈现出来。在此意义上,它不会被统握,就是说,不会被包括。既不会被看到,也不会被触及——因为在视觉或触觉的感觉中,我的同一性含括了那恰恰变为内容的对象之他异性。

他人并不是具有相对他异性的他者,就像处于比较中的种一样,哪怕它们是最终的种。这些种相互排斥,但是它们又仍然处于一个属的共同体中:它们凭借着它们的定义而彼此排斥,但在它们属的共同体内,它们又通过这种排斥而彼此召唤。**他人**的他异性并不依赖于任意一种会把他与我区别开来的性质,因为这样一种区分恰恰意味着在我们之间存在着这种属的共同体,后者已经取消了他异性。

然而他人并没有完完全全地否定**自我**;完全否定的诱惑和企图是谋杀,这种完全否定参照着(他人与我之间的)一种在先的关系。他人与我之间的这种关系在他人的表达中闪露出来,这种关系既不通向数也不通向概念。他人保持为无限的超越、无限的陌异,而他的面容——他的临显就产生于面容之中,并且此面容求助于我——却与世界破裂。这个世界对于我们来说可以是共同的,它的潜在性被铭刻在我们的本性之中,我们也是通过我们的实存来对它加以展开。然而言辞来自绝对的差异。或更确切地说,绝对的差异并不是在一个规定过程中产生,在这个过程中,逻辑关系的秩序在从属下降到种时遇到并不被还原为关系的所与物;如此遭遇到的差异与它与之判然有别的逻辑等级秩序密切相关,并且是在一个共同的属之背景上显现出来。

绝对的差异,无法根据形式逻辑来想象,只能凭借语言创立。语言在那些打破了属之统一体的诸项之间实现一种关系。这些项,这些对话者,从关系中脱离出来,或者,在关系中保持绝对。语言或许可以被界定为打破存在或历史之连续性的权能本身。

我们前面谈到的**他人**之在场的那种不可把握的特征,并不能以否定的方式加以描述。相比统握(**理解**,la compréhension)而言,话语(le discours)能更好地与那本质上保持超越的事物建立关系。目前,我们还必须停留在那就在于把超越者呈现出来的语言之形式作用上。一种更深刻的含义马上将会从中浮现出来。语言是分离项之间的关联。另一方当然可以作为主题向一方呈现出来,但是它的在场并不能消失在它的主题身份中。施诸作为主题的他人之上的言辞,似乎把他人包含进来。但是它已经被向他人说出,后者作为对话者已经离开了那一直含括着他的主题,并且不可避免地在所说背后浮现出来。言辞被说出,哪怕这只是通过保持沉默;沉默的重量承认了**他人**的这种逃离。把他人吸收进去的知识立刻置身于我向他人说出的话语中。是说话,而不是"让存在",在激发起他人。言语超拔于观看之上。在知识或观看中,被看的对象当然能够规定一个行为,但是一个以某种方式把"被看者"据为己有的行为,却通过赋予"被看者"某种含义而把它整合进一个世界之中,并最终构造了它。而在话语中,在作为我的主题的**他人**和作为我的对话者的**他人**——他被从那似乎瞬间掌控着它的主题中解放出来——之间却不可避免地凸现出一道裂缝,此裂缝立刻质疑我所赋予我的对话者的意义。由此,语言的形式结构就表明了**他人**的伦理上的不可侵犯性和他的"圣洁",而这里没有任何"超自然的"的残迹。

面容通过话语与我维持着一种关系这个事实,并没有把面容置放到**同一**中。面容在关系中仍保持绝对。那总是怀疑自己被囚禁在同一中的意识所具有的唯我论辩证法,现在中断了。因为,作为话语之基础的伦理关系并不是其射线发自于**自我**的那种意识的变样。它对自我进行质疑。这种质疑来自他者。

一个并不进入到同一之领域内的存在者的在场，一种溢出这个领域的在场，把它的"身份"确定为无限。这种溢出有别于溢出一个容器的液体的形象，因为这种溢出着的在场将自身实现为一种面对同一的立场。面对面的立场，卓越的对立，只有作为道德控诉才可能。这种运动来自于他者。无限的观念，少中所包含的无限的多，具体地说，是通过与面容的关系产生。唯独无限的观念——保持着他者相对于同一的外在性，尽管同时存在着这种关联。如此一来，这里便产生了一种与存在论的证明①类似的结构：在这种情况下，一个存在者的外在性包含在它的本质之中。只是，如此构成的并不是一种推理，而是作为面容的临显。那对激发起理智主义（或者信赖外在性之教导的彻底经验主义）的绝对他者的形而上学的欲望，在对面容的视见或无限的观念中实现出来（én-ergie）。无限观念越出我的权能（不是从量上，而是——我们马上就要看到——通过对它们的质疑）。它并不是来自我们的先天基础，因此它是卓越的经验。

康德的无限概念是作为一种理性理想而出现的，是作为理性的诸要求在彼岸中的投射而出现的，是作为那以未完成的方式被给予出来的事物的理想完成而出现的；而那未完成者并没有与一种赋有优先地位的对无限的经验相对照，它也没有从这种对照中取得其有限性的界限。有限不再是参照无限来想象。完全相反，无限预设了它所无限扩大了的有限（尽管这种向界限的过渡或者说这种投射以一种未明言的形式隐含了无限观念，并带有笛卡尔从这种无限观念中所引出、并为这种投射的观念所预设的所有结论）。康德的有限性被感性以积极的方式加以描述，正如海德格尔的有限性被向死而在以积极的方式加以描述一样。这种参照有限的无限标画出康德哲学中最反笛卡尔的那一点，正如它也是后来海德格尔哲学中最反笛卡尔的那一点一样。

黑格尔通过维持无限的肯定性又回到了笛卡尔；但与此同时黑格

---

① 或译"本体论的证明"。——中译注

尔又从无限中排除了所有的复多性,他把无限设定为对任何可以与无限维持一种关系、并因此会限制无限的"他者"的排除。无限所能做的只是把所有关系囊括在内。正如亚里士多德的神,无限只与自身发生关联,尽管是在历史的终点。一个特殊者与无限发生关联,就会等于这个特殊者进入一个**国家**的主权之中。通过否定它自己的有限性,特殊者就变成了无限。但是,这个结果并没有成功地使个别个体的抗议、使分离的存在者的申辩(尽管这种申辩被称作是经验性的和动物性的)窒息,没有成功地使这样的个体的申辩窒息;这个个体把其理性所欲求的**国家**体验为专制,然而在**国家**的非人格的命运中,个体却不再认识到它的理性。黑格尔式的无限为了包含有限性而与后者对立;在这样的有限性中,我们认识到了人在元素面前的有限性,认识到了那被有侵袭、每时每刻都被没有面容的诸神所深透的人的有限性。与诸神相抗衡,人则为了实现下面这种稳靠性而进行劳动:在这种稳靠性中,元素这样的"他者"将会被揭示为**同一**。但是**他者**,绝对他者——**他人**——并不限制**同一**的自由。在把这种自由唤向责任的同时,它也创建这种自由并为其进行辩护。与作为面容的他者的关系从排异反应(allergie)中复原。它是欲望,是被接受的教导,是话语的和平式对立。通过回到笛卡尔式的无限概念——回到由无限放置到分离的存在者中的"无限观念",我们便保持住了无限观念的肯定性,保持住了它相对于一切有限思想、相对于一切关于有限的思想的在先性,保持住了它相对于有限的外在性。这曾是分离的存在者的可能性。无限观念,由有限思想的内容造成的对有限思想的溢出,实现了思想与那超出其能力所及者的关系,与它每时每刻都在学习而又并没有被其触犯的事物的关系。这就是我们称为对面容的欢迎这样的处境。无限观念在话语的对立中产生出来,在社会性中产生出来。然而,与面容的关联,与我不会包含的全然不同的他者的关联,与在此意义上是无限的他者的关联,仍是我的**观念**,是一种往来。但是这种关系不带有任何暴力,它在与绝对他异性的和平之中维持自身。**他者**的"抵制"并没有对我构成暴力,它并不以否定的方式行动;它有一种肯定的结构:伦理。他者的最初启示已经在与他者的一切其他关系中被预设了;这一启示并不在于在他者的否定性的抵制中去掌握他,也不在于通过诡计去欺骗他。我并不是与一个没有面容的神进行战斗,而是对它的表达和它的启示给予回应。

第二节 面容与伦理

172 面容拒绝占有,拒绝我的权能。在它的临显中,在它的表达中,那可感者,那仍然是可掌握者,变成了对于把握的完全抵制。这一转变只有通过一个新的维度的打开才得可能。因为,这种对把握的抵制并不是作为一种不可克服的抵制而发生的,比如让双手无能为力的悬崖的陡峭坚硬,或太空中一颗星辰的遥不可及。面容引入到世界中的表达所加以挑战的并不是我的权能的虚弱,而是我的权能的能够②。面容,依然是万物中之一物,它穿透那给它划界的形式。具而言之,这意味着:面容对我说话,并因此邀请我来到一个关系之中,此关系与正在施行的权能毫无共同尺度,无论这种权能是享受还是认识。

然而这种新的维度在面容的感性外表中打开。面容在表达中的形式具有其轮廓,这些轮廓的一成不变的敞开把这种打破了形式的敞开束缚在一种漫画式的形象中。因此处在圣洁性与漫画式形象之边界处的面容,在某种意义上仍委身给诸权能。但只是在这样一种意义上:那在这种感性中敞开的深度改变了权能的本性本身,权能因此不再能够去把握,而只能去杀死。谋杀仍然指向一种感性所予物,然而它面对的是这样一种所予物:这个所予物的存在不会被一种居有活动所悬搁。谋杀处在一个绝对不可中立化的所予物面前。由居有和使用所实现的"否定"总是部分否定。那对事物之独立性进行质疑的把握,把物保存为"为我的"。无论是对事物的摧毁,还是对动物的围猎、歼灭,都没有针对那并不属于世界的面容。它们仍然属于劳动,拥有某种目的并满足某种需要。唯有谋杀要求完全否定。劳动和使用的否定,就如表象的否定一样——进行把握或理解(**统握**,compréhension);它们建立在

---

② 原文为"pouvoir de pouvoir",英译本译为"ability for power"(见英译本第198页),德译本译为"Vermögen zu können"(见德译本第283页)。——中译注

肯定的基础上或指向肯定;它们能够这样。杀死并不是统治而是毁灭,是绝对放弃理解。谋杀对那挣脱权力者实行一种权力。它仍然是权力,因为面容在感性之物中表达自身;但它又已经是无能,因为面容撕裂了感性之物。在面容中表达出来的他异性提供出唯一可以完全否定的"题材"。我只能想去杀死一个绝对独立的存在者,它无限地越出我的权能,并因此并不与我的权能相对立,而是使权能的能够本身③瘫痪。他人是我能想要杀死的唯一的存在者。

但是,这种在无限与我的诸种权能之间的不相称,如何与下面这种不相称——那把一个巨大的障碍与施加到它身上的力量分离开来的不相称——区别开呢?强调谋杀的平淡无奇无所助益,这种平淡无奇揭示出障碍的抵抗几乎为零。与人类历史上的这种最平淡无奇之事相应的是一种例外的可能性;说它例外,是因为这种可能性要求的是对一个存在者的完全否定。这种可能性所涉及的并不是这个存在者作为世界之一部分所能拥有的那种力量。可以居高临下地对我说不的他人,把他自己暴露于利刃或手枪子弹的面前,而其"自为"所具有的一切坚定不移,连同其提出的这种毫不妥协的不,一道由于以下事实而被抹消:即利刃或子弹已经击中他的心脏。在世界的织体中,他几乎是无。但是他可以用一种斗争来对抗我,就是说,不是用一种抵制之力来对抗那击打在他身上的力量,而是用他的反应的不可预料性本身来对抗这种力量。因此他不是用一种更强大的力量——一种可估计的、并且因此似乎是作为构成大全之一部分而呈现出来的能量——来对抗我,而是用他的存在相对于这个大全的超越本身来对抗我;不是用强力的任意一个顶点,而恰恰是用他的超越的无限来对抗我。这种比谋杀更强大的无限,已经在它的面容中抵抗我们,它是它的面容,是原初的表达,是第一句话:"汝勿杀"。无限通过它对谋杀的无限的抵抗而使权能瘫痪;这种抵抗,坚定而不可逾越的抵抗,闪现在他人的面容中,闪现在他人的毫无防御的双眼的完全裸露中,闪现在**超越者**绝对敞开的赤裸中。

---

③ 原文为"le pouvoir même de pouvoir",英译本译为"the very power of power",德译本译为"das eigentliche Können des Vermögens"。此处参照德译本翻译。——中译注

这里有一种关系,不是与一种极其强大的抵抗的关系,而是与某种绝对**别样的**事物——那不抵抗者的抵抗:伦理的抵抗——的关系。面容的临显激发起这种可能性;对谋杀的诱惑的无限性进行度量的可能性;这种诱惑不只是作为完全毁灭的诱惑,而且也是作为这种诱惑和企图的不可能性——纯粹伦理的不可能性。如果对谋杀的抵抗不是伦理的而是实在的,我们就会有一种关于它的感知,以及所有那些在感知中转变成主观之物的东西。我们就会处在一种斗争意识的观念论中,而非处在与**他人**的关系中,这种关系可以变成斗争,但已经溢出了斗争意识。面容的临显是伦理的。面容能够以斗争相威胁,斗争则预设了表达的超越。面容以斗争相威胁,一如以一种可能性进行威胁;然而这种威胁并没有穷尽无限之临显,也没有形成它的第一句话。战争预设和平,预设**他人**先决性的且非排异性的在场;战争并不标志相遇的第一个事件。

杀死的不可能性不具有一种单纯消极的和形式的含义;与无限的关系或我们身上的无限观念,从积极方面制约着这种不可能性。无限将自身呈现为面容,后者处于伦理的抵制中,这种伦理抵制使我的权能瘫痪,并从毫无防御且处于赤裸和不幸中的双眼之深处升起,坚定而绝对。对这种不幸和这种饥饿的理解建立起**他者**的临近本身。但这就是说,无限的临显乃是表达和话语。表达和话语的原初本质并不处于它们会提供出的关于一个内在的和隐藏的世界的信息之中。在表达之中,一个存在者呈现出它本身。显示自身的存在者出席到(assister à)它自己的显示之中,并因此求助于我。这种到场(assistance),并不是一个图像的中性状态,而是一种恳求,以其不幸和**高度**关涉着我的恳求。对我说话,就是时刻都超出那在显示中所存在的必然可塑的东西。自身显示作为面容,就是超出被显示的、纯粹现象性的形式之外而突出自己(s'imposer),就是以一种不可还原为显示的方式将自身呈现为面对面的率直本身;它不带任何图像的中介,它处在其赤裸中,就是说,在其不幸和饥饿中。那些向**他人**的**高贵**与**谦卑**而去的运动,在**欲望**中结合为一。

表达并不像光辉那样放射出去,后者在不为发光者所知的情况下散发开来。这或许是对美的定义。通过出席到自己的显示之中来显示自己,这就是对对话者的祈求,是向后者的回应展露自己,向他的问题展露自己。表达既不像真正的表象那样突出自己,也不像行动那样突出自己。在真正的表象中被呈交出来的存在,始终具有外表(appearence)的可能性。当我介入世界中时,世界便渗透进我;这样的世界根本不能与那悬搁了甚至内在地拒绝了这种介入的"自由的思想"相对抗,后者可以隐秘地进行生活。表达着自己的存在者将其自己突出出来,但恰恰是通过以其不幸和赤裸——以其饥饿——求助于我,而我并不能对它的呼告充耳不闻。这样,在表达中突出自己的存在者就并没有限制我的自由,而是通过激发起我的善良来促进我的自由。在责任的命令中,不可抗拒的存在之严肃凝冻了一切笑声;这种责任命令也是这样一种命令:在它里面,自由以无可抗拒的方式被唤起,以致存在的无从逃避的重负使我的自由浮现出来。不可抗拒所具有的不再是命定的非人性,而是善良之严峻的严肃。

  表达与责任之间的这种纽带,语言的这种伦理状况或伦理本质,语言的这种先于任何存在揭蔽和存在之清冷辉光的功能,使语言摆脱了对于一种预先存在的思想的从属;对于这种预先存在的思想来说,语言所具有的只会是那种把内在运动翻译到外部或把它加以普遍化的奴隶功能。面容的呈现并不是真实的,因为真实参考着非真实,亦即它的永恒的同时者,并不可避免地遭遇到怀疑论者的暗笑和沉默。在面容中的存在的呈现并不为它的对立方留下任何逻辑地盘。这样,对于作为面容的临显所打开的话语,我就不能默默避开,就像生气的塞拉西马柯(Thrasymaque)在《国家篇》第一卷中想尝试的那样(而且没有成功)。"把人离弃于绝粮之境——是一种任何情况都不能减轻的过错;对于这种过错,我们不能区分是有意还是无意",拉比约沙南(Rabbi Yochanan)如是说。④ 在人的饥饿面前,责任只能"从客观上"加以衡量。它是不能被拒绝的。面容打开了原初的话语,它的第一句话是任何"内在性"都不允许回避的义务。"这是"迫使进入话语的话语,(这

---

  ④ *Traité Synhedrin* 104 b(译按:*Traité Synhedrin* 是《塔木德》中的一部分。"Traité"是"专论、论文"之意,"Synhedrin"是古犹太最高评议会及最高法院,一般译为"公会"或"法庭")。——中译注

是)理性主义所祈祷的话语的开端,(这是)甚至使"那些不想听的人们"⑤都相信并因此建立了理性的真正普遍性的"力量"。

对存在一般的揭蔽乃是知识的基础,是存在的意义。相对于这种揭蔽而言,与表达着自己的存在者的关系已经先行存在着了;相对于存在论的层次而言,伦理学的层次也已先行存在着了。

第三节 面容与理性

表达并不像智性形式的显示那样产生,智性形式会把各个端项相互连接起来,从而跨过它们之间的距离而在一个总体的各部分之间建立起毗邻关系;在这个总体中,相对而立的各项已经从其共同体所创建的处境中获得其意义,而那个共同体又必须从被统一起来的各项中获取它自己的意义。(然而)这一"理解的循环"并不必定是存在逻辑的原初事件。表达先行于这些可为一个第三者所见的配合一致的结果。

表达的本己事件在于给自身带来见证,并同时保证着这种见证。这种自身证明,只有作为面容,就是说,作为说话,才可能。它产生出可理解性的开端,产生出肇始本身,产生出统治权和王权,后者无条件地进行命令。原则只有作为命令才是可能的。对表达可能会受到的影响或一种它可能源自的无意识的源泉的寻找,会预设这样一种调查;这一调查本身又会指向一些新的见证,并因此会指向表达的一种原初的真诚。

语言作为关于世界的观念的交换,与它所承载的内心思想一道,在它所勾画出来的真诚与谎言的交替更迭背后,预设了面容的本原性。没有面容的这种本原性,语言就被还原为众多活动之一——其意义会要求一种没完没了的精神分析或社会学——它也不可能开始。如果在说话的根底处,没有表达的这种本原性,没有这种与一切作用的断裂,没有说话者的这种与一切牵连、一切玷污都无关的支配性立场,没有这

---

⑤ 柏拉图:《国家篇》,327b。

种面对面的率直,那么,说话就不会越出它显然不是其一个种的活动的层面,尽管语言可以将自身整合进一个行动系统中并充当工具。但是仅当说话恰恰放弃了这种行动的功能,仅当它回转到它的表达的本质,语言才是可能的。

表达并不在于把**他人**的内在性给予我们。表达着自己的**他人**恰恰没有给出自己,并因此保有撒谎的自由。但是谎言与诚实已经预设了面容的绝对本真性——面容乃是存在之呈现的优先事件,这一事件与真理和非真理之间的那种非此即彼无关,并使真假之间的两可性归于失败;每一种真理都要冒这种两可性的危险,而且,所有的值⑥也都运动在这种两可性之中。存在在面容中的呈现并不具有值的身份。我们称为面容的东西,恰恰是这种由自身对自身进行的例外的呈现,它与对单纯被给予的、总有某种欺骗嫌疑的、总可能是幻想的实在的呈现毫无公度性。为了寻求真理,我已经保持着一种与面容的关联,面容能够保证自身,它的临显本身在某种程度上就是一种诺言。任何作为语词符号之交换的语言,都已经参考着这种原初的诺言。语词符号位于这样的地方:在这里,一个人把某物意指给另一个人。因此这就已经预设了一种对于意指者的真实性的肯认。

伦理关系、面对面,也与任何我们可能会认为充满神秘的关系形成鲜明对照。在神秘关系中,一些与本原存在的呈现事件不同的其他事件前来对这种呈现的纯粹真诚性予以摧毁或予以升华;在这种神秘关系中,令人陶醉的歧义性前来对表达的原初单义性予以丰富;在这种神秘关系中,话语变成咒语,就像那变成宗教仪式和礼拜仪式的祷告;在这种神秘关系中,对话者发现他们扮演的是一出在他们之外已经开始上演的戏剧中的角色。而在面对面这里,则寓居着伦理关系的和语言的理性特征。没有任何恐惧和任何战栗能够改变这种关系的率直性;这种关系维持着关联的非连续性,它拒绝融合,并且在这种关系中,回应也无法规避问题。语言每时每刻都打碎节奏的魔力,并阻止创造性发挥作用。如此这般的语言恰与诗歌活动相对立:在诗歌活动中,尽管

---

⑥ 这里的"valeur"(值)当指前句中所说的"真"或"假"这两种可能。——中译注

这种活动是自觉的,然而一些效应仍从中不知不觉地涌出,以便携裹着它并像节奏那样摇晃着它;在诗歌活动中,行动被它所引发的作品本身承载着;在诗歌活动中,艺术家像酒神那样变成了——按尼采的表达——艺术品。话语是断裂和开端,是把对话者劫持并席卷而走的节奏之断裂——散文。

他者——绝对他者——在其中呈现自己的面容,既不否定**同一**,也不是像意见、权威或神奇的超自然现象那样违背**同一**。它恰好适合于迎接它的人,它是人世间的。这种呈现是卓越的非暴力,因为它不是伤害我的自由,而是把我的自由唤往责任,并创建我的自由。然而作为非暴力,它维持着**同一**与**他者**的多元性(pluralité)。它是和平。**他者**——绝对他者——与**同一**之间并没有任何边界。与**他者**的关联并没有把自己暴露给那种在总体中严重损害**同一**的排异反应,而黑格尔的辩证法则正是建立在这种排异反应之上。对于理性来说,**他者**并不是一个将其置于辩证运动中的耻辱,而是最初的理性教导,是一切教导的条件。所谓的他异性的丑闻,以**同一**之静谧的同一性为预设,以一种确信自身的自由为预设;这种自由无所顾忌,肆意妄为,对于它来说,陌生者只会带来拘束和限制。然而,这种完满无缺、从任何参与中脱离出来、在自我中茕茕独立的同一性,却也会丧失它的静谧——如果他者不是在与它相同的层面上浮现出来触犯它,而是对它说话,就是说,在表达中、在面容中出现,并从高处走来的话。于是自由之被抑制,根本就不是由于被一种抵制所触犯,而是由于(它的)任意、有罪和羞怯;但是在其有罪性中,它又将自己提升到责任。偶然性,亦即非理性因素,对于自由来说,并不是在它之外而在他者那里显现出来,而是在它之中显现出来。构成偶然性的并不是他者的限制,而是自我主义,因为自我主义本身并没有为它自己进行辩护。与**他人**的关系作为与他人的超越的关系——与对我的⁷内在命运的粗暴的自发性进行质疑的他人的关系,把并非在我之中的东西引入到我之中。但是,这种加到我的自由上的"活动"

---

⑦ "我的"原文为"sa"(他的/她的/它的),德译本"译者附录"中的"法文版勘误"将此订正为"ma",即"我的"(参见德译本第449页)。此处据德译本勘误译。——中译注

却恰恰使暴力终结，使偶然性终结，也在这个意义上创建了**理性**（Raison）。如果断言只有当老师所教授的真理永远处在学生身上，某个内容从一个心灵到另一个心灵的过渡才毫无暴力地产生，那么这一断言就等于把助产术外推到了它的合法运用之外。在我身上的无限观念包含着一种超出于包含者的内容。这样一种无限观念与关于助产术的偏见决裂了，同时却并没有与理性主义决裂，因为无限观念远没有侵犯心灵，它构成了非暴力本身的条件，就是说，它创建了伦理。对于理性来说，**他者**并不是一个把理性置于辩证运动之中的丑闻，而是最初的教导。一个接受无限观念的存在者——接受，是因为它不能由自身引出这个无限观念——是一个被以一种非助产术的方式教导的存在者，是一个这样的存在者：它的实存本身就在于对教导的不断接受，就在于对自身的不断溢出［或（就在于）时间］。思考，就是拥有无限观念或被教导。理性的思想参考着这种教导。甚至即使我们把自己限制在逻辑思维的那种从定义而来的形式结构上，无限——概念正是相对于它而被划界——从它自己那一方面来看也不能被定义。因此它指向一种具有全新结构的"知识"。我们尝试着把它确定为与面容的关系，并尝试显示出这种关系的伦理本质。面容是那使明见性得以可能的明见性，正如那支撑着笛卡尔的理性主义的神圣的真实性。

第四节 话语创建表示（含义）

因此语言构成了理性思想起作用的条件：它赋予理性思想以存在中的开端，赋予它最初的表示（含义）同一性；表示（含义）处于说话者的面容之中，而说话者就是那不停地打破其自己图像的歧义性和其语词符号的歧义性而借此自我呈现者。语言构成思想的条件：但这种语言并不是在其物理质料中的语言，而是作为**同一**对他人的姿态的语言，这种姿态不可还原为对他人的表象，不可还原为思想的意向，不可还原为对……的意识，因为它关涉的是任何意识都不能包含的东西，是**他人**的无限。语言并不是在意识的内部运作，它从他人那里来到我这里，通过质疑意识而在意识中获得反响。这一点构成一个不可还原为意识的事件。在意识那里,一切都是从内部突然发生,甚至受苦的陌异性也是如此。把语言视作精神的一种姿态,并不等于对语言解肉身化,而恰恰说明了它的肉身化的本质,说明了它与观念论的先验思想所具有的那种构造性的、自我学的本性的区别。相对于构造性的意向性和纯粹意识而言,话语具有一种本原性;这种本原性摧毁了内在性概念:意识中的无限观念是对意识的溢出,这种溢出的肉身化又为不再麻木的灵魂提供一些新的能力:即欢迎的能力、赠予的能力、慷慨的能力和好客的能力。但是,被视为语言之最初事实的肉身化——它并没有指示出它所实现的存在论结构——又会使语言与活动相似,与思想在身体性中的延伸相似,与我思在我能中的延伸相似。的确,这种延伸已然充当了本己身体(corps propre)范畴或肉身化了的思想范畴的原型,而这一范畴又支配着部分当代哲学。这里提出的论题,是要把语言与活动、表达与劳动彻底分开,而不考虑语言所具有的所有实践的一面,我们不能高估⑧后者的重要性。

　　直到最近,话语在理性涌现中的根本功能还一直没有被认识到。人们曾经根据语词(le verbe)对理性的依赖来理解它的功能:语词反映思想。唯名论首先在语词那里寻找一种不同的功能:理性的工具的功能。如果考虑到词语的象征功能,即词语象征着不可思之物而非意指着被思考的内容,那么这种象征活动(symbolisme)就等于是与一定数量被意识到的、直觉的所予物的联结;这种联结是自足的,且不要求思想。这种理论没有其他目的,除去解释下面这种距离外,即无法瞄准一个一般对象的思想与似乎指向一个一般对象的语言之间的距离。胡塞尔的批判则通过使词语完全从属于理性而显示出这种距离的表面性。词语是窗户;如果它成了屏障,则必须把它移开。而在海德格尔那里,胡塞尔的世界语般的词语又获得了一种历史实在性的色彩和重量。但是它仍与理解过程紧密相连。

---

　　⑧ "高估"原文为"sousestimer",即"低估"。德译本"译者附录"中的"法文版勘误"将此订正为"sur-estimer",即"高估"(参见德译本第449页)。此处据此译出。——中译注

对言词主义(verbalisme)的怀疑,导致理性的思想相对于表达的所有操作都具有不可置疑的首要性。这些表达的操作把思想嵌入言语(langue)之中,就像嵌入一种符号系统中,或把思想与一种决定着这些符号之选择的语言结合起来。当代语言哲学的研究已经使人非常熟悉这种观念,即思想与言辞(parole)之间有一种深层的相互关联(solidarité)。梅洛-庞蒂与其他人一道而且比其他人更好地表明了:那种在说话之先思考着言辞的解肉身化的思想,那种构造言辞的世界并把它增添到世界——它是被一种总是先验的操作从含义中先行构造出来的——之上的思想,乃是一个神话。思想已经是在符号系统中、在一个民族的或文明的言语中运行,以便从这种操作本身中接受含义。就思想并非从一种预先的表象出发,也不是从这些含义出发,也不是从有待说出的句子出发而言,思想是盲目前行的。因此思想几乎是在身体的"我能"中运作。因此它在把这个身体表象给它自己之前,或者在构造这个身体之前,就已经在这个身体中运作了。含义突然抓住已经在思考着它的思想本身。

但是为什么语言、向符号系统的求助,对于思想来说是必要的呢?为什么对象,甚至被感知的对象,也需要一个名称以便变为含义呢?拥有一个意义是什么意思呢?从这种肉身化的语言中接受来的含义,在整个这种设想中仍保持为"意向的对象"。构造性意识的结构,是在言说着的或书写着的身体的中介之后才重新获得其全部权利的。含义多出于表象之外的盈余,难道不正是栖居于一种相对于构造性的意向性而言是全新的呈现方式之中吗?而且对"身体意向性"的分析并不能穷尽这种全新方式的秘密?由于符号的中介把符号关系的"运动"引入了对象性的和静态的表象之中,因此是否是符号的中介构造了含义?但是这样一来,语言是否又会被再次怀疑使我们远离"事物本身"?

必须要肯定的正好相反。并不是符号的中介构造了表示(**含义**),反之,是表示(**含义**)(它的原初事件是面对面)使符号的功能成为可能。语言的原初本质并不应当在那把它揭示给我和其他人、并在对语言的求助中建立起思想的身体运作中寻找,而是应当在意义的呈现中寻找。这并不把我们重新带回构造对象的先验意识，与这种先验意识对立的是我们刚刚提到的那种带有如此这般严格性的语言理论。因为各种表示（**含义**）并不向理论呈现，就是说，不向先验意识的构造性的自由呈现；表示（**含义**）的存在乃在于在一种伦理关系中对构造性的自由本身进行质疑。意义，此乃他人的面容，而一切对于词语的求助都已经处在语言之原初的面对面的内部了。对于词语的一切求助都设定了对于最初表示（**含义**）的理解，而理解，在被解释为"对……的意识"之前，是社会关联（société）和义务（obligation）。表示（**含义**）——这就是**无限**，而无限并不向先验思想呈现自己，甚至也不向富有意义的活动呈现自己，而是在他人中呈现自己；他人面对着我，并对我进行质疑，用他的无限的本质来强制我。人们称作表示（**含义**）的这种"事物"，在存在中与语言一道涌现出来，因为语言的本质正是与**他人**的关系。这种关系并不是被添加到内在独白上的——哪怕这种独白具有梅洛—庞蒂所说的身体意向性——好像一个地址被添加到我们投入邮箱中的一个邮件上一样。对在面容中显现出来的存在者的欢迎，社会性的伦理事件，已经对内在话语发布命令了。而作为面容产生的临显并不像任何其他存在者那样构造起自身，这恰恰是因为它"启示着"无限。表示（含义），就是无限，亦即，**他人**。可理解者（l'intelligible）并不是一个概念，而是一种智性之物（intelligence）。表示（**含义**）先行于 Sinngebung（意义给予），并标明观念论的界限而不是为它辩护。

某种意义上，表示（**含义**）之于感知，相当于象征（symbole）之于被象征的对象。象征标志着意识所予物与该所予物所象征的存在者之间的不相即性；象征标志着一种贫乏意识，这种意识渴望着它所缺乏的存在，渴望着那明确地预报自身的存在，这种存在的不在场也随着这种预报的明确性而一道被经验到；象征还标志着一种预见到现实的潜能。就追求着的意向被所追求的存在者溢出而言，表示（**含义**）与象征相似。但是在这里，无限之不可穷尽的盈余溢出了意识的当前。无限的这种漫溢或者说面容，不再能够根据意识进行表达，也不再能够用诉诸光和可感物的隐喻来表达。是面容的伦理要求在质疑迎接它的意识。对义务的意识——不再是一种意识，因为义务通过使意识服从于**他人**

而把意识从它的中心那里连根拔出。

如果面对面为语言进行奠基,如果面容带来最初的表示(含义),在存在中创建表示(含义)本身——那么语言就并不只是服务于理性,而就是理性。在非人格的法制意义上的理性,并不能够说明话语,因为它吸收了对话者的多元性(pluralité)。唯一的理性,并不能对一个另外的理性说话。一种内在于一个个体意识的理性当然能够以一种自然主义的方式被设想为一个支配着该意识之本性的法则系统;该意识像一切自然存在者那样是个体化的,此外也作为(它)自己本身是个体化的。于是,诸意识之间的协调一致就可以通过以相同方式构造起来的诸存在者之间的相似性得到解释。语言就会被还原为一种符号系统,一种从一个意识到另一个意识唤醒相似思想的符号系统。因此,对于这样一种理性思想——它通向一种普遍秩序、并冒着自然主义的心理主义所具有的所有危险——的意向性,必须不予考虑;就反对这种自然主义的心理主义来说,*Logische Untersuchungen*(《逻辑研究》)⑨第一卷的那些论证永远有效。

如果从这些结论前后退一步,并且为了与"现象"更好地保持一致,我们可以把理性叫作观念秩序的内部一致性。这种观念秩序是在存在中逐步实现出来的:它随着它于其中被认识到或被建立起来的个体意识放弃其个体特殊性和自我性之特殊性而逐步实现出来;这种个体意识或者退回到一个本体领域——它在其中以非时间的方式发挥着它在**我思**中的绝对主体的作用,或者被吸收到那初看起来似乎是由个体意识隐约看见或构造出来的**国家**的普遍秩序中。在这两种情况下,语言的角色都会是去消解那完全与理性相对峙的个体意识的自我性:或者为了把它转化为一个不再说话的"**我思**",或者为了使它消失在其自己的话语中,在这种话语中,已经进入**国家**中的它,只能承受历史的审判而不是保持自我,就是说,不是审判历史。

在这样一种理性主义中,不再有社会关联,就是说,不再有其关系

---

⑨ 即胡塞尔的《逻辑研究》。其第一卷主要就是对试图把逻辑之基础还原到人的心理活动中去的自然主义的心理主义进行批判。——中译注

项从中脱离出来的那样一种关系。

个体在非人格的法则面前会感受到专制,黑格尔主义者徒劳地把对这种专制的意识算到人的动物性的账上。他们还要使人理解:理性的动物如何可能? 自己本身的特殊性如何能够被观念的单纯普遍性所感动? 自我主义如何能够退位?

如果相反,理性生活在语言中;如果,在面对面的相对中,闪现着最初的合理性;如果最初的可理解者,最初的表示(**含义**),是在面容中呈现自己(亦即对我说话)的智性之物的无限;如果理性被表示(**含义**)界定,而不是表示(**含义**)被理性的非人格结构界定;如果社会关联先行于这些非人格的结构的显现;如果普遍性是作为凝视着我的双眼中的人性的呈现而进行统治;最终,如果我们想到,这一凝视求助于我的责任,并认可我的自由——就其作为责任和自我献身而言——那么,社会关联的多元论就不会在向理性的提升中消失。它会是后者的条件。**理性**会创建出来的并不是我身上的非人格之物,而是能具备社会关联的**自我**本身,在享受中浮现出来的、作为(与无限)分离开的**自我**本身。但是为了无限——其无限性是作为"当面"(l'en face)实现出来的——能够存在,**自我**的分离本身是必需的。

第五节　语言与客观性

一个富有意义的世界是一个其中有**他人**的世界,由于**他人**,我的享受的世界就变成了一个具有含义的主题。事物获得一种合理的含义而不只是单纯的用处,因为一个**他者**被结合进我与事物的关系之中。在指示一个事物时,我把这个事物指示给他人。指示的行动,改变了我与事物之间的享受和占有的关系,把事物置于他人的视野之中。因此对一个符号的使用,并没有限制在用一种间接的关系取代与事物的直接关系这个事实上,而是使事物成为可献出之物,使它们可以从我的使用中摆脱出来,使它们疏远,使它们成为外在的。指示事物的词语证明事物是我与其他人共有的。对象的客观性并不是来自于对使用和享受的悬搁;在这种使用和享受中,我占有对象而不是接受对象。客观性是语言的结果,它使得对占有的控诉得以可能。(事物的)这种(从我的使用中的)退出(dégagement)具有一种积极意义:事物进入了他者的范围。事物变成了主题。主题化,这就是通过说话把世界提供给**他人**。这样一来,与客体的"距离"就越出了它的空间性的含义。

这种客观性处于相关性之中——不是与一个孤立绝缘之主体的任意一种行为相关,而是与主体和**他人**的关系相关。客观化产生于语言的作为本身之中:在语言中,主体从所占有的事物那里脱离开,好像越过它自己的实存,好像已经从它自己的实存那里脱离,好像它所实存着的实存⑩还没有完全到达它身上。(这是)比世界上任何距离都更彻底的距离。主体必须处在它自己存在的一定"距离"之外,甚至也要与家的那种保持距离保持一定"距离":凭借家的那种保持距离,主体仍处于存在之中。因为一种否定——即使当它施诸世界总体之上——总处于总体的内部。为了客观的距离能够打开,主体必须在完全处于存在中的同时,又还没有在存在中;在某种意义上,它必须尚未诞生——它必须不在自然中。如果有能力拥有客观性的主体尚未完全存在,那么这个"尚未",这个相对于现实而言的潜能状态,就并不是指示着一种少于存在,而是指示着时间。对象意识——主题化——建立在与自身的距离之上,而此距离只能是时间;或者,如果我们愿意这么说的话,它建立在自身意识的基础上,只要我们承认自身意识中的"自身与自身的距离"是时间。然而,唯当时间是无限之不可耗尽的未来,也就是说,是那在语言之关系本身中产生的东西,时间才能指示一种并非"较少存在"的"尚未"——才能同时既远离存在又远离死亡。主体通过把它所占有之物指示给他者,就是说,通过说话,主体就越过了它的实存。但是,正是由于对**他者**的无限的欢迎,主体才拥有这种解占有(**剥夺**,dépossession)所要求的那一相对于自身而言的自由。主体最终是从**欲望**获得这种自由;**欲望**并非来

---

⑩ "它所实存着的实存……"的原文是"l'existence qu'il existe…"。这里,列维纳斯把"exister"用作及物动词,所以我们把这句译为"它所实存着的实存"。——中译注

自缺乏或限制，而是来自**无限**观念的盈余。

语言使客体的客观性和它们的主题化得以可能。胡塞尔已经肯定了思想的客观性就在于对一切人有效这个事实。因此，客观地认识就会是以下述方式构建我的思想，即我的思想已经包含了对他者的思想的参考。由此，我所传达的东西向已是根据他者构造起来的。通过说话，我并没有把对于我来说是客观的东西传达给他人；（因为）只有通过交往客观才能成为客观。但是在胡塞尔那里，使这种交往得以可能的**他人**，首先是为了一种单子式的思想而被构造出来的。客观性的基础是在一种纯粹主观的过程中被构造出来的。在把与**他人**的关系设定为伦理关系时，我们就克服了一个困难；而这个困难本来会是不可避免的，如果哲学——与笛卡尔相反——是从一个我思出发、而这个我思又是以绝对独立于**他人**的方式被设定的话。

实际上，在第三沉思的结束部分，我们发现笛卡尔的我思是支撑在作为无限的神圣实存的确定性上的。正是相对于这种无限的神圣实存，我思的有限性或怀疑才能被设定和设想。这种有限性不可能不求助于无限——就像在现代人这里，比如从主体的必死性出发——而得到规定。笛卡尔的主体获得一个外在于它本身的视角，由此视角出发，主体才能掌握自己。如果说在第一步中，笛卡尔获得了一种不可以由自身怀疑自身的意识，那么在第二步——对反思的反思——中，他便认识到了这种确定性的条件。这种确定性就在于我思的清楚分明——但是，这种确定性本身之所以能被寻找到，是由于无限在这种有限思想中的呈现。如果没有无限的这种呈现，有限思想就不会知道它的有限性：…*manifeste intelligo plus realitatis esse in substantia infinita quam in finita, ac proinde priorem quodammodo in me esse perceptionem infiniti quam finiti, hoc est Dei quam mei ipsius. Qua enim ratione intelligerem me dubitare me cupere, hoc est aliquid mihi deesse, et me non esse omnino perfectum si nulla idea entis perfectionis in me esset, ex cujus comparatione defectus meos cognoscerem?*（Edit. Tannery, T VII, pages

45-46）。⑪

　　思之处于创造它并赋予它以无限观念的无限中,这一点是由那只能设定主题的推理或直观揭示的吗？无限不会被主题化,推理与直观之间的区分也不适于通达无限。那既向有限呈现自己但又在有限之外向之呈现的无限具有双重结构;伴随着这种双重结构,与无限的关系对于理论来说难道不是陌生的吗？我们在此已经看到了伦理的关系。如果胡塞尔在我思中看到一种在其外部没有任何支撑的主体性,那么这个我思就在构造无限观念本身,并把它作为客体给予自己。而无限在笛卡尔那里的非构造性则留下一扇打开了的门。有限我思对于上帝之无限的参照,并不是对上帝的简单的主题化。对于一切客体,我都由我本身来说明,我包含它们。对于我而言,无限观念并不是客体。存在论的论证乃在于把这一"对象"转变为存在,转变为对于我这一方而言的独立性。上帝,乃**他者**。如果思乃在于指向一个客体,那么必须认为关于无限的思就不是一种思。然则从肯定方面说它是什么呢？笛卡尔并没有提出这一问题。在任何情况下都明见的是,对无限的直观保留有一种理性主义的意义,并且无论如何都不会变成对上帝的侵凌:经由内在激情侵凌入上帝之中。笛卡尔要比观念论者和实在论者都更令人满意,他揭示出一种与完全的、不可还原为内在性然而又并不对内在性构成暴力的他异性的关系;他揭示出一种没有被动性的接受性,一种自由间的关联。

　　第三沉思的最后一段把我们引向一种与无限的关系,这一关系通过思而溢出思,并变成人格性的关系。观照转变为赞赏、热爱和喜悦。关键不再是仍被认识和主题化的"无限对象",而是一种庄严

---

⑪ "……我明显地看到在一个无限的实体里面比在一个有限的实体里面有更多的实在性,因此我以某种方式在我心里首先有的是无限的概念而不是有限的概念,也就是说,首先有的是上帝的概念而不是我自己的概念。因为,假如在我心里我不是有一个比我的存在体更完满的存在体的观念,不是由于同那个存在体做了比较我才会看出我的本性的缺陷的话,我怎么可能认识到我怀疑和我希望,也就是说,我认识到我缺少什么东西,我不是完满无缺的呢？"中译文引自笛卡尔:《第一哲学沉思集》,庞景仁译,商务印书馆,1986 年,第 46 页。——中译注

[majesté]：……*Placet hic aliquamdiu in ipsius Dei contemplatione immorari, eius attributa apud me expendere et immensi huius luminis pulchritudinem quantum caligantis ingenii mei acies ferre poterit, intueri, admirari, adorare. Ut enim in hac sola divinae majestatis contemplatione summam alterius vitae felicitatem consistere fide credimus, ita etiam jam ex eadem licet multo minus perfecta, maximum cujus in hac vita capaces simus voluptatem percipi posse experimur*……⑫

因此对于我们来说，这一段就并不表现为一种古色古香的装饰或一种对于宗教的谨慎的尊崇，而是表达了这样一种转化：即从知识所引出的无限观念向作为面容而被接近的庄严的转化。

第六节　他人与诸他者

面容的呈现——表达——并没有揭示出一个内在的、事先被封闭的世界，从而并没有增添一个新的领域以供理解和把握。相反，它超越所予物之上呼唤我，言辞已经将所予物变为我们之间的共同所有物。人们所给予者，人们所接受者，都被还原为现象，即被揭蔽并向把握敞开的现象，那承载着在占有中遭到悬置的实存的现象。相反，面容的呈现把我置入与这样的存在者的关联。这一存在者的实存——不可还原为现象性，就后者被理解为无实在性的实在而言——在一种迫在眉睫的紧急情况中实现，由于这种紧急情况，它迫切要求一种回应。这种回应不同于所予物激起的"反应"，因为它不能保持在"我们之间"，如同

---

⑫　"……我认为最好是停下来一些时候专门去深思这个完满无缺的上帝，消消停停地衡量一下他的美妙的属性，至少尽我的可以说是为之神眩目夺的精神的全部能力去深思、赞美、宠爱这个灿烂的光辉之无与伦比的美。因为，信仰告诉我们，来世的至高无上的全福就在于对神圣的庄严之深思之中，这样，我们从现在起就体验出，像这样的一个沉思，尽管它在完满程度上差得太远，却使我们感受到我们在此世所能感受的最大满足。"中译文引自笛卡尔：《第一哲学沉思集》，庞景仁译，商务印书馆，1986年，第54页。译文稍有改动。——中译注

在我对物采取处置措施时那样⑬。在"我们之间"发生的任何事情都与所有人相关,那注视着我⑭的面容置身于公共秩序的朗朗乾坤之中,即使在我借助与对话者一道寻求一种私人关系的共谋性和秘密性而脱离这种公共秩序时,也仍然如此。

　　语言,作为面容之在场,并不导致与受偏爱的存在者之间的共谋性,也不导致自足的且遗忘了普遍之物的"我—你"关系;语言在其开放性中拒绝爱的秘密性,在爱的秘密性中,语言丧失了它的开放与意义,变为微笑或呢喃。第三者在他人的双眼中注视着我——语言就是正义。但这并不是说:好像首先有面容,然后它所显示或表达出来的存在者关心着正义。作为面容的面容的临显,打开人性。在其赤裸中的面容,把穷人和陌生人的贫乏呈现给我;但是这种求助于我之权力的贫困和流放一方面注视着我,同时却又并不把它们自己作为所予物交付给我的权力,而是始终保持为面容的表达。穷人、陌生人,表现为平等者。他在这种本质性贫困中的平等性乃在于对第三者的参照,第三者因而亦在此相遇中在场,它处于不幸之中,且已为**他人**所侍奉。穷人、陌生人与我结合在一起。但是他把我与他结合在一起乃是为了(让我)侍奉(他),他命令我一如主人。这是这样的命令:只有当我自己是主人时,它才能作用于我;因此这种命令是命令我去命令。你站立在一个我们面前。成为我们,并不是在一个共同的任务周围"挤"成一团或融为一体。面容的在场——**他者**的无限——是贫乏,是第三者的在场(也就是说,是注视着我们的整个人类的在场),是命令去命令的命令。

---

　　⑬　"如同在我对物采取措施时那样"这句的原文是"…comme lors des dispositions qui je prends à l'égard d'une chose"其中的"qui"是主语形式,但在其所引导的从句中实际上是充当宾语。德译本"译者附录"中的"法文版勘误"将此订正为宾语形式的"que"(参见德译本第449页)。在该书的另一个版本中,"qui"则已被改为"que"(参见Lévinas, *Totalité et Infini*, le Livre de Poche, Kluver Academic, 1990, p.234)。此处据德译本勘误译出。——中译注

　　⑭　"我"的原文是中性代词"le",德译本"译者附录"中的"法文版勘误"将此校订为"me"(第一人称je的非重读形式)(参见德译本第449页)。此处据此译出。——中译注

这就是为什么与他人的关系或话语不只是对我的自由的质疑,不只是来自于**他者**的、把我唤往责任的呼吁,不只是让我放弃占有的言辞,这种占有通过提出一个客观、共同的世界而束缚着我;而且,它还是宣道(prédication),是激励,是预言(parole prophétique)。本质上,预言回应着面容的临显,伴随着一切话语,但不是作为一种与道德主题有关的话语,而是作为话语的不可还原的环节;就面容证明了第三者和整个人类在凝视着我的双眼中的在场而言,这一环节本质上是由面容的临显激发起来的。一切社会关系,作为一种派生物,都回溯到**他者**向**同一**的呈现上;这种呈现没有任何图像或符号的中介,而只是通过面容的表达。如果我们把社会看作是与那种把相似的个体统一起来的属相类似的话,那么社会的本质就滑脱掉了。当然存在着一种作为生物属的人的属,而人在世界中作为总体所能发挥的那种共同的功能,也允许把一个共同的概念运用到他们身上。但是由语言——对话者在语言中始终是绝对分离开的——创建⑮出来的人的共同体,并不构成属的统一体。人的共同体被说成是人的亲属关系。然而人人皆兄弟并不能由他们的相似性加以解释——也不能由一种共同的原因加以解释,好像人会是这种共同原因的结果,如同那些回指向将其轧制出来的同一个模子的像章一般。父子关系并不归结为一种因果性,好像诸个体会神秘地参与这种因果性,而这种因果性则会通过一种同样神秘的效果引起凝聚(solidarité)现象。

构成兄弟关系(**博爱**,fraternité)之源初事实的,是我面对一个如绝对陌生人一般凝视着我的面容时的责任——而面容的临显与这两个环节相吻合。父子关系并不是一种因果性:而是一种唯一性的创建,父亲的唯一性既与这种唯一性相吻合又不吻合。⑯ 具而言之,不吻合之处乃在于我之作为兄弟的身份,这一点意味着在我旁边还有其他的唯一

---

⑮ "创建"原文是"constituent",为动词第三人称复数形式,但此句主语却是单数。德译本"译者附录"中的"法文版勘误"将此校订为"constitue",即该动词的第三人称单数形式。此处据此译出。——中译注

⑯ 参见下文第 255 页(指原书页码,即本书边码。——中译注)。

性;这样,我之作为我的唯一性同时就既包含了存在者的自足性,又包含了我的片面性、我在面对作为面容的他者时的立场。在这种对面容的欢迎中(这种欢迎已经是我对面容的责任,因此在这里,面容从一个高度上向我走来并支配着我),平等被创建出来了。要么平等是在**他者**命令**同一**、并向处于责任中的**同一**启示自身的地方产生出来;要么平等就只是一个抽象的观念和词语。我们无法把它从对面容的欢迎中剥离出来,它是这种欢迎的一个环节。

人的身份本身中蕴含着兄弟关系和人属的观念。这一观念从根本上对立于由相似性统一起来的人类的概念,对立于由丢卡利翁扔到背后的石头而来的众多不同家族的概念,这些家族通过各自我主义之间的斗争而最终导致一个人类城邦。人类的兄弟关系因此具有两面性:一方面,它包含着个体性,这些个体性的逻辑地位不能归结为一个属中的最终的差的地位;它们的独特性在于每一个都指向它们本身(一个与另一个个体拥有一个共同属的个体,并不会足够地远离这个属)。另一方面,人类的兄弟关系又包含着父亲(所带来)的共同性,就好像属的共同性还不够(使人更加)亲近一样。社会必须是兄弟般的共同体,如此才能与率直相称,与这种卓越的亲近性相称,在这种亲近性中,面容向我的欢迎呈现自身。唯一神论就意指这种人类亲属关系、这种人类的观念,这一观念回溯到他人在面容中、在一个高度中、在为自身和为他人的责任中的接近。

第七节 人之间的不对称性

从世界之超逾处到来、但又使我进入人类兄弟关系的面容的在场,并不像引起战栗与恐惧的超自然的本质那样把我压垮。以从关系中抽身而出的方式置身于该关系,这就是说话。他人不仅在他的面容中显现——如一个服从于行动和自由之支配的现象那样。他无限地远离他所进入的关系本身,他一开始就是作为绝对现身其中。**自我**从关系中脱身出来,但是又与一个绝对分离的存在者处于关系之中。他人在面容中转向我,而面容并没有被吸收进对面容的表象。对他人的呼唤着正义的不幸的倾听，并不在于为自己表象一个图像，而在于把自己确立为能负责任的，同时既是更少负责任的，又是更多负责任的，相较起那在面容中呈现自己的存在者来说。更少，是因为（他人的）面容召唤我去承担我的义务，并审判我。在面容中呈现自己的存在者来自高处，来自一个超越的维度；在这个超越的维度中，他可以作为陌生人呈现出来，而并不像障碍或敌人那样与我对立。更多，是因为我对我的确立乃在于我能够回应他人的这种本质的不幸，在于找到回应的办法。在其超越中支配着我的他人，也是我对其负有义务的陌生人、寡妇和孤儿。

他人与我之间的这些差异，并不依赖于那些一方面会属于"我"、另一方面又会属于他人的不同的"属性"；也不依赖于他们的心灵在相遇时会采取的不同的心理倾向。这些差异取决于自我—他人之间的局面（conjuncture），取决于存在之"从自身出发"向"他人"而去的那不可避免的定向。相对于那些置身于这种定向中而且没有这种定向就不可能浮现的关系项来说，这种定向具有一种优先性。这一优先性概括了本书的论题。

存在并非首先存在，以便随后通过分裂而给这样一种多样性留出位置；这种多样性中的各项会在它们自己之间维持一些相互关系，并因此承认它们所源出的总体，在这种总体中可能会产生一个自为地生存着的存在者，一个置身在另一个我面前的我（这是一些偶然事件，它们可以通过外在于它们的非人格的话语来说明）。甚至，对这种从自我到他人的定向加以叙述的语言，也不能从这种定向中脱离出来。语言并不与下述相关性相对而立：自我会从这种相关性中获得其同一性，而他人则会从中获得其他异性。语言的分离并不是指两个存在者在一个空洞空间中的在场：在这样一个空洞的空间中，结合只构成分离的回声。分离首先是这样一个存在者的事件：这个存在者在某个地方享用着某物，就是说，它在享受着。自我的同一性来自我的自我主义，自我主义的孤岛式的自足由享受实现出来，而面容则授予自我主义以无限——这种孤岛式的自足恰与这种无限相分离。当然，这种自我主义建立在他者的无限性的基础之上，这种无限性又只有作为分离的存在者中的无限观念才能产生出来。当然，他者向这个分离的存在者发出祈求，但是这种祈求并没有被归结为对某个相关物的呼吁。祈求给一种存在过程留下一席之地，这种存在过程从自身出发进行自我推演，就是说，它保持为分离状态，并且能够向那激发起它的呼吁本身封闭它自己，但同时它也能用其自我主义的所有资源——亦即以家政的方式——来欢迎无限的面容。言辞并不是在一个同质的或抽象的介质中被创建出来的，而是在一个在其中必须要去救助和给予的世界中创建出来的。言辞预设了一个自我，一个在其享受中分离的实存，这个我或实存并不是两手空空地欢迎面容和它的来自彼岸的声音。存在中的复多性拒绝总体化，而是被勾勒为兄弟关系和话语。它位于一个本质上非对称的"空间"之中。

第八节 意志与理性

话语构成思想的条件，因为最初的可理解者并不是概念，而是一种智性之物：它的面容高声宣布"汝勿杀"，并借此展示出不可侵犯的外在性。话语的本质是伦理。在陈述这一论题时，我们拒绝观念论。

观念论的可理解者构成一个由融贯一致的观念关系组成的系统。这个系统呈现在主体面前，就等于主体进入了这个秩序之中，就等于主体被吸收进了这些观念关系之中。主体在自身中没有任何不会在智性阳光下干涸的源泉。主体的意志是理性，而它的分离则是虚幻（即使幻觉的可能性证明了一种至少是地下的、可理解者无法将之汲干的主体源泉的实存）。

被推至极端的观念论把一切伦理都归结为政治。他人与我都是作为一个观念演算的环节起作用，都是从这种演算中接受其实在的存在，并且是在从一切方面穿过它们的观念必然性的支配下相互接触。它们所充当的角色是一个系统中的环节，而非本原。政治社会表现为一种多元性，这种多元性表达的是一个系统的各个关节（articulations）的多数性。在目的王国中，人当然被界定为意志，但意志在那里却又被界定为那让自己受到普遍之物影响的东西——在那里意志想成为理性，假如这是实践理性的话。在这样的目的王国中，多样性事实上只建立在对幸福的希望之上。在对意志——即使它是实践理性——的描述中不可避免的、关于幸福的所谓动物性原则,在精神社会中则维持着多元论。

在这个缺乏复多性的世界上,语言丧失了任何社会性含义,对话者放弃了他们的唯一性:不是通过对彼此的欲望,而是通过对普遍之物的欲望。语言会等于对理性机制的构建,在这些理性机制中,一种非人格的理性变得客观、有效。这种非人格的理性已经在那些说着话、并维持着他们的有效实在性的人格间起作用了:每一个存在者都是从所有其他存在者出发被设定,但是每一个存在者的意志或自我性,从一开始就是对普遍之物或理性之物的意愿,就是说,从一开始就否定它的特殊性本身。语言在完成其话语的本质——变成普遍融贯的话语的同时,也会实现出那种普遍**国家**。在这种普遍**国家**中,复多性被吸收,话语被终结,因为缺乏对话者。

为了在存在中维持多元性或人格的唯一性,从形式上区分意志和知性(entendement)、意志和理性是毫无用处的,如果人们立刻决定只把执着于明晰观念的意志或只是通过尊重普遍之物来进行决定的意志视作好的意志的话。如果意志可以通过这种或那种方式渴望理性,那么它就是理性,那寻求自身或构成自身的理性。它在斯宾诺莎或黑格尔那里曾暴露出它的真正本质。观念论的最终意向所指向的正是意志与理性的这种同一化。与这种同一化完全对立的,是被黑格尔或斯宾诺莎的观念论打发到主观或想象中去的人性的情感经验(l'expérience pathétique)。这种对立的意义(l'intérêt)并不存在于那拒绝系统和理性的个体之抗议本身中,就是说,并不存在于个体的任性中,那融贯一致的话语因此也无法通过说服而使这种任性缄默不语。相反,这种对立的意义乃在于那使这种对立得以继续下去的肯定之中。因为,这种对立并不在于对存在闭眼不见,因此也不在于疯狂地以头撞墙,以便在其自身中战胜对其存在中的缺陷的意识、对其不幸和放逐的意识,并把一种屈辱转换为绝望的骄傲。这种对立确信有这样一种盈余,一种被那从完满的或永恒的或完全实现了的存在那里分离开、并因此欲望着这种存在的实存——通过与这种存在的关联——而带有的盈余;就是说,确信存在着这种通过与无限的社会关联(société)而产生的盈余,这种完成着无限之无限性的永不停息的盈余。对意志与理性的同一化的抗议,并不满足于任性,后者通过它的悖谬与不道德会立刻转而为这种同一化进行辩护。这种抗议源自于这样一种确信:一种来自全部永恒而完全实现了的、只沉思它自身的存在的理念,无法为生命与变易充当存在论的标准,生命与变易有进行革新、**欲望**和社会关联的能力⑰。生命并不简单地被理解为一种衰竭、一种下降,或者是存在的萌芽、潜在性。个体与人格的重要性和行动是完全独立于会塑造它们的普遍之物的;而且,如果从普遍之物出发,个体的实存或个体从其中升起的沉沦,也总是无法得到解释。为了**无限**能够作为无限产生出来,个体与人格是必要的。⑱ 这种根据存在来对待生命的不可能性,在柏格森和海德格尔那里都得到有力的表现:在前者那里,在其下降中的绵延不再模仿静止的永恒;在后者那里,可能性不再像 δύναμις(可能性、动力、潜能等)那样指向 ἔργον(作品、效果等)。海德格尔把生命从趋向现实的潜能所具有的那种目的性中解脱出来。某种多于存在或在存在之上的东西是有的,这一思想反映在创造的观念中:这种在上帝中的创造超越出永远自身满足的存在之外。但是这种在存在之上的存在的观念并非来自神学。如果它并没有在源自亚里士多德的西方哲学中发挥作用的话,那么柏拉图的善的观念则确保它具有一种哲学思想的尊严。因此没必要把它追溯到任何一种东方的智慧上去。

如果主体性只是存在的一种残缺样式,那么意志和理性之间的区分实际上就会导致把意志设想为任性,设想为对一种潜伏在我身上的处于萌芽状态的或潜在的理性的单纯否定,因此设想为对这个我的否定,设想为对于自我本身的暴力。相反,如果主体性被确定为一个处于

---

⑰ "有进行革新、**欲望**和社会关联的能力"的原文为"capables de renouvellement de Désir, de société",德译本"译者附录"中的"法文版勘误"将之校订为"capables de renouvellement, de Désir, de société"(参见德译本第449页)。此处据此译出。——中译注

⑱ 参见下文:"意愿的真理",第217页及以下(此为原书页码,即中译本边码——中译注)。

与绝对不同的他者或**他人**的关系中且又与之分离的存在者——如果面容带来最初的表示(**含义**),就是说,带来理性之物(le rationnel)的涌现本身,那么,意志就完全从可理解者(l'intelligible)那里区分开,它既不可以统握这个可理解者,也不应该消失在这个可理解者之中,因为这个可理解者的可理解性恰恰存在于伦理行为中,就是说,存在于可理解者邀请意志前来承担的责任之中。意志可以自由地、如其所愿地承担这种责任,然而它没有拒绝这种责任本身的自由,没有无视他人的面容将之引入其中的这个富有意义的世界的自由。在对面容的迎接中,意志向理性敞开自身。语言并不局限于以助产术的方式唤醒那些对于诸存在者来说是共同的思想。它并不促进一种对所有存在者来说是共同的理性逐渐走向内在的成熟。它进行教导,它把新的事物引入思想;新事物向思想中的引入,无限的观念——这就是理性的工作本身。绝对的新事物,乃是**他人**。理性之物并不与被经验之物相对立。绝对的经验,对那绝非先天的事物的经验,就是理性本身。**他人**本质上是自在的、能够说话并且以任何方式都不会把自己确立为对象的东西。通过把这样的**他人**揭示为经验的相关项(corrélatif),人们就把经验所带来的新鲜性(nouveauté)与对精神——没有什么能够强暴它——的苏格拉底式的古老要求协调起来了。莱布尼兹也通过拒绝单子有窗户而再次回应了这种要求。伦理性的在场同时既是别样的又毫无暴力地确立起自身。作为以说话开始的理性活动,主体并没有放弃其唯一性,而是证实了它的分离。它并没有进入它自己的话语从而消失其中。它一直是申辩。通往理性事物的通道并不是一个去个体化的过程,这恰恰因为它是语言,亦即,是对这样一种存在者的回应:这种存在者在面容中对主体说话,并且它只容忍人格的回应,就是说,只容忍一种伦理行动。

第三章 伦理关系与时间

第一节 多元论与主体性

分离——在具体性中作为居住与家政而实现出来——使那与无所牵连的、绝对的外在性的关联得以可能。这种关系,形而上学,原初经由**他人**在面容中的临显而实现。分离出现于这样的两项之间:它们是绝对的然而又处于关系之中,它们从它们所保持的关系中解脱出来,(但)它们也并没有为了这种关系可能会勾勒出的总体的利益而放弃这种关系。因此,形而上学的关系就实现出一种复多的实存(un exister multiple),实现出多元论。但是,如果这种关系的形式结构穷尽了这种关系的本质,那么它就不会实现出多元论。必须阐明那些处于关系中的存在者所具有的那种从关系中解脱出来的权能。对于每一个分离项而言,这种权能都意味着解脱的一种不同的意义。**形而上学者**并不在与**形而上者**同样的意义上是绝对的。**形而上者**由之来到**形而上学者**的那一高向度,指示出某种空间的非同质性,以至于一种彻底的复多性、有别于数目上的多数性的复多性,[①]可以在这种非同质性中产生出来。数目上的多数性对于总体化毫无防御之力。为了复多性可以在存在的秩序中产生,仅有解蔽(在它之中,存在不仅显示自身,而且还或者实现自身,或者竭力进行活动,或者运行自身,或者进行统治)并不够;仅

---

① 此处的"复多性"与"多数性"在法文中是同一个词,即"multiplicité"。我们把仅仅表示数目上的"multiplicité"译为"多数性",把表示异质的"multiplicité"译为"复多性"。——中译注

有存在的发生在真理的冰冷光辉中闪现也不够。在这种光辉中，多样性在此光辉所要求的全景注视中被统一起来。观照本身被吸收进这种总体之中，并恰恰因此创建出这种客观、永恒的存在，或者用普希金的话说，创建出这种"闪耀着永恒之美的静谧自然"——常识在这种自然里面辨认出存在的原型；而对于哲学家来说，是客观、永恒的存在赋予总体以其优先性。知识的主体性并不能打破这种反映在主体中或反映着主体的总体。客观的总体始终排除任何他者，尽管它是裸露的，亦即，尽管它向一个他者显现。或许，观照可以被定义为这样一个过程：借助这一过程，存在被揭示出来，而并没有停止成为一。存在所要求的哲学是对多元论的消除。

为了复多性可以得到维持，在存在中必须产生这样一种主体性：它不能寻求与它在其中产生的存在的完全吻合。存在必须作为自行启示而运行；就是说，在其存在本身中，作为向接近它的自我的流动——无限地流向自我而不干涸——而运行，作为永不耗尽的燃烧而运行。但是，我们不能把这种接近设想为认识着的主体在其中得到反映并消解于其中的认识。凭借认识所指向的完全反思，这一设想会立刻摧毁存在的外在性。完全反思的不可能性，不应当被消极地当作认识主体的有限性，这个必死的、向来已卷入世界而且并没有通达真理的认识主体的有限性；而应当被当作社会关系的盈余，在这种社会关系中，主体性始终处于面对……的状态，处于这种欢迎的率直之中，且不能由真理来衡量。社会关系本身并不是随便某种关系，不是存在中能够产生的如此多的其他关系中的一种，而是存在的终极事件。虽然我借之陈述这一事件的表达本身（le propos même）及其对真理的要求——它设定了一种完全的反思——反驳了面对面的关系所具有的这种不可逾越的特征，但是它又通过陈述这一真理这样的行为、把这一真理告诉他人这样的行为而证实了这一特征。因此，复多性预设了一种主体性[②]，这种主

[②] 这一句中的两处"主体性"的原文是"objectivité"（客体性或客观性），在这里很难理解。德译本"译者附录"中的"法文版勘误"将之校订为"subjectivité"，即"主观性"或"主体性"（参见德译本第449页）。如此便好理解了。此处此译出。——中译注

体性处于完全反思的不可能性中,处于自我与非我混融为一个全体的不可能性中。这种不可能性并不是消极的(如果认之为消极的,这又会是参照被观照的真理的理想来衡量它)。这种不可能性源于以其高度支配着我的**他者**之临显的盈余。

对多元论的这一奠基并没有使构成多元性的诸项陷入隔离之中。在保护它们以抵御那会吸收它们的总体的同时,这一奠基也把它们遗留于商业(commerce)或战争之中。在任何时刻,它们都不充当它们自己的原因——否则这又会剥夺掉它们的全部的接受性或全部的主动性,又会把它们每一个都封闭在各自的内在性之中,并使它们相互隔离,就像生活在存在之缝隙中的伊壁鸠鲁主义的众神,或像在艺术中间(l'entre-temps)③静止不动的众神,这些神灵被永恒地遗留于间隔的边缘,被遗留于永不发生的将来的门槛处,它们是以空洞的双眼相互注视的雕像,是——与古各斯相反——被展出而并不进行观看的木偶。我们对分离的分析已经打开一个不同的视角。然而,这种复多性的原初形式既不作为战争产生,也不作为商业产生。战争与商业预设了面容以及显现在面容中的存在者的超越。战争并不来自这样一些存在者的复多性这样的经验事实,这些存在者以下述借口相互限制:因为一个存在者的在场不可避免地限制另一个存在者,所以这种限制就会等同于暴力。限制并不凭其自身而成为暴力。限制只有在一个诸部分相互界定的总体中才可以设想。界定远非对统一在总体中的诸项之各自的同一性施以暴力——而是确保这种同一性。界限是在一个全体中进行分离和统一的。在相互限制的概念中碎片化了的实在凭借这种碎片化本身而形成一个总体。作为诸种对抗性力量的游戏,世界形成一个全体,并在一种完备的科学思想中从一个唯一的公式中推导出来,或应当从中推导出来。人们试图将之称为力量对抗或概念对抗的东西,以一种主观视角和意志多元论为预设。这一视角收敛其中的那一点并不构成总体的部分。因此暴力在本性上指向一个恰恰不受另外一个实存限

---

③ 参见我们的文章《实在及其阴影》,载:《现代》(*Temps modernes*),1948年11月号。

制、并处于总体之外的实存。但是,那些能够被整合进一个总体的存在者所进行的对暴力的排除,并不等于和平。总体吸收了和平所蕴含的存在者的复多性。唯有能够进行战争的存在者才能臻至和平。战争像和平一样以这样一些存在者为预设:它们以不同于总体之部分的方式被结构化。

因此,战争有别于此与彼的逻辑对立,凭借这种逻辑独立,此与彼在一个可综观的且它们会从中获得它们对立本身的总体中相互界定。在战争中,诸存在者拒绝隶属于一个总体,拒绝共同体,拒绝法则;没有任何边界让它们在彼此面前止步并界定它们。它们把自己确立为对总体的超越,它们每一个都对自己进行同一化,这种同一化不是凭借其在全体中的位置,而是凭借其自身进行。

战争以敌方的超越为预设。战争的进行针对着人。战争为荣耀所环绕并放射着荣耀之光——它涉及一种总是来自别处的在场,涉及一种在面容中显现的存在者。它既不是狩猎,也不是与元素的战斗。对手所保持的那种挫败完美计谋的可能性——传达着分离,传达着总体的破裂;通过这种破裂,对手们相互接近。战争者在冒险。没有任何数理逻辑能保证胜利。虽然计谋可以规定总体内部力量博弈的后果,但计谋并不决定战争。战争处于最高的自信与最高的冒险之交界处。它是总体之外的、因此并不相互触及的存在者之间的关联。

但是,那在准备构造——亦即重构——一个总体的存在者之间是不可能的暴力,会因此在分离的存在者之间可能吗?分离的存在者如何能够维持一种关系,即使这种关系是暴力?战争对总体的拒绝并不拒绝关系,因为在战争中对手相互寻找对方。

如果分离的存在者自称是实体,每一个都是自因的实体,那么这些项之间的关系实际上就会是悖谬的,因为作为不能接受任何行动的纯粹现实,这些存在者无法承受任何暴力。但是,暴力的关系并不处在关系之完全形式性的状况的层次上。它以关系中的诸项具有一种确定的结构为前提。暴力只涉及一种同时既可掌握又逃避任何把握的存在者。如果在承受着暴力的存在者中没有这种活生生的矛盾,那么暴力性的力量的展开就会被还原为一种劳动。

因此，为了分离的存在者之间的关系是可能的，各项就必须部分地是独立的、部分地处于关系之中。从而，反思就必须接受那种有限自由的概念。但是，这种概念如何形成？说一个存在者是部分自由的，就立刻提出了存在于它身上的那一与下述关联有关的疑难，即关于那在自由的、自因的部分与那不自由的部分之间的关联的疑难。说自由的部分在不自由的部分中受到阻碍，这会把我们无休止地引回到同一个困难。自由的、自因的部分如何能够承受非自由的部分，无论后者是什么？因此，自由之有限性不应当意味着分裂为两部分的自由存在者之实体内的任意某种界限，这两部分就是具有其本己因果性的部分和服从外在原因的部分。必须在其他地方而非因果性中来掌握独立的概念。独立并不会等于自因的观念，何况后者还为出生所否认；出生是不被选择的和不可能选择的（当代思想的巨大悲剧），它把意志置放于一个无端的、亦即没有本原的世界中。

因此，在并不构成总体的关系中，就不能用自由来描述战争中的存在者——（因为）自由是一种抽象，当人们认为它有一种限制的时候，它就显示为矛盾的。

一种同时既独立于他者又被呈交给他者的存在者——是一种时间性的存在者：它以其作为延迟本身的时间来对抗死亡之不可避免的暴力。并不是有限的自由使时间概念可以理解；而是时间赋予有限自由的概念以意义。时间恰恰是这样的事实：必死的——呈交给暴力的——存在者的整个实存并不是向死而在，而是"尚未"；"尚未"是逆死而在④的一种方式，是在无可逃避地接近着的死亡面前的回撤。在战争中，人们把死亡带给那远离死亡者，带给那目前正完完全全地实存者。因此在战争中，那把存在者与其死亡分离开的时间的实在性就得到了承认，一个对死亡持有某种态度的存在者之实在性就得到了承认，就是说，一个有意识的存在者的实在性及其内在性的实在性就得到了承认。作为自因或自由，存在者就会是不死的，并且它们也不会在某种阴暗、荒唐的憎恨中彼此纠缠。如果存在者只是被呈交给暴力，如果它

---

④ "逆死而在"的原文是"être contre la mort"。——中译注

们只是必死的,那么它们就会在一个这样的世界中死亡:在这个世界里,没有什么反对无,这个世界的时间也会消解在永恒之中。人们在意志中所掌握到的是一个必死的、但也是时间性的存在者的概念——我们马上会展开这一概念——它与任何导致自因观念的因果性都有根本区别。一个如此这般的存在者被暴露给暴力,但它也反抗暴力。暴力发生在它身上,并不像一个事故发生在一个至高无上的自由身上那样。暴力所拥有的对于这一存在者的掌控——这一存在者的必死性——是原初事实。自由本身只是时间对于这一掌控的延迟。这里的关键并不在于主动性与被动性的独特混合发生于其中的那种有限自由,而在于一种原本就微不足道的、在死亡中被呈交给他者的自由;然而在这种自由中,时间就像一种松弛那样浮现出来;自由意志更多的是松弛了的和延迟了的必然性而非有限的自由。松弛或放松——延迟,正是由于它,才没有什么仍是最终决定性的,没有什么是完满无缺的;松弛或放松——机巧,它为自己找到一个后撤的维度,在那里,无可逃避者已迫在眉睫。

灵魂与它所支配的身体的接触,反转为凌空击打的非接触。必须要考虑(但如何考虑?)对手的机巧,这种机巧并不被归结为力量。而我的机巧延迟了那不可避免者。为了成功,必须在对手不在的地方进行打击;而为了得到保护,我就要从对手触及我的地方后撤。计谋与伏击——尤利西斯的手腕——构成战争的本质。这种机巧铭刻在身体的实存本身之中。它是灵活性——缺席与在场的同时性。身体性是一种如此这般的存在者的实存模式:它的在场恰恰在其在场的那一刻被延迟了。这样一种在瞬间之紧张中的放松只有从一个无限维度那里才能到来,这一无限维度把我从那同时既在场又仍处于来临之中的他者那里分离开;这一维度由他人的面容打开。唯有当一个延迟其死亡的存在者被呈交给暴力时,战争才能产生。唯有在话语已经是可能的地方,战争才能产生:话语支撑着战争本身。而且,暴力并不单纯追求支配他者一如人们支配事物;相反,由于已经处于谋杀的边界处,暴力源自一种不受限制的否定。暴力只能指向一种在场,这种在场尽管置身于我的权能性范围之内,其本身仍然是无限的。暴力只能指向一个面容。

因此,并不是自由说明**他人**的超越,而是**他人**的超越在说明自由;**他人**之相对于我的超越,作为无限,与我之相对于**他人**的超越并不具有相同的含义。战争所包含的危险度量着那把身体从其短兵相接中分离开的距离。**他人**尽管束缚于那些使其屈服的力量,暴露给诸种权力,但他仍保持为不可预测的,就是说,保持为超越的。这种超越并不被以否定的方式加以描述,而是肯定地显示在面容对于谋杀之暴力的道德性的抵抗中。**他人**的力量向已是道德性的。自由——即使它是战争的自由——只能在总体之外显示,但是这个"总体之外"却由面容的超越打开。在总体内部思考自由,就是把自由还原到存在中的不定性的层次上,并且通过把总体封盖在不定性的"窟窿"上面,通过借助心理学寻找有关自由存在者的规律,而立刻就把自由整合进总体之中!

但是,那支撑着战争的关系,那与作为无限、打开时间、超越并统治着主体性(**自我**并不在与**他者**超越于我相同的意义上超越于**他者**)的**他者**的非对称关系,可以具有对称关系的外观。面容的伦理性临显乃在于恳求回应(战争的暴力以及战争的谋杀性否定只能寻求将回应还原为沉默);如此这般的面容并不满足于"好意"(la "bonne intention")和完全柏拉图式的善意(bienveillance)⑤。"好意"与"完全柏拉图式的善意"只是一种态度的剩余物,即人们在享受事物之处、在可以放弃和提供事物之处所采取的那种态度的剩余物。因此,自我的独立以及自我相对于绝对他者的位置,就可以显现在历史与政治中。分离被包裹在一种秩序中;在这种秩序里,人格间⑥关系的非对称性被消除了;在这里,我与他者变成了商业中的可交换者;在这里,在历史中显现出来的特殊的人与人属的个体化取代了自我与他者。

分离并没有在这种歧义中被消除。现在必须表明,分离的自由以

---

⑤ 据 Cathérine Chalier 解释,"柏拉图式的善意"意指那种抽象的、不具体的善意。——中译注

⑥ "人格间"的原文为"impersonnelle"(非人的),德译本"译者附录"中的"法文版勘误"将此校订为"interpersonnelle",即"人格间的"。如此更符合列维纳斯思想。此处据此译出。——中译注

何种具体的形式消失了,以及在何种意义上,自由在它的失落本身中得到维持并能重新浮现出来。

第二节 商业、历史关系与面容

通过工作,意志确保分离的存在者是在家的。但是,在它的作品——其作品虽有含义却喑哑无语——中,意志并没有得到表达。意志在劳动中运行,劳动以可见的方式灌注于事物之中,但是意志却立即从事物中抽身而出,因为作品具有商品的匿名性;在这种匿名性中,工作者本身作为领薪水者,可以消失。

当然,分离的存在者可以把自己封闭在其内在性中。事物不会绝对地伤及它,伊壁鸠鲁主义的智慧就是靠这种真理生活。但是,意志——存在者在意志中通过以某种方式把所有那些操纵其存在的线绳掌控在手而自行运行——却凭借其作品而向**他人**展露自己。只要存在者的这种运行是凭借把其身体置入事物世界中来进行的,这种运行就被视为一种事物,以至于身体性描述了最初的自身异化的存在论机制;这种最初的自身异化是与下述事件同时的,即自身借以对抗元素的未知性、确保其独立性,就是说确保其自身占有或稳靠性的那一事件本身。意志等于非神论——非神论拒绝**他人**,就像拒绝一种施加在**自我**身上的或以其看不见的网罗抓住**自我**的影响;非神论拒绝**他人**就像拒绝一位居住在**自我**身上的**上帝**——意志摆脱这种占有、摆脱这种狂喜,就像破裂之权能本身;如此这般的意志凭借其作品把自己提交给**他人**,然而其作品却又允许它确保其内在性。因此内在性并没有穷尽分离的存在者的实存。

英雄主义的角色所遭受的那种沧桑(retournement)一直由命运的观念加以解释。英雄发现自己在一部这样的戏中扮演着角色,这部戏超出了他的那些充满英雄气概的意向,这些意向凭借它们与这部戏的对立本身而促进与这些意向相陌异的(命运之)计划的实现。命运的悖谬挫败了那至高无上的意志。实际上,纳入一个陌异的意志这一点,是通过作品的居间作用发生的;作品把它自己与其作者分离开,与作者的意向分离开,与作者的占有分离开;作品为另一个意志所捕获。劳动,那致使一些存在者为我们所占有的劳动,自身又根据这一事实而离弃这种占有,并在其权能所具有的主权本身中,以某种方式把自己呈交给**他人**。

每一种意志都把自己与其作品分离开。行为的本己运动就在于,在未知中,它无法去衡量它的所有结果。未知并不是来自对事实的无知。行动于其中涌现出来的未知抵制任何知识,未知并不置身于光中,因为它指示着作品从他者那里接受的意义。**他者**可以剥夺我的作品,可以将之取走或买走,因此可以左右我的作为本身。我让自己暴露于刺激之下。作品被奉献给这种 *Sinngebung*(意义给予),从其在我中的本原来看,这种 *Sinngebung* 是陌异的。必须强调,作品(它必定属于一种我无法预测——因为我无法看见——的历史)所具有的这一目的地,就铭刻在我的权能的本质本身之中,而非来自我旁边其他人的偶然的在场。

(我的)权能并不整个与其自己的冲动混而为一,它并不自始至终伴随其作品。有一种分离在生产者与产品之间打开。在某一刻,生产者不再紧跟(作品),他抽身而退。他的超越停在半途。与表达——在其中,表达着自己的存在者亲身参加到表达的作品中——的超越相反,生产证明处于作者缺席中的作品的作者乃是可塑的形式。从积极方面看,产品的这种非表达特征,反映在产品的商品价值中,反映在其对于其他人的适宜性中,反映在其下述可能性中,即披上其他人授予它的意义外衣的可能性,进入一个与形成它的语境完全不同的语境的可能性。作品并不反抗他人的 *Sinngebung*(意义给予),它把产生它的意志暴露给争议和误解,它让自己顺从于一个陌异意志的意图,并让自己被居有。活的意志的意愿对这种顺从加以延迟,并因此想反对他人及其威胁。但是,意志在它并不想要的历史中承担角色的这种方式,标志着内在性的界限;意志发现自己被捕获进一些只对历史学家显现的事件中。这些历史事件在作品中被串联起来。没有作品,诸意志就无法构成历史。没有单纯内在的历史。在历史中,每一个意志的内在性都只能以可塑的方式——即在产品的沉默无语中——显示自身;如此这般的历史是一种家政的历史。在历史中,意志凝冻为根据其作品加以阐释的人物角色;在作品中,那生产事物、依赖事物但又与这种依赖——它将意志提交给他人——做斗争的意志的本质因素变得晦暗不明。在说话着的存在者中,只要意志重获其作品并保护它不受陌异意志的占有,那么,历史就缺少它赖以存活的距离。历史的统治是在现实—结果的世界中开始,在"完全作品"的世界中开始,这些作品乃是已死意志的遗物。

因此,意愿的整个存在并不是在意愿自身内部起作用。独立自我的能力并不包含它自己的存在。意愿逃离意愿。在某种意义上,作品总是失败的行为。我并不完全是我想做的东西。由此,对于从意志在作品中的显现出发、从意志在其行为举止中的显现或在其产品中的显现出发来掌握意志的心理分析或社会学来说,就打开了一个无限的研究领域。

那与意志——该意志被剥夺了其作品,因而意愿从作品那里转身离去——相敌对的秩序,依赖于诸陌异意志。对于其他意志来说,作品具有一种意义,作品可以服务于一个他者,并可能转而反对它自己的作者。那从其作品中抽身出来的意志之后果所得到的"误解"(contresens),源于那已经幸存下来的意志。悖谬对某人仍有一种意义。命运并不先行于历史,它随历史而来。命运,就是修史者的历史,是幸存者的记述;幸存者对死者的作品加以解释,就是说,加以利用。历史的距离使这种历史编修、这种暴力、这种奴役成为可能,这种历史距离由这样一种时间所衡量,即对于意志完全丧失其作品来说为必要的时间。历史编修叙述了幸存者以何种方式把死者意志的作品据为己有;它建立在由胜利者、亦即幸存者所完成的篡夺的基础之上;它叙述奴役,同时遗忘那与奴隶状态进行斗争的生命。

意愿逃脱它自身,意愿并不包含自己。这一事实等于诸他者的这样一种可能性,即对作品或强取豪夺或转让购买。意志本身因此就获得一种为他者的意义,好似它是一件事物。在历史关系中,一个意志当然不是像事物那样接近另一个意志。这种关系并不与那构成劳动之特征的关系相似;在商业与战争中,与作品的关联始终保持为一种与工作者的关联。但是,通过那购买他人的金钱或杀死他人的刀剑,人们并没有从正面接近他人;商业涉及匿名的市场,战争针对广大的群众,尽管这二者穿过一道超越的间距。物质性的事物,面包和美酒、衣服和房屋,就像刀剑之锋,控制着意志的"自为"。唯物主义所包含的部分永恒真理在于这样的事实:人类意志是通过其作品而被人掌控的。剑锋——物理的实在性——可以把富有意义的活动、主体、"自为"排除在世界之外。然而,这种巨大的平庸是极其令人惊异的;那在其幸福中不可动摇的意志的自为被暴露给暴力;自发性承受着其反面,转变为其反面。刀剑并不触及惰性的存在者,金钱吸引的也并非事物而是意志,后者作为意志、作为"自为",本应当对任何伤害都具有免疫力。暴力承认意志,但也使其折腰。威胁与诱惑通过滑入那把作品与意志分离开的间隙而起作用。暴力,就是败坏——诱惑与威胁,意志在其中遭到出卖。意志的这一状况,就是身体。

　　身体溢出事物的范畴,但是并不与我在我的意志行为中所支配的、我借之而能的"本己身体"(corps propre)⑦的角色符合。转变为手段的身体性的抵抗和转变为(身体性的)抵抗的手段这二者之间的两可性,并不能说明身体在存在论上的杂交性(hybris)。身体在其活动本身中,在其自为中,反转为必须作为事物来对待的事物。当我们说,身体处于健康与疾病之间时,我们就以一种具体的方式表达出了这一点。通过这一点,人们不仅误解了人的"自为",而且还可以粗暴对待它;人们不只是冒犯人,而且还强迫他。"我完全如您所愿",斯加纳列尔在拷打之下说⑧。对于身体,人们并没有连续地和完全独立地采纳下述两种视角,即生物学的视角和从内部把身体当作本己身体的"视角"。身体的本原性在于这两个视角的一致。这是走向死亡的时间本身的悖

---

　　⑦　用"本己的身体"(eigener Leib)翻译"corps propre",是为了遵循列维纳斯所作的下述概念上的区分:(1)作为我能的本己的身体(le corps propre, je peux);(2)客观的身体(Leib)或者躯体(Körper)(客观的或物理学上的身体);(3)作为本己身体与躯体之统一的身体(le corps),或者作为自发性与被动性之统一的身体。此外,列维纳斯在你(TU)中还认识到"身体表达"(corps-expression)以及"肉体"(le charnel)。——德译注

　　⑧　莫里哀:《屈打成医》(le médecin malgré lui),第一幕第五场。——德译注

论与本质,在死亡中,意志像事物受到事物伤害一样受到伤害——受到利刃或组织变化(由于某个谋杀者或医生的无能)的伤害,但是意志也获得延缓,通过延迟(ajournement)对死亡的抗拒而延迟了(与死亡的)接触。本质上可侵犯的意志——在其本质中怀有背叛。意志不仅在其尊严上可被冒犯——这会证实它的不可侵犯性——而且作为意志可以被强迫、可以被奴役,它可以变为奴隶的灵魂。金钱与威胁强迫意志不仅出卖其产品,而且还强迫意志出卖其自己。或者,人类的意志并不充满英雄气概。

我们应当从意志权能的这种两可性出发解释意志的身体性,这种意志权能在其自我主义的向心运动中将其自己展露给诸他者。身体是意志的存在论的机制而非客体。在身体中,表达可以显露出来,意志的自我主义变为话语和地地道道的对立;同时,这样的身体也传达出自我进入他人的谋略之中。于是,诸意志的相互作用或历史——每一个被规定为自因的意志之间的相互作用,因为对一个纯粹主动性的行动会预设这个主动性中有一种被动性——就变得可能。我们后面会讨论(人的)必死性,这是身体的存在论机制所传达出来的那种两可性的基础。

但是,意志的完全独立难道不是在勇气中实现出来了吗?勇气,那直视死亡的权能,初看起来似乎实现出了意志的完全独立。那已接受其死亡者,始终暴露于凶手的暴力之下;但是,他难道没有最终拒绝赞同陌异意志吗?除非他人也欲求这种死亡本身。在这种情形下,尽管拒绝赞同(陌异意志),意志仍通过它的作为的结果、恰恰通过它的作品,而勉强使陌异意愿感到满足。在与死亡做斗争的极端情形下,拒绝接受陌异意愿可以转变为让这一敌对的意愿感到满足。所以,对死亡的接受并不能使我们肯定地抵制他人的谋杀性的意志。对陌异意志的绝对不赞同,并不排除其意图的实现。拒绝用生命服侍他人,并不排除一个人用其死亡来服侍他人。意愿着的存在者,并没有凭其意愿穷尽其实存的命运。命运并不必然包含悲剧,因为与陌异意志的坚决对立或许是疯狂,既然人可以对**他人**说话并欲望**他人**。

他人的意图并不像事物的法则那样呈现给我。**他人**的意图如此表现出来:它们不可转变为意志可以预先谋划的问题之素材。拒绝陌异意志的意志,被迫承认这一陌异意志是绝对外在的,是不可翻译为那些内在于它的思想的。**他人**并不能被自我包含,无论我的思想的延展有多大,因此也无论它多么不受限制:他人是不可思考的——他是无限,并被承认为如此。这种承认并不作为思想,而是作为道德重新产生出来。对他者的完全拒绝,宁死不屈、为了斩断与外在的关系而毁灭自己实存的意志,并不能阻止这种并不表达自我且自我从中缺席的作品(因为作品并不是说话)被列入这种外在的账簿之中;作品向这种账簿发出挑战,但恰恰又通过其大勇而承认了这种账簿。至高无上的且封闭在其自身中的意志,凭借其作品证实了它想忽视的陌异意志,并发现它自己为他人所"戏耍"。于是,一个这样的层面显示出来了:那已经中断了参与的意志却发现自己被铭刻在这一层面之中,甚至它的至高的创始性、它之与存在的决裂,也不情愿地以非人格的方式被铭记在这一层面中。在其通过死亡以挣脱**他人**的努力中,意志承认**他者**。意志为了避免受奴役而决心采取的自杀,并没有与"败北"的痛苦相分离,尽管这一死亡本应当表明任何游戏都是悖谬的。麦克白希望世界随他的失败与死亡一道毁灭(*and wish th' estate o' th' world were now undone*),或者更深刻地说,麦克白希望死亡的虚无是一种虚空,与那种假如世界从未被创造时就已弥漫着的虚空完全一样的虚空。

然而意志,在其与作品的分离中,在那可能的背叛——此背叛在意志的运作过程本身中威胁着意志——中,意识到这种背叛,并因此与这种背叛保持一定距离。因此,在某种意义上忠实于自身的意志便始终是不可侵犯的,它摆脱它自己的历史,并重新开始。内在的历史并不存在。意志的内在性自认为服从一种对其意图加以审察的裁决,在这种裁决面前,意志的存在意义与其内在的意愿完全符合。意志的意志行使(volitions)并没有施加在意志自己身上;意志向裁决开放,从这种裁决而来的是宽恕,是抹消的权力、赦免的权力和解除历史的权力。于是,意志就运行在背叛与忠实之间,它们同时描述了意志权能的独特性本身。但是,忠实并没有遗忘背叛——而宗教意志始终是**与他人**的关联。忠实被懊悔与祈祷所战胜,祈祷是被赋予优先地位的说话,在这里,意志寻求其对自己的忠实;而那为意志确保这种忠实的宽恕则从外部来到意志这里。因此,内在意愿的正当性,它之为不被理解的意愿的确定性,就仍揭示出一种与外在性的关系。意志期待着这种外在性的承认与宽恕。意志从一种外在的意志中期待着它们,⑨但是从这种外在的意志中,意志所感受到的不再会是冲突,而是审判;意志从这样一种外在性中期待着它们:这种外在性摆脱了意志(间)的对抗,摆脱了历史。在这种作为宗教意识的辩护与宽恕的可能性中,内在性趋向于与存在相符合;这种可能性面对着我向之说话的**他人**而敞开。说话,在其欢迎作为**他人**的**他人**的意义上,它把劳动产品呈交给或贡献给**他人**,因此,它的演出并没有超出家政之上。于是我们看到,与其作品相分离并被作品所背叛的意志权能的另一端——表达——就仍然指向非表达的作品;凭借这种非表达的作品,意志尽管相对于历史是自由的,但仍参与历史。

在意志中,**同一**之同一性表现在**同一**对自身的忠实和背叛中;这样的意志并不是产生自经验的偶然,后者会把一个存在者置于那些质疑其同一性的众多存在者中。意志在其必死性中包含背叛与忠实这种二元性;意志的必死性产生自或表现在其身体性中。一种这样的存在——其中,复多性并不是指全体之分为部分的那种单纯可分性,也不是指那在存在者之缝隙中各为其自身而活的众神的单纯统一——要求必死性和身体性;如果没有身体性,帝国主义式的意志或者会重建起一个全体,或者作为既不会死亡也不会不朽的物理躯体而形成一块石头。死亡在会死意志中的延迟——时间——是实存的模式,是一个已经进入与**他人**之关联中、(与**他人**)分离的存在者之现实性。必须要把这种时间间距(espace du temps)作为出发点。在这里,一种富有意义的生活在上演;人们不应当把这种生活的持续与兴趣视作悖谬与幻象,由此而用一种永恒性的理想来衡量这种生活。

---

⑨ "意志……期待着它们"原文为"Elle l' attend…",德译本"译者附录"中的"法文版勘误"将此句校订为"Elle les attend…"(参见德译本第449页)。此据校订后译出。——中译注

第三节　意志与死亡

在全部的哲学与宗教传统中,死亡或者被解释为通向虚无的通道,或者被解释为通向另一种在一个新环境中延续自己的实存的通道。人们在存在与虚无的非此即彼中思考死亡;我们邻人的死亡昭示出这种虚无,(去世的)邻人实际上停止了在经验世界中的实存;对于这个世界来说,这意味着消失或离开。在谋杀的激情中,我们以一种更加深刻的、某种意义上是先天的方式,把死亡作为虚无来接近。这种激情的自发的意向性指向毁灭(l'anéantissement)。该隐,当他杀死亚伯的时候,⑩必定已经拥有了这种关于死亡的知识。死亡与虚无的同一化与**他者**在谋杀中的死亡相适应。但是同时,这种虚无在这里显现为某种不可能性。实际上,在我的道德意识之外,**他人**无法作为**他人**呈现出来,他的面容表达出我在道德上不可能毁灭他。禁令当然不等于完全的不可能性,它甚至预设了它所恰恰禁止的可能性;但是事实上,禁令已经寓居在这种可能性本身中而非预设它;禁令并不是事后添加到这种可能性上的,而是从我想泯灭的双眼深处注视着我,就像那将在坟墓中注视着该隐的眼睛那样注视着我。谋杀中的毁灭的运动因此就有一种纯粹相对的意义,如同通向在世界内部被尝试的否定之极限的通道一样。事实上,这一运动把我们引向一个我们无法言说的状态,这一状态甚至不是存在,亦即那不可能的虚无的反题。

人们可能很惊讶,在这里我们竟然质疑那种把死亡或者置于虚无中,或者置于存在中的思想,似乎存在与虚无这二者的非此即彼并不是最终境况。难道我们会质疑排中律吗?

然而,我与我自己的死亡的关系,把我放置到一个既不能进入存在也不能进入虚无的范畴的面前。对这种最终的非此即彼的拒绝,包含着我的死亡的意义。我的死亡并不能通过类比而从其他人的死亡中推导出来,它铭刻在我对我的存在所能具有的害怕之中。关于威胁性事

---

⑩　参见《旧约·创世纪》(和合本)第四章。——中译注

物的"知识"先行于根据他人死亡而推理出来的任何经验——用自然主义的语言,这被称为关于死亡的本能知识。界定着威胁的并不是对死亡的认识;威胁原本存在于死亡的逼临之中,存在于死亡的不可还原的逼近运动中;"对死亡的认识"——如果我们可以这么表达的话——是在这种逼临与逼近运动中被宣布出来、被付诸言语的。害怕度量着这一运动。威胁的逼临并不是来自将来的一个确定的(时刻)点。*Ultima latet*(最后的时刻隐而不显)。最终时刻的不可预测性并不依赖于经验性的无知,也不依赖于我们智性的受限的视域,好像一种更大的智性可以克服这种视域似的。死亡的不可预见性来自它不处于任何视域之中。它不呈交给任何把握。它把握住我,却不留给我那斗争所留给我的机会,因为,在相互斗争中,我掌握着那对我进行把握者。在死亡中,我被暴露给绝对的暴力,暴露给黑夜中的谋杀。但是说实话,在斗争中,我已经与不可见者进行斗争。斗争并不与两种力量之间的那种人们可以预见和计算其结果的碰撞相混同。斗争已经是或仍然是战争,在战争中,超越之间距横亘在相互对抗的两种力量之间;穿过这一超越,死亡的打击不期而至。与超越之事件本身不可分离的**他人**,位于那可能是谋杀的死亡所来自的区域之中。死亡来临的那一异乎寻常的时刻,就像由任意某人所确定的命运的时刻那般逼近。那些充满敌意的和满怀恶意的、总比我更狡猾和更智慧的力量,庇护着这一来临的秘密。死亡在其悖谬性中维持一种人格间的秩序,死亡倾向于在这一秩序中获得含义,正如在原始思维里那样:在那里,死亡从来不是自然而然的,相反,按照列维-布留尔的观点,它要求一种巫术性的解释。那些给我带来死亡、屈从于劳动且可掌握的事物,更多是障碍而非威胁,它们指向一种恶意,它们是一种突然袭来、窥伺在旁的邪恶意愿的孑余。死亡从彼岸威胁我。那使人害怕的未知之物,那使人畏惧的无限空间,来自于**他者**;而这种他异性,恰恰作为绝对的他异性,在一种邪恶的意图中或在一种正义的审判中击中我。死亡的寂静并不使他人消失,相反,它处于一种对敌意的意识之中;并且恰恰因此,它仍然使得对他人的呼唤、对他人之友爱和他人(带给我)的疗救的呼唤成为可能。

医生是人之必死性的先天原则。死亡在对某人的害怕中逼近并信任某人⑪。"耶和华使人死，也使人活。"⑫在威胁中，有一种社会性的局面得以维持。这一局面并没有沉没在那种会把它转化为"虚无之虚无化"的焦虑中。在怕之向死而在中，我并不是面对虚无，而是面对那与我相反对者；似乎，谋杀并不是死亡的一种情况，而更是与死亡的本质不可分离；似乎，死亡的逼近一直会是与他人的关联的一种模态。死亡之暴力就像一种专制那样进行威胁，它宛若来自一种陌异的意志。在死亡中实现的必然性的秩序，并不与那种统治着总体的不可抗拒的决定论的法则相似，而是与他人对我的意志的异化相似。当然，问题并不在于把死亡引入一种对死亡加以说明的原始的（或完备的）宗教系统，而在于在死亡带给意志的威胁的背后显示出死亡对一种人格间的秩序的参照，死亡并没有取消这一人格间秩序的意义。

人们并不知道死亡将何时到来。将要到来的是什么？死亡用什么来威胁我？是凭借虚无还是凭借重新开始？我不知道。认识我死后（如何）是不可能的；在这种不可能性中，栖居着最后时刻的本质。我不可能绝对地掌握死亡那一时刻——"它超出我们的能力所及"，正如蒙田所说。*Ultima latet*（最后的时刻隐而不显）——它与我生命的所有时刻都相反，后者是在我的诞生与死亡之间展开的，并且可以被唤回或被预期。我的死亡来自一个时刻，对于这个时刻，我无论采取何种形式都不能将我的权力施诸其上。我（与死亡的遭遇）并不是与一个这样的障碍遭遇；这个障碍至少在这种遭遇中为我所触及，并且通过克服它或承受它而把它整合进我的生活之中，并悬搁了它的他异性。死亡是一种威胁，它像一种奥秘那样接近我；它的秘密规定着它——它逼近，却不能被接受，以至于那把我从我的死亡那里分离开的时间越来越短并永远变短下去（而不会等于无），这段时间包含着比如我的意识无法

---

⑪ 从上下文看，这句中的"某人"似是指上文中所说的能给我带来疗救的"他人"或"医生"，因为他们是统治死亡的原则，在这个意义上死亡害怕他们但也信任他们。——中译注

⑫ 《旧约·撒母耳记上》（和合本）2:6。——中译注

跨越的一道最后的间距,在这道间距中,从死亡到我的跳跃会以某种方式发生。最后一段路程自行延伸,并无我的参与;死亡的时间溯流而上,自我在其向将来的筹划中发现自己被一种迫近运动、一种从绝对他异性来到我这里的纯粹威胁所倾覆。正如在爱伦·坡的一个小说中那样:在那里,包围着叙述者的四面墙壁不断地向中间靠拢;叙述者通过注视而体验到死亡;而注视作为注视在自己面前总已经拥有一段广延,但是,它也察觉到一个时刻之持续不断的逼近,这一时刻对于那等候着该时刻的自我来说属于无限的未来——Ultima latet(最后的时刻隐而不显)——但是这一时刻在一种逆流运动中将抹去这一无限小的、然而无法逾越的距离。有(两种)运动穿过那把我从最后时刻那里分离开的距离,它们之间有一种相互作用,这种相互作用区分开了时间间距与空间距离。

但是,迫近同时既是威胁也是延迟。它使时间紧迫,但又留有时间。(一物)是时间性的,就是既向死而在(是)同时又仍拥有时间,就是与死亡对立着而在(是)。威胁在迫近中触动我;在威胁如此触动着我的方式之中,即栖居着威胁对我的拷问以及害怕的本质。(这是)一种与这样一个时刻的关系,这一时刻的非同寻常之处并不在于它处在虚无或再生的门槛处,而是在于这样的事实:在生命中,它是任何可能性的不可能性——是一种完全的被动性所带来的打击;与这种被动性相比,感性的那种转化为主动性的被动性只是对被动性的相去甚远的模仿。为我的存在感到害怕是我之与死亡的关系,这种害怕因此就不是对虚无的害怕,而是对暴力的害怕(因而它就一直延伸到对**他人**的害怕,对绝对的不可预见者的害怕)。

正是在必死性中,心灵与身体的交互作用以其原初的形式显现出来。如果人们从被设定为自为或自因的心灵和被设定为根据"他者"而流逝的身体出发来接近心灵和身体的这种交互作用,那么,由于关系项被还原其上的那种抽象概念,就会有某种问题产生。必死性是具体且原初的现象。它禁止对一自为者进行设定;自为者并没有已经被提交给他人,因此,它并不是事物。本质上必死的自为者,不仅为自己表象事物,而且还承受事物。

但是,如果意志是必死的,并且易于受到来自钢刃的暴力、来自毒药之化学的暴力和来自饥渴的暴力的侵袭,如果它是处于健康与疾病之间的身体,那么这就并不只是因为它被虚无所包围。虚无是一道间隔,在这道间隔的对面乃是一个敌对的意志。我是一种不仅在我的存在中受到虚无威胁,而且也在我的意志中受到(另)一种意志威胁的被动性。在我的行动中,在我的意志的自为中,我被暴露给一个陌异的意志。这就是为什么死亡无法剥夺掉生命的全部意义。但这并不是帕斯卡尔式的消遣的效果,或日常生活的匿名状态中的沉沦——在海德格尔赋予这个词的意义上——的效果。我不能将我之权力施诸其上且并不构成我的世界的部分的敌人或上帝,仍然处于与我的关系之中,允许我进行意愿;但这是这样一种意愿:它并不是自我主义的,它与欲望的本质相适应;而欲望的重心并不与需要的自我相一致,欲望是对他人的欲望。死亡所回溯其上的谋杀,揭示出一个残酷的、却在人类关系范围内的世界。意志,已经是背叛和自身异化,但是它延迟这种背叛;它奔向死亡,但那总是在未来的死亡;它暴露给死亡,但并不立即如此;它有时间为**他人**而在,并因此有时间重新发现意义,尽管有死亡。这种为**他人**的实存,这种对他者的欲望,这种从自我主义的引力中解放出来的善良,保存的仍然是一种人格的特征。这种受限定的存在者之所以拥有时间,恰恰是因为它延迟了暴力,就是说,是因为在死亡之彼岸仍有一个富有意义的领域继续存在,因此是由于话语的所有可能性都不能被还原为绝望地以头撞墙。受威胁的意志消解在**欲望**中;**欲望**不再保卫意志的诸种权能,但是它却在其自身⑬之外有其中心,一如死亡无法剥夺其意义的善良。在接下来引出意志于时间中所掌握住的不同机会时,我们将不得不展示出这一点;而意志所拥有的时间是意志的逆死而在所留给它的,意志的这种逆死而在是那样一些机制的基础,正是在这

---

⑬ "其自身"原文为"elle même",其中"elle"为阴性形式,而据上下文,"elle"所指代的当是 le Désir(欲望),此为阳性名词,故"elle"有误。德译本"译者附录"中的"法文版勘误"将其校订为"lui-même",参见德译本第 449 页。此处据此勘误译出。——中译注

些机制中,意志超出于死亡之外而确保一个富有意义的却非人格的世界。

第四节 意志与时间:忍耐

当我们断言人类意志并不是充满英雄气概时,我们并没有裁定人类意志是懦弱的,而是展示出那处于其固有失败之边缘处的勇气所具有的不可靠性。而这是由于那在其实行过程中背叛自己的意志在本质上具有必死性。但是在这种失败本身中,我们已经觉察到时间的奇迹,即这种失败的未来性和延迟。意志把一种矛盾统一在一起:一方面,它对任何外在攻击都具有免疫力,以至于它表现为非创造的、不朽的,具有一种在任何可计算的力量之上的力量(它根本不是由那种不可侵犯的存在者所逃避其中的自身意识所证明的,这种存在者说:"我永不动摇。")⑭;另一方面,这种不可侵犯的至高权力又具有永久的犯错可能性,以至于具有意志的存在者总屈从于五花八门的诱惑、宣传和酷刑。意志可以屈服于专制压力,也可能忍不住堕落,似乎,唯有它为了抵抗而发挥出来的能量或那施加在它身上的能量才能区分开软弱与勇敢。当意志战胜它的激情,它就不只是显示为最强烈的激情,而且还显得超越于任何激情之上,显示为那由其自身规定自身的东西,显示为不可侵犯者。但是,当它屈服时,它便显得易受影响,便将自身揭示为自然的力量,绝对可操控的、完全分解为其组成成分的自然的力量。在其自身意识中,它(意识到自己)遭到了侵犯。它的"思想的自由"消失了:那

---

⑭ 此句原文为"je ne chancellerai pas pour l'éternité",出自《旧约·诗篇》10:6 的前半句。但据 C. Chalier 说,这半句似是列维纳斯本人根据希伯来文翻译的,因为整句经文一般译为"jamais je ne chancellerai et ne serai dans le malheur";而犹太教教士对这句经文的翻译——同样根据 C. Chalier——是"je ne chancellerai point"。译者手中的另一个法文版《圣经》(traduite sur les textes originaux hébreu et grec par Louis Segond, docteur en théologie, nouvelle édition de Genève 1979) 对该句经文的翻译是:"Je ne chancelle pas, Je suis pour toujours à l'abri du malheur!"在中文版《圣经》(和合本)中该句经文则被译为:"我必不动摇,世世代代不遭灾难。"——中译注

些最初是相反的力量的推力,最终显现为(它的)习性。在一种颠倒中,它甚至丧失了对于其诸种习性的堕落倾向的意识。意志处于不可侵犯与蜕化堕落之间这道游移不定的界线上。

这种颠倒比罪恶还更为彻底,因为它威胁着在意志之结构本身中的意志,威胁着在其本原与同一性之尊严中的意志。但是同时,这种颠倒也远不彻底,因为它只是进行威胁,它无限期地延迟自己,它是意识。意识是对暴力的抵抗,因为意识为预防暴力留下必要的时间。人的自由栖居于其不自由的那种将来⑮之中,那总还是最低限度的将来之中;栖居于如此这般的意识之中,后者预见到暴力,亦即那穿过尚留存的时间而迫在眉睫的暴力。具有意识,就是拥有时间。这并不是说通过预期将来和使将来提前而溢出当前,而是与当前保有一段距离:就是说,与存在发生关联就如同与将来的存在发生关联;在已经承受存在之重负的同时又与其保持距离。是自由的,就是拥有时间以预防其自己在暴力威胁下的沉沦。

多亏时间,那受限定的存在者,亦即那凭其在全体中的位置而是同一的存在者,那自然的存在者(因为出生恰恰是对进入一个先行存在且继续存在下去的全体中的描述),才尚未到达其终点,才停留在与其自身的一定距离之外,才仍然是准备性的,才只处于存在的前厅,才仍位于那非经选择的出生的命定性之前,才仍没有实现自己。在这个意义上,那为其出生所限定的存在者就可以对其自然持有一种立场;它拥有一个背景,并在此意义上就还不完全是被生出来的,它先于对它的限定或它的自然。当前并不是通过一个瞬间连接在另一个瞬间上而形成。当前的同一性分裂为诸可能——它们悬搁瞬间——之不可穷尽的复多性。这一点赋予创始以意义,没有什么确定之物能让创始完全停顿;这一点也赋予安慰以意义,因为独自飘落的泪水——即使它被拭去——如何能够被忘记,(后来的)补救如何能够具有最起码的价值,

---

⑮ 此句中的"将来"原文为"avenir"。其本来的意思是"正在到来或即将到来"(à venir)。列维纳斯的意思是说,人的不自由是尚处于到来或来临之中的,亦即处于将来的,而自由即处于不自由的这种将来(非当前)之中。——中译注

如果它没有修正瞬间本身,如果它让瞬间逃入其存在之中,如果那在泪水中闪现的痛苦无"所期待",如果它不具有一种仍是临时的存在,如果当前已被完成。

那总在未来的不幸(mal)在一种处境中变为当前的——意识的界限;这种被赋予优先地位的处境在所谓身体的痛苦中被达到。我们在这种痛苦中受困于存在。我们不仅把痛苦认识为一种令人不快的感觉,这种感觉伴随着受困与受到触犯这样的事实。这个事实是痛苦本身,是接触的那种"没有出口"。痛苦的全部剧烈都在于摆脱痛苦的不可能性,在于从自身中找到抵抗自身的庇护所这样的不可能性;它在于脱离了任何活的源泉。(这是)回撤的不可能性。在这里,那处于害怕中的、只是在未来的对于意志的否定,那对权能予以拒绝这样一种状态的紧迫,进入了当前;在这里,他者抓住我,世界影响意志、触动意志。在痛苦中,实在对(我的)意志的自在发挥作用,(我的)意志绝望地蜕变为对于他人意志的完全顺从。在痛苦中,意志为疾病所涣散。在害怕中,死亡仍处在未来,仍与我们保持距离;相反,痛苦则在意志中实现出那威胁着意志的存在之极端的临近。

但是,我们仍然注意到我向事物的这种蜕变(virement),我们既是事物同时又与我们的物化保持距离,我们是与(自我)放弃保持着最小距离的(自我)放弃。痛苦保持着两可性:既已经是对意志的自为发挥影响的不幸之当前,但是作为意识,又总还是不幸之将来。由于痛苦,自由的存在者不再是自由的,但是不自由仍还是自由的。凭借着其意识本身,痛苦与这种不幸保持着距离,并因此可以转化为充满英雄气概的意志。这一处境——意识于其中被剥夺了任何行动的自由——与当前保持着最小的距离;这一终极的、然而绝望地转化为行动与希望的被动性——乃是忍耐——这一承受的被动性,然而又是掌控本身。在忍耐中,实现出一种介入中的解脱——既不是凌驾于历史之上的观照所具有的那种冷静,也不是那种在人的可见的客观性中永不返回的介入。两种立场融合在一起。那强暴我、抓住我的存在,尚未来到我这里,它从将来持续地进行威胁,它尚未临到我身上,它只是被意识到。但(这是)极端的意识,在这里,意志在一种新的意义上实现一种掌控——在这里,死亡不再触及意识,极端的被动性变为极端的掌控。意志的自我主义濒临这样一种实存的边缘,这种实存不再强调它自身。

对自由的最高考验——不是死亡,而是痛苦。憎恨对此知之甚深:它试图把握那不可把握者,试图从高处、试图穿过他人在其中作为纯粹的被动性而实存的痛苦来贬低那不可把握者;但是憎恨又意愿这种被动性,后者处于那应当见证着它的极其主动的存在者中。憎恨并不总是欲望他人的死亡,或者至少,唯有当它把他人的死亡罚作(他人)极端的痛苦,它才欲望这种死亡。憎恨者试图成为痛苦的原因,而被憎恨者应当成为这种痛苦的见证者。让(他人)痛苦,这并不是把他人还原到对象的层次上,相反,是让他骄傲地处在他的主体性中。在痛苦中,主体必须知道他的物化;但是,为了知道这一点,主体又恰恰必须保持为主体。憎恨者想二者兼得。由此就产生了憎恨的难以满足性;它恰恰是在它未被满足的时候得到满足,因为他人只有变为对象才能满足它,但是他人又决不能充分地变为对象,因为人们在要求他人沉沦的同时也要求他人的清醒和见证。憎恨的逻辑悖谬即在于此。

对意志的最高考验不是死亡,而是痛苦。在忍耐中,在放弃的边缘,意志并没有堕入悖谬;因为,在那虚无——它会把从出生到死亡之间所展开的时间间距还原为纯粹的主观之物,还原为内在之物,还原为虚幻,还原为无足轻重者——的彼岸,有意志所承受的暴力从他者那里到来;这种暴力就像一种专制,但也正因此,它就像一种悖谬那样产生出来,这种悖谬在意义的衬托下显得格外突出。暴力并不终止**话语**;一切都不是冷酷无情的。只是因此暴力在忍耐中才一直是可承受的。它只有在一个我可以因某人和为某人而死的世界中才产生。这一点把死亡置于一个新的语境中,并修改了它的概念,后者失去了那种从其作为我的死亡这一事实而来的悲怆性。换言之,在忍耐中,意志穿透了其自我主义的外壳,就像把它的重心移到了它之外,以便作为没有什么可以限制的**欲望**与**善良**进行意愿。

接下来的分析将会进一步引出生育的维度,从那里最终将会流出忍耐的时间本身——以及我们现在就要遇到的政治的时间。

第五节　意愿的真理

意志是主观的——它并没有掌握住它的整个存在,因为与死亡一道,在它身上发生的是一件绝对逃脱它权能的事件。死亡并不是作为终点,而是作为最高的暴力与异化铭刻在意志的主观性上。然而在意志于其中被转移到一种既反对某人又为了某人的生活上去的忍耐中,死亡便不再触及意志。但是这种免疫性是真实的抑或是仅仅主观的?

在提出这个问题时,我们并没有设定一个与内在生活(它可能是不连贯的和虚幻的)相对立的实在领域的实存。我们试图呈现内在生活,不是作为副现象和外表,而是作为存在的事件,作为在存在家政中的一种对于无限之产生来说不可或缺的维度之敞开。幻觉的能力并不是思想的一种单纯恍惚,而是存在本身中的一种游戏。它有一种存在论的重要性。内在生活位于申辩的层次上,并且无论如何我们都不能越过这一层次,否则就会把内在生活重新还原为副现象;但是,申辩难道没有由衷地呼唤一种它在其中以摆脱死亡的证实——恰恰是由于它在死亡中摆脱了它自己?申辩要求一种审判,不是为了消失在后者将会投射出来的光明中,也不是为了像斑驳的阴影那样消散逃逸,完全相反,它是为了获得正义。审判会证实一种在其原初且独特的运动中的申辩的事件,这一申辩在**无限**的产生中是不可避免的。在历史语境中,也就是说,在意志所残留下来的作品中,死亡使意志窒息,并借此戳穿了意志的自发性和掌控性的谎言;如此这般的意志由衷地追求置身于审判之下,并从这种审判中获得那关于其自己的见证的真理。这样一种实存——意志为了置身于一种支配着申辩而又不将之还原为沉默的审判之下而进入它——是一种怎样的实存?因为审判,参照无限进行定位这个事实,难道不是必然地在被审判的存在者之外有其源泉吗?它难道不是来自他者、来自历史吗?然而他者首先又异化意志。历史的裁决由幸存者宣布出来,而幸存者不再对他所审判者说话,意志是作为结果与作品显现与呈交给幸存者。因此意志寻求审判是为了证实自己、对抗死亡,而审判作为历史的审判则杀死作为意志的意志。

对正义的寻求与否定这种辩证处境具有一种具体的意义:那赋予意识之基本事实以灵魂的自由,又立即像一种瘫患者的自由那样显示出它的无效,并显得早熟。黑格尔关于自由的重要思考允许我们可以这样理解:善良意志凭其自身还不是真正的自由,只要它还没有掌握实现自己的手段。宣称上帝的普遍性在意识之中,认为一切都已完成,而相互伤害的人们事实上却戳穿这种普遍性——这不只是在准备一种伏尔泰式的非宗教,而且还是在触犯理性本身。内在性不能代替普遍性。自由并不能在社会与政治制度之外实现,它们为自由打开了新鲜空气的通道,而新鲜空气对于自由的充分发展、对于其呼吸、甚至对于其自然发生来说都是必要的。非政治的自由被解释为幻觉,因为事实上,非政治自由的信奉者或其受益者都属于政治发展的发达阶段。一种自由的实存而非对自由的微弱愿望,以自然和社会的某种组织为前提——折磨带来的比死亡更强烈的痛苦,可以毁灭内在的自由。甚至那接受死亡者,也不是自由的。未来的毫无保障,饥渴,都对自由报以嘲笑。当然,在折磨当中,对折磨的理由的理解重建起那著名的内在自由,尽管有背叛,也有贬黜显示出来。但是这些理由本身只对历史发展与制度的受益者显现。为了反对悖谬及其暴力,一种内在的自由必须已经接受教育。

因此,自由只是由于有了各种制度才会进入实在。自由显露在铭刻有律法的石板之上——凭借这种镶嵌,自由便具有一种制度性的实存。自由依赖于写下的、当然也是可摧毁的、但也是持久的文本;在写下的文本中,除了人之外,自由也被为了人而保存下来。人的自由暴露于暴力与死亡之下,并没有凭借柏格森式的冲动一下子达致其目标;人的自由在各种制度中躲避它自己的背叛。历史并不是一种末世论。在动物的冲动看起来被中断和受挫的情况下,在动物不是作为不可侵犯的意志一往无前奔向其目标,而是制造工具并把其未来活动的权能固定在可移动和可接受的事物中的时候,制造工具的动物就从其动物状态中解放出来了。因此,一种政治的和技术的实存为意志确保了它的真理,使它变得——像我们今天说的那样——客观,而没有让它通向善良,没有清空它自我主义的重担。通过把暴力与谋杀驱逐出世界,就是说,通过借助于时间以便总是进一步地延迟最后的限期,必死的意志便可以摆脱暴力。

客观的审判由理性制度的实存本身宣布出来;在理性制度中,意志得以确保自己以防止死亡以及它自己的背叛。客观的审判就在于使主观意志经受普遍法则的衡量,后者把主观意志引导至其客观含义。在死亡或时间的延迟所留给意志的延期中——意志将自己委托给制度。于是,在公共秩序的映照下,意志就存在于法则的普遍性为它确保的平等之中。于是,意志如此存在着,好像死了,好像只是凭借其遗产才有意义,好像所有那些在它之中以第一人称实存的东西、主观实存的东西,只是它的动物性的孑遗。但是意志在这里认识到另外一种专制:那些异化了的、已经陌异于人的作品的专制,这些作品唤醒了人们对于犬儒主义的古老乡愁。存在着一种普遍之物和非人格之物的专制,一种非人的、尽管有别于野蛮的秩序。与这种秩序相对立,人将自己肯定为一种不可还原的、外在于其所进入之总体的个别性;这种个别性渴望着宗教的秩序,在这种秩序中,对个体的承认是在其个别性中关涉个体;这种个别性渴望着快乐的秩序,这种快乐既不是痛苦的终止也不是痛苦的反面,亦非在痛苦面前的逃避[正如海德格尔关于 *Befindlichkeit*(处身性或现身情态)的理论使人相信的那样]。历史的审判总是缺席宣判。意志之缺席于这种审判乃在于这样的事实:它只是以第三人称出席这种审判。意志处在这种话语之中,一如处在一种间接引语之中,在这种间接引语中,意志丧失了它的唯一性和开端的品格,丧失了说话能力。然而,那对于普遍审判的客观智慧来说毫无用处或者只是其调查材料的以第一人称说的话或直接引语,恰恰在于不停地带来一种材料,后者把自己增添到那不再能够承受任何添加的事物——作为普遍智慧的客体——之上。因此,这种(以第一人称说的)话就并不与其他的审判的话语混而为一。它让意志在其诉讼中出席,它作为意志的辩护而产生。主体性在向它确保真理的审判中的出席,并不是一种单纯数量上的出席行为,而是一种申辩。在其申辩姿态中,主体性不可能完全保持住自己,而是把自己暴露给死亡的暴力。为了在其与自身的关系中完全保持住自己,主体性必须在申辩之外还可以意愿它的审判。

必须要加以克服的,并不是死亡之虚无,而是被动性;意志作为必死的意志,作为不能保持绝对注意或绝对警醒的意志,作为必然会被突袭的意志,作为暴露给谋杀的意志,它被暴露给那种被动性。但是,我被从外部加以观看的可能性更加不包含真理,如果我为这种可能性付出解人格化的代价的话。凭借审判,主体性绝对地将自己维持在存在之中;在这种审判中,思考着的自我的个别性和唯一性必须不沉没,以便它消失在其自己的思想中并进入其话语。审判必须被施加于一种这样的意志之上,这种意志可以在审判中为自己辩护,可以通过申辩在它的诉讼中出席,而不是消失在融贯一致的话语总体中。

历史的审判在可见者中得到陈述。历史事件是真正的可见者,它们的真理在明见性中产生。可见者形成总体,或趋于总体。可见者排除申辩;申辩则每时每刻都把其主体性本身之不可逾越的、无法含括的当前嵌入总体之中,并借此拆解总体。在审判中,主体性应当以申辩的方式保持出席;而审判之做出则必须与历史的明见性相反(也与哲学相反,如果哲学与历史的明见性一致)。为了历史不再拥有最终的话语权,那对于主体性来说必然是非正义的、不可避免地是残酷的最终话语权,不可见者必须要显示出自己。但是不可见者的显示并不能意指从不可见者到可见者的地位的过渡。不可见者的显示并不导向明见性。它在被保留给主体性的善良中产生出来,因此主体性并不单纯地从属于判断的真理,而是这种真理的源泉。不可见者的真理,在存在论上是通过言说这种真理的主体性产生出来的。实际上,不可见者并不是"暂时的不可见者",也不是那对于一种浮光掠影式的观看来说为不可见的事物——一种更为仔细、更加一丝不苟的调查可以使这种事物变得可见;也不是那种未被表达出来的东西,一如隐藏在灵魂深处的活动;也不是人们毫无根据且漫不经心地断言为神秘的东西。不可见者,乃是那不可避免地从可见历史的审判中产生的冒犯,即使历史是以理性的方式展开。历史的有力审判,"纯粹理性"的有力审判,是残酷的。这一审判的普遍规范使申辩处于其中并从中引出其论证的那种唯一性沉默不语。被安排在总体中的不可见者冒犯主体性,因为本质上,历史的审判就在于把每一个申辩都转换为可见的论证,在于汲干个别性之不可耗尽的源泉,可见的论证就从这种源泉中流出,并且任何论证都不能战胜这种源泉。因为个别性不能在总体中找到位置。上帝审判的观念代表着一种这样的审判的界限观念,这种审判(一方面)重视这种不可见的、本质性的冒犯,后者对于个别性来说来自审判(即使审判是理性的,是由普遍原则引导的并因此是可见的和明见的);另一方面,这种审判从根本上是审慎的,它并不凭借其庄严而使申辩的声音和反抗归于沉默。上帝注视着不可见者,他注视着而不被注视。但是,这种处境,人们可以将之称为上帝审判——那真正地而非仅仅主观地进行意愿的意志服从这种审判——的这种处境,如何具体地实现出来呢?

不可见的冒犯由对可见者的历史审判产生;如果这种冒犯只是作为叫喊与抗议而产生,如果它是在自我之中被感受到,那么这种冒犯将证明主体性先于审判,或主体性是对审判的拒绝。然而,冒犯却是作为审判本身产生的,当它在**他人**的面容中注视着我、控诉着我的时候——**他人**的临显本身是由他人所承受的这种冒犯形成的,由**他人**作为陌生人、寡妇、孤儿的身份形成的。当意志对死亡的害怕转化为对进行谋杀的害怕时,意志便处于上帝的审判之下。

被如此审判,并不在于听取判决,那从普遍原则出发以非人格的方式坚定无情地做出的判决。一种这样的声音会打断服从审判的存在者的直接引语,会使申辩沉默不语,即使辩护在其中得到倾听的审判应当真正地证实它所审判之意志的个别性。(这种证实)不是由宽容——它会指示出审判中的弱点——进行。个别性在审判中的提升恰恰是在审判激起的意志的无限责任中产生。审判敦促我负责,在此意义上审判被施加于我。真理形成于这种对敦促的回应中。敦促提升个别性,恰恰因为它求助于一种无限的责任。责任的无限并不表明它实际的巨大,而是表明,随着责任的被接受,责任也会逐步增大;义务愈完成,义务愈扩大。我越更好地完成我的义务,我的权利越少;我越是更加正义,我越是更多罪责。在享受中,我们已经看到自我作为分离了的存在者升起,这个存在者单独地、亦即自在地具有一个中心,这个中心把这个存在者的实存吸引在它的周围。这个自我通过清空这种引力而在其个别性中证实自己;它不停地清空这种引力,并正是在这种不停的努力清空中证实自己。我们把这称为善良。或许,宇宙中的这样一点——责任的这样一种溢出即产生于其中——的可能性,最终界定着自我。

因此,在那对我的任意且不完全的自由加以拷问的正义中,我并不是单纯被呼唤去同意、赞同和接受——被呼唤去确认我完全进入普遍的秩序,去确认我的放弃和申辩的终结,申辩的残留因此就会被解释为动物性的一种剩余或孑遗。实际上,正义并不把我含括在其普遍性的平衡状态中——正义敦促我前行,直到超逾正义的准绳,因此没有什么能够标志这一行程的终点;在法则准绳的背后,尚未勘察的善良的领地无限延伸,它使个别在场的所有资源都成为必要。因此,我作为超逾客观法则所确定的任何界限的负责任者,对于正义来说就是必要的。自我是一种优先权,或一种拣选。在存在中穿过法则准绳的唯一可能性,就是说,在超逾普遍处找到一个位置的唯一可能性——就是成为自我。所谓内在和主观的道德,执行一种普遍客观的法则无法执行但又召唤的功能。真理不能在专制中存在,正如它不能在主观中存在。真理能够存在,唯当一个主体性被呼唤在下述意义上说出真理,即诗篇作者大声宣称:"尘土岂会称赞你,传说你的真理?"⑯对无限责任的呼唤,是对在其申辩姿态中的主体性的证实。它的内在性维度被从主观性层次归结为存在层次。审判不再异化主体性,因为它并没有使主体性进入和消解在一种客观道德的秩序之中,而是留给主体性一个在其自身中的深化的维度。说"我"——对申辩于其中持续进行的不可还原的个别性的肯定——意味着拥有一个相对于诸责任来说具有优先性的位置,对于这些责任而言,没有人能够取代我,也没有人能够使我免除它们。无法逃避——那就是我。申辩的人格特征即保持在我作为我在其中实现出来的这种拣选之中。我作为我的实现与道德——构成⑰存在中一

---

⑯ 见《旧约·诗篇》30:9。此句英译是陈述句,德译是疑问句。此处根据中译《圣经》和合本译出,稍有改动。——中译注

⑰ "构成"原文是"constituant",为现在分词形式。德译本"译者附录"中的"法文版勘误"将其校订为直陈式第三人称复数形式的"constituent"。此处据此译出。参见德译本第449页。——中译注

个独一无二的同一的过程:道德不是诞生于平等,而是诞生于这个事实,即:无限的要求,侍奉穷人、陌生人、寡妇和孤儿的无限要求,汇聚于天地万物中的一点上。只是如此,亦即通过道德,才在天地万物中产生**自我**与**诸他者**。需要和意志的可异化的主体性声称它已拥有自己,但它又为死亡所嘲弄;这样的主体性发现它被拣选所改造,拣选通过把它转向它内在性的资源而任用它。无限的资源——因为它通过更加巨大的责任而不停地溢出已完成的义务。因此人发现自己是在客观的审判中被证实,而不再被还原到它在一个总体中的位置上去。但是这种证实并不在于满足主体性的主观爱好,不在于减轻它死亡的痛苦,而在于为他人,就是说,在于质疑和害怕谋杀更甚于死亡——这致死的一跃,忍耐(它就是痛苦的意义之所在)已经打开并衡量着它危险的空间,然而唯有卓越的个别存在者——自我——才能够实现这致死的一跃。意愿的真理是它经受审判,但是它之经受审判存在于它内在生活的一种新的定向中,它的这种内在生活被唤往无限的责任。

如果没有个别性,没有主体性的唯一性,正义就是不可能的。在这种正义中,主体性并不是作为形式理性露面,而是作为个体性露面;形式理性唯有在下述意义上才能在一个存在者中肉身化:这个存在者失去了它的被拣选的特征而等同于所有其他存在者。形式理性只有在一种这样的存在者中才能肉身化,这种存在者没有能力去推测在历史之可见者的底下尚有审判之不可见者。

内在生活的深化不再让自己由历史的明见性引导。它陷入危险,面临着自我的道德创造——陷入那些比历史更为广大的境域,历史本身正是在这些境域中遭到审判。这些境域,客观的事件和哲学家们的明见性只能将之隐藏。如果没有申辩,主体性就不能在其**真理**中被审判;如果审判不是使主体性归于沉默,而是提升它——那么在善与诸事件之间就必须有一种不一致,或者更严格地说,诸事件必须有一种不可见的意义,对于这种意义,唯有主体性、唯有个别的存在者能够确定。让自己超出历史审判之外,处身真理审判之下,这并不是在表面历史的背后还预设一种被称为上帝审判的另外的历史——这也完全同样是不承认主体性。处身上帝审判之下,此乃提升主体性,那被呼呼从道德上超逾法则的主体性——主体性因此就处于真理之中,因为它越出其存在的界限。这一对我进行审判的上帝的审判,同时也证实着我。但是它恰恰是在我的内在性中证实我,而我的内在性的正义要比历史的审判更为强大。具体地成为一个把自己提交给诉讼的自我——这一诉讼要求主体性的所有资源——这对于自我来说就意味着,在历史的普遍审判之外还能够看到被冒犯者(所受到)的这种冒犯,这种冒犯是不可避免的,它产生于那来自普遍原则的审判本身。超乎寻常的不可见者,就是普遍历史施加于诸特殊者的冒犯。成为我,而不仅仅是理性的肉身化,恰恰就是能够看见被冒犯者(所承受)的冒犯或面容。我的责任在那施加于我的审判中的深化,并不隶属于普遍化的秩序:超出普遍法则的正义,自我凭借其是善的这一事实而置身于审判之下。善良就在于以这样一种方式处于存在之中:他人比自我本身更重要。因此对于自我来说,善良包含着这样的可能性:它虽由于死亡而面临着它的权能的异化,却并不向死而在。

内在生活经由存在者的真理而被提升,经由存在者在判断的真理中的实存而被提升,这种判断对于真理来说是必不可少的,而真理是某物在其中可以秘密地反对历史的可见审判——这一审判诱惑着哲学家——的那一维度本身。但这一内在生活并不能放弃任何可见性。意识的审判应当参照一种超逾历史判决的现实,这种历史的判决既是一种终止同时也是一种终点。因此真理要求一种无限时间作为一种终极条件,这种时间既构成善良的条件,又构成面容的超越的条件。自我藉之而继续存活下去的主体性的生育,是主体性的真理的条件,而主体性则是上帝审判的秘密维度。但是,为了实现这一条件,给出时间的无限延伸并不够。

必须回溯到"尚未"这种现象扎根其间的时间的最初现象。必须回溯到父子关系,如果没有它,时间就只是永恒的影像。没有它,那对于可见历史背后的真理的显示来说为必要的时间就会不可能(但它仍保持为时间——就是说,相对于一种位于其自身之中且可同一化的当前而时间化)。关键在于父子关系,生物学的生育只是它的诸种形式之一,它作为时间的原初实现在人类那里可以依赖于生物学的生命,但也可以在超逾这种生命处被体验到。

第四部分

超逾面容

229 　　与**他人**的关联并不取消分离。这种关联并不是在一个总体中浮现出来，也不通过把**自我**与**他者**整合进一个总体而创建该总体。面对面的局面尤其不预设普遍真理的实存，主体性会消失在这些真理中，并且，为了**自我**与**他者**进入一种相通之关联中，似乎观照这些普遍真理就足够了。其实，为了**自我**与**他者**进入一种相通之关联中，必须坚持相反的论断：**自我**与**他者**之间的关联是在它们两项的不平等中开始的，这两项相互超越；在这里，他异性并不从形式上规定他者，就像乙相对于甲的他异性只是单纯源于不同于甲之同一性的乙的同一性。**他者**的他异性在此并不源于其同一性，而是构成之：**他者**是**他人**。他人作为他人位于高与卑——荣耀的卑——的维度上；它具有穷人、陌生人、寡妇和孤儿的面孔，同时，它还具有那被召唤来为我的自由进行授权和辩护的主人的面孔。这种不平等并不向那会包括我们在内的第三者显现。它恰恰意味着一种能够含括自我与**他者**的第三者的缺席，以至于原初的复多性是在那构成复多性的面对面本身中被见到。不平等是在复多的个别性中产生，而非在一个外在于这一数目并会包括复多在内的存在者中产生。不平等存在于外部视角的这种不可能性中，这种外部视角只会取消不平等。这种被建立起来的关联——作为教导的关联、作为支配的关联、作为传递性的关联——乃是语言，并且只在面对（他人）的说话者中产生。语言并不是被添加到统治着**同一**与**他者**的非人格的思想之上；非人格的思想产生于那从**同一**走向**他者**的运动之中，因此，产生于人称间的、而不只是非人格的语言之中。一种对于对话者来说共通的秩序，是由一种积极的行为建立起来的，这种积极行为对于一个人来说就在于他把世界、把他的占有物给予他者；或者是由这样一种积极行为建立起来的，这种积极行为对于一个人来说就在于他在他者面前就他的自由为自己进行辩护，就是说，凭借申辩为他自己进行辩护。申辩并不是盲目地肯定自身,而是已经求助于他人。在其不可克服的两极性中,申辩是理性的原初现象。对话者作为个别性,不可还原为他们通过传递他们的世界或通过求助于**他人**的辩护而构造起来的概念;这样的对话者主宰着交流。理性以这些个别性或这些特殊性为前提;这些个别性或特殊性并不是个体意义上的——个体被奉献给了概念化,或者放弃了它们的特殊性以便重新发现它们自己是同一的——而恰恰是作为对话者,作为不可取代的、在其类型中独一无二的存在者,作为面容。以下两个论断——"理性创造了**自我**与**他者**之间的关联"和"**他者**对**自我**的教导创造了理性"——之间的差异并不单纯是理论性的。对**国家**——即使它是理性的——之专制的意识使这种差异成为现实的差异。具有第三种知识①的人所提升至的非人格的理性,难道把人遗留在**国家**之外?难道它会使人免遭一切暴力?难道它会使人承认,这种约束只束缚他身上的动物性?自我的自由,既不是一个孤立的存在者的任意性,也不是一个孤立的存在者与一种对于所有人来说都是必要的、理性的和普遍的法则之间的一致。

我的任意的自由在那注视着我的双眼中阅读出它的羞愧。我的自由是申辩性的,就是说,它已经由其自己出发而诉诸它所激起的他人的审判,后者因此并不像一种限制那样损害它。它于是显得与概念把握(la conception)相反,对于后者来说,任何他异性都是触犯。它并不是一种只是被缩减了的,或如人们所说,有限的自因。因为,如果被部分否定,这种自因就会被整个否定。由于我的申辩的姿态,我的存在就并不被呼吁在其现实性中向自身显现:我的存在并不等于它在意识中的显现。

但是,我的存在也将不再是我曾经以非人格的理性之名对他者而言所是之物。如果我被还原为我在历史中的角色,那么我就与当我显现在我的意识中时曾是欺骗性的一样也始终被误认。在历史中实存,乃在于把我的意识置于我之外,在于摧毁我的责任。

在人性的非人性中,(人)自身在其本身之外有其意识;这样的非

---

① 参见斯宾诺莎:《伦理学》第二部分,命题40,附释2。——德译本注

人性存在于对暴力的意识中——这种暴力内在于(人)自身。(人)对其个体偏好的放弃就像是被一种专制确立起来似的。而且,如果被理解为其个体化之原则本身的个体的偏好是一种不一致性原则,那么,凭借何种魔法,诸种不一致性的简单累积就会产生一种非人格的、融贯一致的话语,而非众声喧哗?因此,我的个体性是与源自下述矛盾的理性会前来添加其上的这种动物性偏好完全不同的事物:在那种矛盾中,动物性的特殊性所具有的那些充满敌意的冲动相互对立。个体性的个别性处在它的理性层次本身上——它是申辩——就是说,是从我到诸他者的具有人称的话语。我的存在是通过在话语中向他者露面而产生②,它是它向他者所启示出来的东西,但是它向他者的启示是通过它自己参与到它的启示中、通过它自己出席其启示而进行。我在历史施加于我的审判之下而在历史中产生,并借此处于真理之中;但我是处于这样的审判之下:它是历史在我在场的情况下施加于我的——就是说,历史在让我说话的情况下对我施以审判。我们前面已经表明,这种申辩性的话语在善良中完成。"在历史中显现"(没有说话的权利)与在出席到其本己显现中的同时向他人显现之间的差异——又把我的政治存在与我的宗教存在区别开来。

在我的宗教存在中,我是处于真理之中的。死亡引入这种存在中的暴力使真理变得不可能了吗?死亡的暴力难道没有使主体性归于沉默吗?而没有主体性,则真理既不能被说出,也不能存在,或者——用一个在这部著作中经常被运用且同时包含显现与存在两种含义的词来表达——没有主体性,则真理就无法产生(*se produire*)。除非,在对那使申辩归于沉默的理性的暴力感到气愤时,主体性不仅可以接受沉默无语,而且还可以自己放弃自己,毫无暴力地放弃,由衷地终止申辩——这既不会是自杀,也不会是屈从,而是爱。顺从于专制、屈从于那即使是理性的却终止申辩的普遍法则,这将危及我存在的真理。

---

② 此句中的"露面"与"产生"原文都是"se produire"。这一表达,用列维纳斯下一段中的话说,在这部著作里同时具有"显现"与"存在"两种含义。——中译注

因此,我们必须指出这样一个层面,它既以**他人**在面容中的临显为前提同时又超越之;在这一层面,自我走向超逾死亡处,并从其向自身的返回中提升出来。这一层面就是爱与生育的层面,在这一层面中,主体性根据这些运动确立自己。

第一章　爱的两可性

232　　超越的形而上学事件——对**他人**的欢迎、好客——**欲望**与语言——并不作为爱实现出来。但是话语的超越与爱联系在一起。我们将表明，凭借爱，超越如何同时既比语言走得远又没有语言走得远。

爱难道没有不同于人的其他指向吗？在这里，人享有优先地位——爱的意向指向**他人**、朋友、孩子、兄弟、恋人、父母。但是，一件事物、一种抽象观念、一本书，也同样可以是爱的对象。事实是，就某种本质方面看，那作为超越而指向**他人**的爱，把我们抛回到内在性本身这一边：它指示着一种运动，通过这种运动，存在者寻找着那种甚至在它开始寻找该物之前就已经与之联结在一起的事物，尽管存在着它于其中找到该物的那种外在性。卓越的冒险也是一种命中注定，是对那未曾被选择之物的选择。爱，作为与**他人**的关系，可以被还原为这种根本的内在性，可以摆脱任何超越，可以只寻找同类、只寻找知己，可以表现为近亲恋。柏拉图《会饮篇》中的阿里斯托芬的神话——在那里，爱把一个独特的存在者的两半重新统一在一起——把这种（爱的）冒险解释为一种向自身的返回。享受为这种解释进行辩护。它突出了一种处于内在与超越之界线上的事件的两可性。这种欲望——不停地重新发动的运动、无休止地向着一种永不足够未来的未来而去的运动——就像一些最为自我主义的和最为残酷的需要那样被粉碎和被满足。似乎，爱的超越具有的那种过分鲁莽所得到的回报是被抛回到需要这一边（en deçà）。但是，这种这一边本身，凭借它所导向的那些不可明言的隐秘，凭借它施加于存在者的所有权能之上的秘密影响，它见证着一种非同一般的鲁莽。爱保持为一种与他人的关联，后者转变为需要；而这种需要仍以他者和爱人（**被爱者**，l'aimé）之完全的、超越的外在性为前提。但是爱也超逾爱人。这就是为什么,有隐约的光线穿过面容透射出来,它来自那超逾面容处,来自那尚未存在者,来自一种永不足够未来且比可能之物更遥远的未来。就实情而言,爱作为对超越者的享受——就其表达方式而言几乎是矛盾的——既没有用爱欲性的①口吻说出,在这种口吻中,爱被解释为感觉;也没有用精神性的语言说出,这种精神性的语言把爱提升到对超越者的欲望层次上。就**他人**来说,这种既显现为需要的对象同时又保持住他的他异性的可能性;或者换言之,(**就自我来说**)这种享受**他人**的可能性,这种同时既位于未及话语处又位于超逾话语处的可能性,这种相对于对话者的、同时既达到他又越过他的立场,这种需要与欲望的同时性、色欲与超越的同时性,这种可明言与不可明言的相切,构成了爱欲的独特性;在这个意义上,爱欲性乃是卓越的歧义性。

---

① "爱欲性的"原文为"érotique",在这里可理解和翻译为"色情的"。但为了与"l'eros"("爱欲")的译法统一,这里译为"爱欲性的"。——中译注

第二章　爱欲现象学

　　爱指向**他人**,指向处在虚弱中的**他人**。在此,虚弱并不表示任意某个属性的更低程度,或自我与**他者**所共有的某种规定性的相对缺陷。虚弱先于属性的显示,它是对他异性本身的认定。爱,就是为他人而怕,就是对他人的虚弱施以援手。那身为(女性)**爱人**的**爱人**,①在这种虚弱中一如在黎明中那样升起。作为**爱人**的临显,女性并不是被添加到以中性(形式逻辑所认识到的唯一的性)形式先行被给予或遭遇到的对象与你(Toi)之上。(女性)**爱人**的临显,与其温柔的支配方式(régime)合而为一。温柔的样式,在于一种极端的脆弱,在于一种可伤害性。温柔显示在存在与不存在的交界处,就像一种柔和的热烈;在这种柔和的热烈中,存在消融在光辉里,就像《牧神的午后》②中仙女们那"轻盈的肉色""在睡意浓浓的空气中飞舞",消解个体,摆脱自己的存在之重,恍兮惚兮,逐渐消隐,在其显示中逃回到自己那里。而在这种逃避中,**他者**是**他异**的,是陌异于世界的,陌异于那个对于它来说过于粗鲁和过于伤人的世界。

　　然而,这种极端的脆弱,也处在一种"质野的""不拐弯抹角的"实存的边缘,处在一种"无所表示的"(non-signifiante)、生硬的厚度的边缘,处在一种过度的超物质性的边缘。这些夸张用语比隐喻更好地传

---

① 这一句中的"(女性)**爱人**"的原文是"Aimée",它是"Aimé"的阴性形式,而"Aimé"又是"aimer"的过去分词形式,作为名词意指"被爱者",我们译为"爱人",故将其阴性形式"Aimée"译为"(女性)**爱人**"。列维纳斯这里接受了一个前提:在爱欲关系中,女性总是被动的、是被爱者,所以他认为"爱人"(被爱者)自然是女性的。——中译注

② 马拉美(St. Mallarmé)一首诗的题目。——德译注

达出了诸如物质性的极致这样的情形。超物质性并不是指月球表面那种唯有砂石堆积的无人的荒芜;也不是指那种在破碎无形、满身疮痍中漠然矗立的自我夸大的物质性;它是指一种过度在场所具有的带有裸露癖的赤裸——似乎来自比面容的坦率更甚的坦率——它已经亵渎着并整个地被亵渎,似乎它已经打破了对一个秘密的禁令。本质上的被遮蔽者将自己投向光,但并没有转变为表示(signification)。它不是虚无,而是那尚未(现在)存在者。这种处于实在之门槛处的非实在性并没有像一种可能之物那样将自己呈交给把握,这里的隐秘性也没有描述一种发生在存在者身上的神秘论的(gnoséologique)偶性。"尚未存在"并不是这个或那个;隐秘性穷尽了这种非本质所具有的本质。隐秘性在其产生(production)之无耻中承认了一种夜间的生活,后者并不等于那只是被剥夺了日光的白天生活;也不等于一种孤独的内心生活所具有的单纯内在性——这种孤独的内心生活会为了克服它的压抑而寻求表达。这种隐秘性与一种它已经亵渎了但没有克服的羞耻有关。秘密显现着却又没有显现,这不是因为它只是部分显现,或者有所保留地显现,或者模糊不清地显现。隐秘与揭蔽的同时性恰恰定义着亵渎。秘密在歧义中显现。但正是亵渎使歧义——本质上是爱欲性的——得以可能,而非相反。在爱中无法克服的羞耻,构成歧义所具有的动人之处。无耻,那总是敢于在充满色情意味的裸体的呈现中表现出来的无耻,并不是前来添加到一个中性的、在先的感知上,比如那检查着女士裸体的医生的感知。爱欲性的裸体藉之产生——呈现与存在——的方式,勾勒出无耻与亵渎的那些原初现象。无耻与亵渎所打开的那些道德视角,已经处于这种作为存在之发生的过度的裸露癖所打开的独特维度中。

顺便指出,温柔所具有的隐秘维度中的这种深度,阻止它与优雅(le gracieux)相同一,不过它与优雅的确相似。这种脆弱性与这种无所表示(non-signifiance)之重量——它比无形式的实在所具有的重量更为沉重——的同时性或歧义性,我们称为女性状态(féminité)。

爱者(l'amant)在女性的这种虚弱面前的运动,既不是单纯的同情,也不是无动于衷;它耽于同情,它沉浸于抚爱的心满意足中。

抚爱像接触一样是感性。但是抚爱超越可感者。这并不是说，抚爱会超逾到被感觉者之外进行感觉，好像比感官走得更远；也不是说，它会攫取一顿美食，而与此同时，它又在与这种最终的被感觉者的关系中保持一种饥饿意向性，这种意向性走向那被允诺、被给予这种饥饿且加剧这种饥饿的食物，似乎抚爱是由它自己的饥饿喂养的。抚爱就在于它不抓住什么，在于它撩拨起那不停地摆脱其形式而走向将来——永不足够的将来——的事物，撩拨起那逃走的事物，仿佛它尚未存在似的。它寻求，它挖掘。这并不是一种解蔽的意向性，而是一种寻找的意向性：向不可见者前进。在某种意义上，抚爱表达着爱，但却承受着一种无能诉说之苦。它渴望这种表达本身，在一种不断增长的渴望中。因此它走向比它的终点更远的地方，它追求超逾存在者，甚至是未来的存在者，后者正是作为存在者已经在敲打着存在的大门。在抚爱的满足中，那激活抚爱的欲望获得重生；它以某种方式由那尚未存在者喂养，它把我们领回到女性的那从未被侵犯过的贞洁。这并不意味着，抚爱会寻求支配一个敌对的自由，寻求使这一自由成为它的对象，或者从这一自由那里争取认同。超出某个自由的认同或抵制之外，抚爱寻求的是那尚未存在者，是一种"比无犹少者"，③它被封闭在超逾将来的地方，在那里沉睡，因此它之沉睡与可能者完全不同，后者会把自己呈交给预期。那渗入抚爱之中的亵渎恰好回应了这一不在场之维的本原性。这种不在场有别于抽象虚无的虚空：它虽然参照着存在，却以自己的方式参照，似乎将来所具有的那些"不在场"并不都是在同一个层次上以完全一样的方式是将来。预期把握住可能者；抚爱所寻找者则并不位于可把握者的角度与光照下。肉体（le charnel），那地道的温柔与

---

③ "比无犹少者"的原文是"un moins que rien"。"moins que rien"在法文中原是一种习惯用法，意指"微不足道的""无关紧要的"。其字面意思是"比无还少的"。列维纳斯这里把它加上引号，并加以名词化，用来表明抚爱之所寻求者与一般的无、作为将来的无之不同：一般的将来，作为无或可能者，仍是可以预期的。而抚爱之所寻求者，则不可预期，不可把握，"它被封闭在超逾将来的地方，在那里沉睡，因此它之沉睡与可能者完全不同，后者会把自己呈交给预期。"在这个意义上，它就显得"比无（将来意义上的无）还少"。所以我们这里将之译为"比无犹少者"。——中译注

抚爱的相关者，那(女性)爱人——既不与作为生理学家之对象的身体混而为一，也不与"我能"的本己身体混而为一，亦不与作为表达的身体、与在其显示中的出席或面容混而为一。在抚爱——从某方面看仍是感性的关联——中，身体已经从其形式本身中裸露出来，以便作为爱欲性的裸体呈交出自己。在温柔状态所具有的肉体中，身体脱离了存在者的身份。

(女性)**爱人**，既是可把握的但同时在其赤裸中又是完璧无损的，它超逾对象与面容，因此也超逾存在者，如此这般的(女性)**爱人**位于贞洁之中。本质上可侵犯又不可侵犯的**女性**，"永恒的女性"，是童贞女，或贞洁的不断重现，是快感之接触本身中的不可触摸者，是当前中的不可触摸者——未来。它并不像一种与其征服者进行战斗、拒绝其物化和客观化的自由那样，而是一种处于非存在之边缘处的脆弱性；在这一非存在中，不仅寓居着那消失者和不再存在者，而且还寓居着那尚未存在者。童贞女始终保持为不可把握的，它未遭谋杀便已垂死，它失神恍惚，它躲避到它的将来之中，它超逾任何被允诺给预期的可能。在作为有之无法名状的沙沙声的黑夜之外，还有爱欲性的黑夜在延伸；在失眠之夜的背后，还有被遮蔽者的、隐秘者的、神秘者的黑夜，它是童贞女的祖国，它在被**爱欲**揭蔽的同时又拒绝**爱欲**——这是言说亵渎的另一种方式。

抚爱既不指向人，也不指向物。它迷失在一种存在者中；这种存在者消散开去，就像处于一种没有意志、甚至没有抵抗的非人格的梦中，处于一种被动性中，一种已经整个走向死亡、已经是动物性的或孩童般的无名状态中。温柔之意志通过其消隐而产生，就像扎根于一种无知于其死亡的动物性，又像沉浸于基元之虚假的稳靠性，沉浸于那对其身上发生之事一无所知的孩童状态。但这也是那尚未存在者(ce qui n'est pas encore)的令人眩晕的深度；然而那未存在者(qui n'est pas)又具有一种非实存(non-existence)，这种非实存甚至连观念或计划都保持着的那种与存在的亲属关系都没有，它不以它们中的任何一者的名义宣称自己是那存在者(ce qui est)的化身。抚爱指向温柔，后者不再具有一个"存在者"(étant)的身份，它由于已经离开了"数与存在者"(的领域)，所以甚至都不是一个存在者的性质。温柔指示一种方式，那置身于无人地带(le no man's land)——它介乎存在与尚未存在之间——的方式。这一方式甚至并不作为一种表示(signification)进行示意;无论如何,它都不放射光辉,它暗淡无光、失神恍惚,它是现身为可伤害的和必死的(女性)**爱人**的本质性的虚弱。

但是确切地说,通过温柔之消隐与失神恍惚,主体并没有将自己投向可能者的将来。尚未存在并不列于同一种将来之中,在这种将来里,所有我能实现者都已经汇聚眼前,都已经在光中熠熠生辉,都呈交给我的预期并激发起我的权能。尚未存在恰恰不是一种只会比其他可能更遥远的可能。抚爱并不行动,并不掌握诸可能。它所打破的秘密并不像一种经验那样对它进行告知。秘密打乱了自我与自身、自我与非我的关系。一种无形的非我把自我挟裹到一种绝对的将来之中,在这里,自我摆脱自己并丧失其作为主体的姿态。自我的"意向"不再朝向光,不再朝向富有意义者。整个的爱情(passion),是对被动性(la passivité)的感同身受(compatit),是对受苦的感同身受,是对温柔的那种消隐的感同身受。它死于这种死亡,承受着这种受苦。作为感动(attendrissement),作为没有受苦的受苦,爱情已经在心满意足于其受苦之际得到安慰。感动是一种心满意足的恻隐(pitié),是一种愉快,一种转变为幸福的受苦——快感。在这个意义上,快感在爱欲性的欲望中已经开始了,并且时刻保持为欲望。快感并不是前来填满欲望,快感就是这欲望本身。这就是为什么快感不只是急切的,而且是急切本身,而且还呼吸着急切并急切得窒息,为急切的终点所震惊,因为它一往无前却并不走向一个终点。

快感,作为亵渎,把被遮蔽者(le caché)作为被遮蔽的(caché)予以揭蔽。于是,一种非同寻常的关系就在一种这样的局面中实现出来,这种局面对于形式逻辑来说,似乎源自于矛盾:被揭蔽者(le découvert)在去蔽(la découverte)中并未丧失其神秘,被遮蔽者并未被解蔽(se dévoile),黑夜并未散去。去蔽—亵渎处于羞耻中,即使它具有无耻的形态:被揭蔽的隐秘并没有获得被解蔽者(le dévoilé)的身份。在这里,揭蔽(découvrir)主要意味着侵犯一个秘密而非解蔽(dévoiler)一个秘密。侵犯并没有从其鲁莽中恢复过来。亵渎所具有之羞愧使得那本来应当已经对被揭蔽者加以探究的双眼垂了下来。爱欲性的裸体言说着那难以言说者,但是难以言说者并不与这一言说分离,好像一个陌异于表达的神秘对象与一种寻求对它进行确定的清楚明白的言辞是分离的那样。"言说"或"显示"方式本身在揭蔽的同时又遮蔽,它既言说不可言说者又使之沉默,既搅扰又激发。"言说"——不仅所说——是歧义性的。这种歧义不是在言辞的两种意义之间上演,而是在说话与放弃说话之间上演,在语言之有所表示(la signifiance)与虽然沉默但仍然隐藏着的色情之无所表示(la non-signifiance)之间上演。快感亵渎而不观看。作为不观看的意向性,去蔽并不带来光:它所揭蔽者并不像含义那样把自己呈交出去,也不照亮任何视域。女性呈示出一种超逾面容的面容。(女性)爱人的面容并不表达出**爱欲**所亵渎的秘密——它停止表达,或者如人们更愿意说的那样,它只表达这种对表达的拒绝,只表达话语和体面(décence)的这种终结,这种对在场秩序的粗暴打断。在女性的面容中,表达的纯粹性已经被快感性的歧义所扰乱。表达转变为不体面(indécence),不体面已完全近乎歧义,歧义之所说微乎其微,已是嘲笑与揶揄。

在这个意义上,快感是一种纯粹经验,一种并不滑入概念的经验,一种始终保持为盲目④经验的经验。亵渎,对作为被遮蔽的被遮蔽者的揭示,构成一种不可以还原为意向性——它甚至在实践中都是客观化的,因为它没有离开"数与存在者"(的领域)——的存在典范。爱并不被还原为一种混有情感元素的知识,(即便)情感元素会为知识打开一个未曾预见到的存在层面。爱不掌握任何东西,不导致概念,它不导致(任何什么),既没有主—客结构,也没有我—你结构。爱欲既不作为一个确定客体的主体实现出来,也不作为一种朝向可能的筹划实现出来。爱欲的运动在于向着超逾可能处前行。

爱欲性裸体的无所表示并不先行于面容的有所表示,就像无形质料的晦暗先行于艺术家的形式那样。由于面容的纯洁的裸露并不消失在爱欲性的裸露癖中,所以爱欲性的裸体在其自身背后已经拥有形式;

---

④ "盲目"原文为"aveuglement",德译本"译者附录"中的"法文版勘误"将其校订为"aveuglément"。参见德译本第449页。——中译注

爱欲性的裸体来自将来，来自一种这样的将来：它所处的位置超逾了诸种可能闪烁其中的那种将来。面容在泄露（l'indiscrétion）中一直保持着神秘与难以言传；这种泄露恰恰通过它的越界的过度而证明自己。唯有那种拥有面容之坦率的存在者，才能够在色情的无所表示中对自己予以"揭蔽"。

让我们回想一下和表示有关的那些要点。表示的最初事件发生在面容中。这并不是说面容通过与某物的关联接收一种表示（含义，signification）。面容凭其自身进行表示，它的表示先行于 Sinngebung（意义给予），一种富有意义的举止已经在面容的光中浮现，面容放射出光，在这种光中，光得以被看到。人们无须解释面容，因为，一切解释都是从它出发开始。换言之，那标志着有之荒谬噪音的终结的与**他人**的社会关联，并不把自己构成为一个授予意义的**自我**的作品。为了作为思想意向之相关项的意义现象能够浮现出来，人必须已经为他人而在——必须实存（exister）而非仅仅努力工作⑤。为他人而在，并不必须使人想到任意某个目的，它不包含对某个我不知道的价值的预先设定或对它的价值提升。为他人而在——这就是成为善的。**他人**概念当然不具有任何与自我概念相对而言的新的内容；但是为他人而在也并不是其内涵会完全一致的两个概念之间的关联，也不是由一个自我做出的对一个概念的构想，而就是我的善良。在为他人实存时，我以不同于为自我而实存的方式实存——这一事情就是道德本身。从各方面看，道德都包含了我对**他人**的认识；道德并不通过在这种最初的认识之上另加的对他人的价值提升而摆脱对**他人**的认识。超越作为超越就是"道德意识"。道德意识完成形而上学，如果形而上学就在于进行超越的话。在整个前面部分，我们已经努力把面容的临显展示为外在性的本原。表示的最初现象与外在性相一致。外在性是有所表示本身。而只有面容在其道德性中是外在的。在这种临显中，面容既不像覆盖着内容的形式那样、也不像一种图像那样熠熠生辉，而是像在其背后不再

---

⑤ 此处"工作"的法文是"oeuvrer"，上一句中的"作品""l'oeuvre"是其名词形式，两处形成呼应。——中译注

有任何东西的原则之裸露。死了的面容变为形式,变为死者的面膜,它被展示而不是被看到,但恰恰因此它不再显现为面容。

我们可以换一种说法:外在性把存在者(l'étant)规定为存在者(étant),而面容的表示就取决于存在者与表示者本质上的一致。表示并不是被添加到存在者上。进行表示并不等于把自己作为符号呈现出来,而在于表达自己,就是说,在于亲自呈现出自己。符号的象征表示(symbolisme)已经预设了表达的表示,即面容。在面容中,卓越的存在者呈现出自己。而整个的身体——一只手或一次垂肩——都可以作为面容进行表达。存在者原初的有所表示——它的亲自呈现或它的表达——它不停地突破到其可塑的图像之外的方式,具体地产生为一种完全否定的尝试,产生为无限的抵制:抵制对作为他者的他者的谋杀;这种原初的有所表示具体地在那毫无保护的双眼的顽强抵制中产生,在那最柔和者和最无蔽者的顽强抵制中产生。存在者作为存在者只在道德性中产生。语言,一切表示的源泉,诞生于无限之眩晕;后者在面容之率直面前掌握住人,使谋杀成为可能和不可能。

"你不应当进行谋杀"这一原则、面容的有所表示本身,看起来与爱欲所亵渎的、并且昭示在温柔之女性状态中的神秘相对立。在面容中,**他人**表达出其卓越,表达出他由之下降的高的维度和神圣的维度。他的力量和权利是在其柔和中显露出来。而女性状态的虚弱则激发起(人们)对于那在某种意义上尚未存在者的恻隐,激发起人们对于那在无耻中炫耀自己、并且尽管炫耀却并没有揭示自己者的不敬,亦即对于那自我亵渎者的不敬。

但是不敬已以面容为前提。元素与事物处在尊敬与不敬之外。为了裸露可以获得色情的那种无所表示的特征,面容必须已经被看到。女性的面容把这种光明(clarté)与这种阴影(ombre)统一在一起。女性是这样的面容:在这里,昏暗包围着并已经侵入光明。爱欲的那种表面上非社会性的⑥关系将具有一种对于社会性的参照,即使这种参照是

---

⑥ "非社会性的"原文为"associale",法语中似没有这个词,疑应为"asociale"(非社会性的)之误。C. Chalier 亦认为如此。兹根据后者改译。——中译注

否定性的。在面容的这种借女性状态而实现出来的颠倒里,在这种参照着面容的歪曲里,无所表示置身于面容的有所表示中。无所表示在面容之有所表示中的这种在场,或者,无所表示对于有所表示的这种参照——在这种在场或参照里,面容的纯洁或体面处于那仍被压制却已经近在手边并充满鼓励的淫秽的边缘——这种在场或参照是女性之美的本原事件,是美在女性那里所具有的那种卓越意义的本原事件。但是艺术家却必定会通过把这种美雕琢进色彩或石头的冰冷材料而把它转化为"轻飘飘的优雅";在这些冰冷的材料中,美将变成平静的在场,变成飞翔的至高权力,变成因为没被奠基而无根的实存。艺术的美丽(le beau)反转了女性面容的美(la beauté)。它用图像替代将来之使人烦扰的深度,替代女性之美所昭示和遮蔽的那"比无犹少者"之深度(而非世界的深度)。它呈现出一种美丽的形式,这一形式在飞翔中被还原为它自身,并被剥夺了它的深度。所有艺术作品都是图画与雕塑,是在瞬间或在其周期性的返回中的静止不动者。诗则用节律替代女性的生命。美变为一种覆盖在无所谓的材料之上的形式,不含有丝毫神秘。

因此,爱欲性裸体就像是一种逆向的表示,一种错误地进行表示的表示,一种已转变为炽热和黑夜的光明,一种停止表达的表达,一种表达着它放弃表达和说话的表达,一种沦入沉默之歧义的表达,一种不是言说意义而是表示炫耀的言辞。这就是那爱欲性裸体的色情性本身——那在莎士比亚的女巫聚会中爆发出来的笑声,它充满言外之意,不顾说话的体面,就像没有任何严肃性、没有任何说话的可能;这是那些"模棱两可的故事"中的笑声,在这些故事里,笑的机制不只是依赖于喜剧的形式条件,比如柏格森在《笑》中所分析出的那些形式条件。在笑的机制里还有一种内容添加到形式条件上,这种内容把我们引导到一个这样的领域:在这里,严肃性是完全缺失的。(女性)爱人之与我对立,并不是像一种与我的意志进行战斗或服从于我的意志的意志那样;相反,它之与我对立,是像一种不说真话的、不负责任的动物性那样。(女性)爱人,重回缺乏责任感的孩童水平——这漂亮的小脑袋,这青春少年,这"有点傻气的"⁷稚嫩生命——它已离开了它的人格身份。面容渐失光泽,在其非人格的和非表达的中性状态中,它以其模棱两可性沉湎入动物性之中。与他人的关系被当儿戏——人们拿他人就像一个小动物那样儿戏。

因此,色情的无所表示就并不等同于材料的那种麻木的无所谓。作为那丧失了表达的东西之表达的反面,它恰恰因此而指向面容。那在其面容中呈现为同一的存在者,由于其与被亵渎的秘密的关联而丧失了它的表示,并上演出歧义。歧义构成女性的临显——女性既是对话者、合作者和智力超群的主人,它如此频繁地在它所进入的男性文明中支配着男人;同时它又是应当根据文明社会的永不失效的规则被作为女人对待的女人。面容,完全的率直与坦率,在其女性的临显中隐藏着暗示与言外之意。它在凭空暗示的时候,在指示那比无犹少者的时候,它在它自己的表达底下暗笑,却不导向任何确切的意义。

这种启示的暴力恰恰标志着这种不在场、这种尚未、这种比无犹少所具有的力量;这种尚未被鲁莽地从其羞耻中、从其遮蔽状态这一本质中连根拔出。(这是)一种比将来更为遥远的尚未,一种时间性的尚未,它证明着虚无中的程度。因此**爱欲**是一种超逾任何计划、超逾任何活力的迷醉,是一种根本的冒失,是对那作为光辉和表示而已经实存者的亵渎而非解蔽。因此**爱欲**一往无前,直至超逾面容。这并不是说,面容还会凭其端庄覆盖着某种事物,就像一个其他面容的面具一样。爱欲性裸体的不知羞耻的显现,在那被投射到面容之上的无意义阴影中沉重无比;这一不知羞耻的显现使面容变得沉重,这不是因为一个其他的面容会在这个面容背后浮现,而是因为被遮蔽者被从其羞耻中连根拔出。被遮蔽者,而非一个被遮蔽的存在者或一个存在者的可能性;⁸

---

⑦ "有点傻气的"原文是"un peu bête"。德译者认为列维纳斯这里是在同时利用"bête"的双重含义,即:"动物、傻瓜等"与"愚蠢的、傻的等"(参见德译本第385页注释)。可参考。——中译注

⑧ 此句原文为"Le caché et non pas un étant caché ou une possibilité d'étant"。——中译注

被遮蔽者,那尚未存在者,因此,那完全缺乏本质者。爱并不凭借一条更为迂回或更为直接的道路简单地通向**你**(le Toi)。它沿着一个和人们与**你**相遇的方向不同的方向前行。被遮蔽者——从未足够地被遮蔽——超逾到人格者之外并且就像它的反面,它抗拒光,它是一种处于存在与虚无之游戏之外的范畴,它超逾可能者,因为它绝对地不可掌握。它之超逾可能者的样式,显示在相爱者之社会的非社会性中,显示在他们对通过自我舍弃而献身的拒绝中,显示在那构成快感的对于献身的拒绝中;快感由其自己的饥饿所滋补,并在眩晕中接近被遮蔽者或女性,接近非人格者,但是人格者又并不没入其中。

那在快感中于相爱者之间建立起来的关联从根本上抗拒普遍化,它完全是社会关联的反面。它排除第三者,保持私密性,始终是两个人独群索居,一直是封闭的社会,是地地道道的非公共事物。女性,是**他者**,抗拒社会的**他者**,是一个二人社会中的成员,一个私密社会中的成员,一个没有语言的社会中的成员。这种社会的私密性应当得到描述。因为,快感与无所表示者所维持的那种无与伦比的关系构成一种复合体,这种复合体并不被还原为(无所表示者的)这一无的重复,而是被还原为一些积极特征;将来以及那尚未存在者(它并不简单地是一种保持着可能者地位的存在者)就是凭借这样一些特征得到确定,如果能够这么说的话。

把快感还原为社会性事物的那种不可能性——快感汇入其中的那种无所表示,在可能想要言说快感的那一语言的这种不体面中显示出来的无所表示——把相爱者隔离出来,似乎他们遗世而独立。孤独,它不仅否定世界,不仅遗忘世界。快感所实现出来的感觉者与被感觉者的共同行动,⑨封闭、关闭、确认了成双成对者的(二人)社会。快感的

---

⑨ 此句原文为"L'Action commune du sentant et du senti"。其中的"sentant"是"sentir"的现在分词(第一分词),"senti"是"sentir"的过去分词(第二分词)。德译者在此句下的注释中认为,此句中的"sentir"既意味着"empfinden"(感觉/感觉活动)又意味着"fühlen"(感受)。但德译本还是用"empfinden"翻译该词(参见德译本第 388 页注释)。我们也遵循德译本的做法将之译为"感觉活动";相应地,"le sentant"译为"感觉者","le senti"译为"被感觉"者。但与此同时也必须要在"感受""感受者""被感受者"的意义上来分别理解这三个词。——中译注

非社会性——从积极方面看乃是感觉者与被感觉者的共同体:他者并不只是一个被感觉者,而且,正是在被感觉者中感觉者得到确证,似乎自我与他者实质上共有一种相同的情感;这种共有不是以两个观察者拥有一片共同风景或两个思考者拥有一种共同观念的方式。在这里,一种客观的同一内容并不构成共同体的中介,共同体也不再取决于感觉活动的类似。它取决于感觉活动的同一性。作为"被给予的"爱对于"被接受的"爱的指向,作为对爱的爱,快感并不像反思那样是一种第二级的情感,而是像自发意识那样是直接的。它是内在的然而又是以交互主体性的方式结构化了的,它并没有被简化至一个意识。在快感中,**他者**是我但又与我分离。**他者**在感觉活动的这种共同体中间的分离,构成了快感的强烈性。快感中的快感因素,并不是**他者**的那种被征服的、对象化的和物化了的自由,而是他者的未被征服的自由,我根本不追求把这种自由对象化。但是这种自由并不是在其面容的光明中而是在黑暗中被欲望和带来快感的;其在黑暗中就像在隐秘之物的邪恶中,或在那于去蔽中保持着隐秘的未来中,这种去蔽恰恰因此而不可避免地是亵渎。没有什么比占有更远离爱欲的了。在对**他人**的占有中,只要**他人**占有我,我就占有**他人**;我同时是奴隶与主人。快感会在占有中消失。但是另一方面,快感的非人格性禁止我们把相爱者之间的关系视为一种互补性。快感因此并不瞄向他人,而是瞄向他人的快感;快感是对快感的快感,是对他人的爱的爱。由此,爱就并不代表友爱的一种特殊情况。爱与友爱不仅以不同的方式感受。它们的相关项也不同。友爱走向他人,爱则寻求那不具有存在者的结构而无限地是未来者,寻求那有待生出者。只有当他人爱我时,我的爱才是完满的;这并不是因为我需要**他人**的承认,而是因为我的快感因他的快感而快乐,是因为在"同一化"⑩的这种独一无二的局面中,在这种实体转

---

⑩ "同一化"在原文中本没有引号,此处引号乃据德译本"译者附录"中的"法文版勘误"加,参见德译本第449页。——中译注

化⑪中，**同一**与**他者**并不混而为一，而恰恰是——在任何可能的筹划之外——在任何富有意义的和智性的权力之外，产生出孩子。

如果爱，就是爱（女性）**爱人**所带给我的爱，那么爱也是在爱中的自爱，并因此回转到自身。爱并非毫无歧义地超越——它心满意足，它是愉快，它是两个人的自我主义。但是，它在这种心满意足中也完全同样地疏离自身；它处在一种濒临他异性深渊之上的眩晕中，这种深渊没有任何含义能够再把它照亮——被展示并被亵渎的深渊。与孩子的关系——对那既是他者又是我自己的孩子的热望——已经在快感中初见端倪，随后才在孩子本身中实现出来（就像一种既不在其终点中熄灭也不在其满足中平息的欲望能够实现出来那样）。我们在此处面临一种新的范畴：面临那位于存在之门背后的事物，面临那比无犹少者；爱欲把这种比无犹少者从其否定性中连根拔出，并对它进行亵渎。这里涉及的是一种有别于焦虑之虚无的虚无：那种被掩埋在比无犹少者之秘密中的将来之虚无。

---

⑪ "Transubstatiation"在基督教神学中一般被译为"变体"。耶稣在最后的晚餐上祝圣饼和酒时曾说："这是我的身体""这是我的血"。按照天主教的传统观点，此时饼与酒的质体已转变为耶稣的血和肉，原来的饼和酒只剩下五官所能感觉到的外形（参见《基督教大辞典》，主编丁光训、金鲁贤，执行主编张庆熊，上海辞书出版社，第 76 页的"变体论"条）。"变体"即是指这一神圣事件。列维纳斯这里将这个词的前缀和词根分开书写，用来表达父（母）亲与孩子的关系；父（母）向孩子的转化。这里采用孙向晨先生的译法，将之译为"实体转化"（参见孙向晨：《面对他者——莱维纳斯哲学思想研究》，上海三联书店，2008 年，第 169 页）。——中译注

第三章 生 育

　　侵犯一个秘密的那种亵渎,并没有超出面容之外对一个更深的、这一面容会表达出来的另一个自我予以"揭蔽";它所揭蔽的是孩子。凭借完全的超越——实体转化的超越——自我在孩子中乃是一个他者。父子关系保持为一种自身的同一化,但是也保持为一种同一化中的区分——一种在形式逻辑中无法预见的结构。在其青年时期的著作中,黑格尔就已经能说出孩子是父母;而在谢林的 Weltalter(《世界时代》)中,为了神学的需要,他已经知道从**存在**的同一性中推论出子亲关系。父亲对孩子的占有,并没有穷尽在父子关系中所实现出来的那种关联的意义;在那种父子关系中,父亲不仅在其儿子的姿态中,而且还在其儿子的实体与唯一性中重新发现自己。我的孩子是一个陌生人(《以赛亚书》49),但是这个陌生人不只是属于我,因为它就是我。这是与我自己相陌异的我。它不只是我的作品、我的创造物,即使我像皮格马利翁①一样可能会看到我的作品重获生命。在快感中被渴求的儿子并不把自己呈交给行动,它始终与权能不相适合。没有任何预期能够表象它,或像人们今天说的那样去筹划它。被发明或创造出来的、新鲜稀奇的计划,源自一个照亮它和理解它的孤独的头脑。它消解在光中,它把外在性转化为观念。以至于,人们可以把权能定义为在一个合法地分解为我的观念的世界中的在场。然而,为了孩子这一将来能够从超逾可能处、超逾计划处而突然到来,就必须要与作为女性的**他人**相遇。这里的关系类似于我们为了(说明)无限观念而曾经描述过的那种关

---

① 皮格马利翁(Pygmalion),或译"皮格梅隆",希腊神话中一位雕刻家,爱上了自己所雕刻的美少女雕像,后感动爱神,后者赋予其雕像以生命。——中译注

系:我不可以像由我自己说明光明的世界那样由我自己来说明这种关系。(孩子的)这一将来既不是亚里士多德式的胚胎(germe)(比存在少,一种较少的存在),也不是海德格尔式的可能性,这种可能性构成存在本身,却把与将来的关联转换入主体的权能之中。(作为孩子的)我的将来同时既是我的将来又不是我的将来;是我自己的可能性,但也是**他者**的可能性,是(女性)**爱人**的可能性——如此这般的我的将来并不进入可能者的逻辑本质之中。与这样一种将来的关系,这种不可还原为施诸可能者之上的权力的关系,我们称为生育。

生育包含了**同一者**(Identique)的一种二元性。生育并不指我所能掌握到的一切——我的诸种可能性。生育指的是我的这样一种将来:它并不是**同一**(Même)之将来。(它)并不是一种新的化身:既不是一种历史也不是一些这样的事件,这些事件可以在同一性的剩余物上、在一种维系于一条细线②的同一性上、在一种会确保其诸化身的连续性的自我身上发生。然而毕竟仍是我的历险,因此,是我的一种极其新颖的意义上的将来,尽管有不连续性。快感并不在心醉神迷中使自我去人格化,它始终保持为欲望,始终是寻找。即使快感并不整个地返回到我这里,返回到我的暮年和我的死亡,快感也并不在一种这样的终点中平息,在这一终点那里,它可能会由于和其在我身上的本原的断裂而消失。作为主体和诸种权能之承载者的自我,并没有穷尽自我的"概念",并不支配主体性、本原和同一性产生于其中的所有那些范畴。无限存在,亦即,那总是重新开始的存在——它不能放弃主体性,因为没有后者它就无法重新开始——以生育的诸种形式产生。

与孩子的关系——就是说,与**他者**的关系,这并不是权能,而是生育——建立起与绝对将来或无限时间的关联。我将是的他者,并不具有可能者的那种不定性,这种不定性(虽是不定的)然而仍刻有那把握

---

② "一条细线"的原文是"un fil tenu",此处"tenu"的意思是"照顾得……的,受约束的,有义务的"。但德译本将这个短语译为"an einem dünnen Faden"(一条细线,见德译本第 392 页),似是认为"tenu"当为"ténu"(细微的,细的)。C. Chalier 亦认为是当是"ténu"。兹据后者改译。——中译注

这可能者的自我之固定性的印记。在权能范围内,可能者的不定性并不排除自我的重复发声(la redite);自我在冒险投身于这种不定的将来之际,最终仍安全着陆;它被束缚于自身,它承认一种仅仅是虚幻的超越,在这种超越中,自由勾勒出的仅仅是一种宿命。普罗透斯③具有的各种形状并未把它从其同一性中解放出来。而在生育中,对这种一再重复的厌倦停止了,自我既别样又年少,然而那把其意义和方向赋予存在的自我性却又并未在这种自身放弃中失去自己。生育延续历史,却并没有同时产生衰老;无限时间并没有给一个老去的主体带来永恒的生命。无限时间穿越世代断裂,它是更好的,它因孩子之不可穷尽的青春而充满节律。

在生育中,自我超越出光的世界。不是为了消解在有的匿名状态之中,而是为了走得比光更远,为了去往别处。置身于光中,观看——在掌握之前进行掌握——这还不是"无限地存在",这是返回到更古老的自身,就是说,堆满自身的自身。无限地存在,意味着以自我的诸形态产生;这一自我总是在本原处,然而它又并没有发现阻碍其实体更新的桎梏,后者本来会从其同一性本身中产生。作为哲学概念的青春如此就得到了界定。与儿子在生育中的关系并没有把我们维系在光与梦、知识与权能的这种封闭的场域中。这一关系清晰地勾连出绝对他者的时间——那权能者(celui qui peux)之实体本身的变异——它的实体转化。

无限存在并不是一种封闭在分离的存在者中的可能性,而是作为生育而产生,并因此求助于(女性)**爱人**的他异性——这一点标示着泛神论的空洞。在生育中,人格性的自我获得益处,这一点标示着那样一些恐怖的终结:在这些恐怖中,非人的、匿名的和中性的圣密之超越以虚无或忘我威胁着人。存在作为复多而产生,作为分裂为**同一**与**他者**而产生。这就是存在的终极结构。它是社会,并因此,是时间。我们因此从巴门尼德的存在哲学中走出来了。哲学本身构成这种时间性的实现的一个环节,构成一种总是向他者说出的话语。我们正在阐述的哲

---

③ 普罗透斯(Protée),希腊神话中的海神,它可以变换成各种形状。——中译注

学向那想要阅读它的人们呈示出自己。超越是时间,并向**他人**走去。但是**他人**并不是目的地:他人并不终止**欲望**的运动。**欲望**所欲望的他者,复又是**欲望**;超越超越向(la transcendance transcende vers⋯)那进行超越者——这就是父子关系的真正历险,是实体转化的真正历险,④它允许越出可能者在主体之不可避免的老化中的单纯更新。超越——为他人——与面容相关的善良,为一种更为深刻的关系建基:善良的善良。引起生育的生育实现出善良;生育超出于那强迫馈赠的牺牲之外,是馈赠之权能的馈赠,是对孩子的孕育。我们在这部著作的最初几页已经将之与需要对立起来的**欲望**,那并非一种缺乏的**欲望**,那作为分离的存在者之独立和超越的**欲望**,在这里实现出来了;不是通过被满足,因此也不是通过承认自己是需要,而是通过自我超越,通过引起**欲望**。

---

④ "这就是父子关系的真正历险,是实体转化的真正历险"这句话的原文是"voilà la vraie aventure de la paternité de la trans-substantiation",若按此则该句当译为"这就是实体转化之父子关系的真正历险"。德译本"译者附录"中的"法文版勘误"将此句校订为"voilà la vraie aventure de la paternité, de la trans-substantiation"(参见德译本第449页)。此处据此勘误译出。——中译注

第四章 爱欲中的主体性

　　快感,作为爱者与(女性)**爱人**(被爱者)的交融合一,从他们的二元性中获得滋养:它同时是融合与区分。二元性的维持并不意味着,在爱中,爱者的自我主义想要在被接受的爱中获得一种承认的证明。喜欢人们爱我,这并不是一种意向,不是这样一个主体的思想:这个主体思考着它的快感,并因此处于被感觉者的共同体之外(尽管有关于快感的可能的知性推论,尽管有对那种相互性的欲望,这种相互性把相爱者引向快感)。快感使主体本身变样,主体的同一性因此并不是从其权能的创始性中得到,而是从被接受的爱的被动性中得到。主体是激情(passion)与烦扰,是持续不断地进入(initiation)一种神秘,而非创始性(initiative)。**爱欲**并不能被解释为一种有个体作为其基础与主体的上层建筑。主体在快感中重新发现自己是一个他者的自身(它并不意味着对象或主题),而不只是他自己本身的自身。与肉体和温柔的关系恰恰使这一自身不停地重新显露出来;主体的烦扰并不由其主体的支配力主动承担,相反,它是主体的感动,是主体的女人气;充满阳刚之气的英雄般的自我将会记得这种女人气乃是那些与"严肃的事物"判然有别的事物之一。在爱欲关系中,源自安置(position)①的主体性发生了一种富有特征的翻转,那英雄般的、充满阳刚之气的自我所发生的翻转,这一自我曾经通过安置自己而终止了有的匿名性,并确定了一种打开光的实存方式。自我诸可能性的游戏在光中上演;而在这一游戏中,本原是以自我的形态在存在中产生。在这里,存在并不是作为一个总体的决定性因素产生,而是作为一种不停地重新开始而产生,因此是作为无限而产生。但是在主体

---

① "安置"(position),参见《从存在到存在者》第四章第二节。——中译注

中,本原之产生却是嘲弄权能的衰老和死亡之产生。自我回到自身,再次发现自己是**同一**——尽管有其所有的重新开始——再次孤独地落回到自己的双脚之上,只勾勒出一种不可逆转的命运。自身占有变成自身(对自身的)纠缠。主体把自己强加到自己身上,拖拽着自己艰难前行,一如拖拽着占有物。那置着自身的主体之自由,与那像风一般自由的存在者的自由毫无相似之处。前一种自由蕴含着责任——这想必会让人惊讶,因为没有什么比责任之不自由更与自由相对立了。自由与责任的一致构成自我,自我双重化自身,为自身所纠缠。

爱欲从这种纠缠中摆脱出来,终止了自我向自身的返回。如果自我并没有通过与他人的结合而消失在**爱欲**里,那么它也没有产生一件作品,哪怕是一件像皮格马利翁的作品那样完美、却了无生命的作品,这样的作品把孤独的自我遗留在其衰老之中,自我于其历险之终点处所重新发现的衰老之中。**爱欲**不仅把一个主体的思想延展到超逾对象与面容处。**爱欲**还向一个这样的将来前行:这个将来尚未存在,我将不仅掌握住它,而且我还将是它——爱欲不再具有那样一个主体的结构,这个主体像尤利西斯那样在整个历险之后又回到他自己的岛屿。自我奋勇向前,去而不返,它重新发现了一个他者的自身:它的愉快与它的痛苦是对他者的愉快感到愉快,或者,是对他者的痛苦感到愉快,而这又并不是借助于共感(sympathie)或同情(compassion)。自我的未来并不落回到该未来应当予以更新的过去之上——它凭借下面这种主体性而保持为绝对的未来:这种主体性并不在于承担表象或权能,而在于在生育中进行绝对超越。"生育的超越"并不具有意向性结构——因为它并不存在于主体的权能之中——因为女性的他异性与这种超越联结在一起:爱欲性的主体性在感觉者与被感觉者的共同行为中构造自己,它把自己构造为一个**他者**的自身,并且恰恰由此,它是在与**他者**的关系中构造自己,是在与面容的关系中构造自己。当然,在这一共同体中有一种歧义在上演:他者把自己作为由我本身所体验者、作为我的享受的客体而呈交出去。这就是为什么——正如我们已经说过的那样——爱欲性的爱是在超逾欲望与未及需要之间震荡,以及为什么它的享受在所有其他的生活之愉快和快乐中占有一席之地。但是,这种爱同样也处在超逾任何愉快、超逾任何权能、超逾与他者之自由的任何战争之处,因为,爱恋性的主体性是实体转化本身,而这种在两个实体之间的无与伦比的关系——一种对于实体的超逾在这种关系中展示出来——也消解在父子关系中。"对实体的超逾"并不将自己呈交给一种权能,以致证实自我;但它尤其不是在非人格的、中性的、匿名的——低于人格的或超人格的——存在中产生。这一将来仍与人格性的事物有关,但它又从中解放出来;它是孩子,在某种意义上是我的孩子,或者更确切地说,是我,但并不是我本身;它并不落回到我的过去,以致与之连接在一起,从而勾勒出一种命运。生育的主体性不再具有同一种意义。一如需要,爱欲与一个在逻辑上自身同一的主体紧紧联结在一起。但是通过生育,爱欲性事物不可避免地与将来有关联;这种关联揭示出一种根本不同的结构:主体不仅是整个它将做之事——它并不与他异性维持那种把他者作为主题来拥有的思想的关系,它也不具有那种呼唤他人的言辞的结构;它将不同于它本身,尽管同时保持为它本身,但它本身又并不是通过一个贯穿新旧形态的共同的剩余物而保持住。这种在生育中发生的变异与同一化——它们超逾可能者与面容——构成父子关系。在父子关系中,那作为难以满足的欲望——亦即作为善良——而维持着的欲望,得到实现。它无法通过被满足而实现。对于**欲望**来说,实现等于产生善良的存在者,等于是善良的善良。

那从**爱欲**出发而产生的主体性的同一性结构,把我们引导到古典逻辑的范畴之外。当然,那(真正的)自我,那卓越的同一性,已常常在那样一种同一性的边缘被觉察到:那种同一性是在那(真正的)自我背后映射出来的一个自我。② 思想倾听自己。缪斯、守护神(génie)、苏格

---

② 这一句中前面的那个带有定冠词的"自我"(le moi),指的是"真正的自我""典型的自我"或"地道的自我",它是"卓越的同一性",我们译为"那(真正的)自我",在下面不引起混淆时我们也径直译为"自我";后面那个带有不定冠词的"自我"(un moi),指的是在"那真正的自我"背后映射出来或侧显出来的一个自我。从下文可知,列维纳斯认为它类似于弗洛伊德所说的作为潜意识的"自我",而这样一种自我,不被列维纳斯认为是真正的自我,它只是各种各样"非典型自我"中的"一个"或"一种",是普通的、非卓越的同一性。我们将之译为"一个自我"。——中译注

拉底的神灵、浮士德的靡菲斯特，都在那（真正）自我的深处说着话并引导着该自我。抑或，绝对开端之自由显示为对于非人格者和中性之物的潜在形式的顺从；(这些潜在形式比如有) 黑格尔的普遍之物(l'universel)、涂尔干的社会性事物(le social)、那些支配着我们自由的统计学规律、弗洛伊德的无意识之物、海德格尔那里支撑着生存因素(l'existentiel)的生存论的因素(l'existential)。所有这些概念并不代表自我之不同官能之间的对立，而是代表着一种陌异原则在自我背后的在场；这一陌异原则并不必然对立于自我，但是它显出这种敌人的样子。那只想成为我的泰斯特先生③与这些影响相对立；在所有这些肇始之物的绝对本原处，既不曾有人格也不曾有实体在他背后鼓动他的行动。如果我们的论述必定引入一个主体概念，一个有别于泰斯特先生的这个绝对自我的主体概念，那么这些论述也并不导向对一个这样的自我的肯定：这个自我在那（真正的）自我背后，并不为那有意识的自我所知，且给它带来一种新的束缚。正是作为它本身，那（真正的）**自我**才通过与在女性状态中的**他人**的关系而从其同一性中解放出来，并能在作为本原的自身的基础上而成为别样的。以那（真正）**自我**的形式，存在就能够作为无限地重新开端，亦即作为——恰当地说——无限而发生。

生育的概念并不指向自我作为偶然事件而发生其上的、那种完全客观的种的观念。或者，如果我们愿意这样的话，种的统一性是从自我的欲望中推演出来的，而自我并没有放弃其存在竭力运作于其中的本原之事件(l'événement d'origine)。生育是自我之戏剧本身的一部分。通过生育概念而获得的交互主体性的事物，打开了一个平台；在这一平台上，自我既去掉了它的那种总是回转到自身的悲剧性的自我性(égoïté)；但同时，它又并没有完全消解在集体性事物中。生育证明了一种统一性，这种统一性并不与复多性对立，而是——在这个词的确切的意义上——生产(engendre)出复多性。

---

③ 参见保罗·瓦雷里的小说《泰斯特先生》(*Monsieur Teste*)。——德译注

第五章　超越与生育

在古典的理解中,超越的观念是自相矛盾的。进行超越的主体在其超越之中自己也被带走。它并不超越自己。如果,超越不是被还原为所有权、生活环境或阶层的改变(le changement),而是关涉主体的同一性本身,那我们就会见证到主体的实体的死亡。

当然,我们可以追问,是否死亡并不是超越本身;是否在这个世界的元素——元素只是单纯的化身,在它们这里,改变(le changement)只是对一个永恒的终点进行变形(transforme),亦即保卫和预设这个终点——中,死亡并不代表作为实体转化的变化(devenir)所具有的那种例外事件;作为实体转化的变化并不返回虚无,而是确保实体的连续性,但其确保的方式又不同于凭借一个同一终点的持续存在那种方式。可是,(当我们进行这一追问时,)这一追问就会等于对超越这一"成问题的概念"进行定义。这会动摇我们逻辑的基础。

实际上,我们的逻辑有赖于**一**与**存在**之间的不可分割的纽带;这一纽带必须要得到反思,因为我们总是在一个单一的实存者中考察实存。存在作为存在对于我们来说是单子。在西方哲学中,多元制只能显示为那些实存着的诸主体的多元性(**复数性**, pluralité)。它从来没有显现在这些实存者的实存之中。多元(pluriel)外在于存在者的实存,它是作为已经从属于"我思"系统的数目而被给予一个进行计数的主体。唯有统一性保持着存在论上的优先性。数量引起整个西方形而上学对于表层范畴的蔑视。由此超越本身永远不是深层的。作为"单纯的关系"它位于存在事件之外。意识显现为实存的类型本身;在实存中,多数(le multiple)存在,然而由于综合,它却不再存在;因此在实存中,超越作为单纯的关系少于存在。对象转化为主体的事件。光——知识的元素——使我们所遇到的一切都成为我们的。当知识获得一种忘我的含义,当对于一个莱昂·布伦士维格式的人来说精神性的自我是通过自我拒绝而确立自我,是通过——因为它是慷慨的——否定其自我主义而肯定其人格,那么知识就导向斯宾诺莎式的统一体;相对于这种统一体而言,自我只是一种思想。而所谓超越的运动,就被还原为一种从想象的放逐出发的返回。

关于变化(devenir)的哲学并不是将实存固定到不动者的持存性中,而是把实存作为时间而分环勾连起来①;借此,这种变化哲学努力从那危及超越的一的范畴中摆脱出来。将来的迸发或筹划在进行超越。这一超越不只是凭借知识,而且凭借存在者之实存本身。实存从实存者之统一性中解放出来。用**变化**替代**存在**,这首先是在存在者之外考虑存在。诸瞬间在绵延中的相互渗透,向将来的敞开,"向死而在"——这些都是表达这样一种实存的手段:这种实存并不与统一性逻辑相符合。

存在与一之间的这种分离是通过对可能的权利恢复而获得的。由于可能性不再依靠亚里士多德式的现实的统一性,它包含它的潜能的多样性本身;到目前为止,与已经实现的现实相比可能性都是贫乏的,从今而后它要比现实更丰富。但是可能立即转化为**权能**与**统治**。主体在从可能那里迸发出来的新颖中认识自己。主体在新颖中重新发现自己、掌控自己。主体的自由书写着主体的历史,这一历史是一;主体的计划勾勒出一种命运,主体是这一命运的主人与奴隶。一个实存者始终是关于权能之超越的原则。出现在这一超越之终点的,是一个渴求强力、渴望将强力神化并因此注定孤独的人。

在海德格尔"后期哲学"中存在着这样一种不可能性,即权能不可

---

① "把实存作为时间而分环勾连起来"原文是"...articulant l'exister comme temps"。列维纳斯这句话似是指海德格尔对此在之实存的理解:在海德格尔那里,此在之存在(实存)被规定为"操心","操心"的规定是"先行于自身的——已经在(一世界)中的——作为寓于(世内照面的存在者)的存在"。而这一"分成环节的""操心的结构的源始统一"即"在于时间性"。参见海德格尔:《存在与时间》,陈嘉映、王庆节合译,熊伟校,陈嘉映修订,三联书店,2012年6月第四版,第372—373页。——中译注

能保持为统治状态、不可能确保其完全的掌控。理解的和真理的光沉浸在不理解的和非真理的黑暗中；束缚于神秘的权能，承认它自己是无能的。由此，实存者的统一性看起来被打破了，而命运像迷途一样再次嘲笑那想要凭借理解而引导命运的存在者。这一承认之意义在于何处？如果像德维尔汉(de Waelhens)先生在其为(海德格尔的)《真理的本质》所写的引论中所试图认为的那样，说迷途本身并不被认识，而只是被感受到，那么这或许是在玩文字游戏。事实上在海德格尔那里，被理解为权能的人类存在者始终是真理与光。因此海德格尔没有使用任何概念来描述 Dasein(此在)之有限性中已经蕴含着的与神秘的关联。如果权能同时是无能的，那么这种无能又是通过与权能的关联而得到描述的。

我们已经在意识与权能之外寻找一种为超越奠基的存在概念。问题的尖锐在于把自我保持在迄今为止看起来与自我不相容的超越之中。主体难道只是知与权能的主体？难道它不在其他的意义上显示为主体？我们所要寻找的、主体作为主体而将之支撑起来的那种关系，那种同时满足这些相互矛盾着的要求的关系，在我们看来被铭刻在爱欲关系之中。

人们可能怀疑，这里会有一种新的存在论原则。社会关联难道没有整个消解在意识与权能的关系中？实际上，作为集体表象，社会关联只是通过它的内容而非通过它的形式结构才与一种思想区分开来。参与(la participation)以对象逻辑的基本关系为预设，甚至在列维—布留尔那里，它也被作为一种心理学的好奇加以对待。它掩盖了爱欲关系的绝对独特性，人们轻蔑地将这种爱欲关系抛掷到生物学中。

奇怪！当生物哲学本身超出机械论的时候，它不得以转向目的论和整体与部分的辩证法。生命冲动是通过个体的分离而得以展播，它的轨迹是非连续的——就是说，它在其关连中是以性欲的间隔和一种特殊的二元论为预设的——这一点却一直没有得到严肃的考虑。当时，以弗洛伊德为代表，性欲是在人性的层次上被触及的，它被贬低到寻求快乐的等级，人们甚至从来都没有猜想到快感的存在论含义以及

254 它所使用的那些不可还原的范畴。快乐被当作现成之物给予人,人们从这种现成的快乐出发进行推论。那仍然未被觉察到的是下述这些事情,即:爱欲——它作为生育得到分析——将现实划分为诸种关系,这些关系不可还原为属与种的关系、部分与整体的关系、行动与激情的关系、真理与谬误的关系;凭借性欲,主体进入与那是绝对他异的事物的关联——与一种在形式逻辑中是无法预料的类型的他异性的关联——与在关系中始终保持为他异的、并从不转化为"我的"那类事物的关联;以及,这种关系却没有任何忘我性,因为快感的动人是由其二元性构成的。

既不是(在)知(中),也不是(在)权能(中)。(是)在快感中,他人——女性——回撤到其神秘中。与他人的关系是一种与其不在场的关系;在知识层面上不在场,未知;然而在快感中在场。不是权能:爱进发于受伤的被动性中,在它的起始处没有创始性。性欲在我们身上既不是知也不是权能,而是我们实存的多元性本身。

实际上,爱欲关系适宜于被当作自我的自我性本身的特征、主体的主体性本身的特征进行分析。生育应当被提升为存在论范畴。在一个像父子关系这样的情境中,自我向自身的返回——此返回是对同一性主体之一元论概念的确定——完完全全发生了改变。儿子并不像一首诗歌或一个对象那样只是我的作品。它不再是我的所有物。无论是权能的范畴,还是知的范畴,都不再能描述我与孩子的关系。我的生育既不是原因,也不是统治。我并不拥有我的孩子,我是我的孩子。父子关系是一种与如此这般的陌生者的关系,这个陌生者完全是他人——"你心里说:谁给我生这些,既然我不育独居?"(《以赛亚书》,49)②——的同时又是我;是自我与自身——然而此自身又不是我——的关系。在这个"我是"中,"是"不再是埃利亚学派的统一性。在实存本身中,有一种复多性和超越。超越,自我在其中不再被带走,因为儿

---

② 这是根据法文直译,与和合本《圣经》中译文稍有不同,后者为:"那时你心里必说:'我既丧子独居,……谁给我生这些……呢?'"(见《旧约·以赛亚书》49:21)——中译注

子并不是我;然而我是我的儿子。自我的生育,乃自我的超越本身。超越这一概念的生物学起源,绝没有使其含义的悖论缓和,并勾勒出一种超出生物学经验的结构。

第六章　子亲关系与兄弟关系(博爱)

自我在父子关系中从自身本身中解放出来,却并没有因此停止是自我,因为自我是它的儿子。

父子关系(la paternité)的对应物——子亲关系(filialité),父—子关系(la relation père-fils),同时既指示着一种断裂的关系又指示着一种求援(recours)。

作为断裂,作为对父亲的否认和开端,子亲关系每时每刻都在实现着和重复着一种被创造的自由所具有的悖论。但是在这种表面的矛盾中,以儿子的形态,存在无限地、非连续地是历史性的,然而又没有命运在其中。过去每时每刻都从一个新的起点出发得到恢复(se reprend),焕然一新地恢复,没有任何连续性——比如那种仍然对柏格森的绵延产生影响的连续性——能够危及这种新颖性。在连续性中,存在承载着过去的全部重负(即使在存在向将来的筹划中,也应当无视死亡而重新开始);在这样的连续性中,过去实际上限制着存在的无限性,这种限制显示在存在的老化中。

这种对过去的恢复可以作为(对过去的)求援产生:通过作为一种仍在父亲中继续存在的实存而实存,(儿子)**自我**构成对父亲**自我**——它是其孩子——的超越之回声:儿子存在(**是**),但不是"依靠他自己"存在,他把其存在推卸给他者,并因此拿其存在冒险;一种如此这般的实存模式是作为童年而发生,并伴随着童年所具有的那种对其父母的保护性实存的本质性求助。在这里,必须引进母性(**母子关系**,maternité)的概念以说明这种求援。但是这种对过去——儿子凭其自我性已经与之决裂——的求援,却界定了一种有别于连续性的概念,一种重新连结(renouer avec)历史之线的方式;这种求援在家族与民族中有其具体的形式。这一有别于连续性的重新连结(renouement)所具有的本原性,在那构成自我性的持久的反抗或革命中得到证明。

但是,儿子与父亲的那种穿过生育的关联,并不仅仅在儿子的自我作为已经实存着的自我而实现出来的(对父亲的)求援和(与父亲的)断裂中努力开展出来。自我从父亲的**爱欲**那里得到其自我的唯一性。父亲并不简单地引发(cause)儿子。(父亲)是他的儿子,意味着在他的儿子中是自我,意味着在儿子身上以实体的方式存在(**是**),然而又并不在它那里同一地保持自己。我们对于生育的整个分析一直都在于建立这种辩证的局面,这一局面保存着两种矛盾的运动。儿子恢复父亲的唯一性,然而又保持外在于父亲:儿子是唯一的儿子。(这种唯一)不是凭借数字。父亲的每一个儿子,都是唯一的儿子,是被拣选的儿子。父亲对儿子的爱实现出与一个他者之唯一性本身的唯一可能的关系;在这个意义上,每一种爱都必须近似于父亲的爱。但是父亲对儿子的这种关系并不是像一种好运那样被添加到那向已被构成的儿子的自我上。只是父亲的**爱欲**才授予(儿子以)儿子的唯一性——儿子的自我作为儿子的自我并不是在享受中开始,而是在拣选中开始。他是自为地唯一的,因为他是为其父亲而唯一的。这恰恰是为什么他作为一个孩子能够不"依靠他自己"而实存。而正是因为儿子是从父亲的拣选中得到其唯一性的,所以他才能够被教育、被命令,才能够服从,家庭的陌异局面才得以可能。创造并不与受造物的自由相矛盾,除非创造与因果性混而为一。相反,创造作为超越的关系——作为结合的关系与生育的关系——构成了一个唯一存在者的身份的条件,以及它的被拣选的自我性的条件。

但是,那在其生育中甚至从其同一性中解放出来的自我,并不能维持住它相对于这一将来的分离,如果它在其唯一的孩子中与它的将来连接在一起的话。因此,唯一的孩子作为被拣选者,同时既是唯一的又是非唯一的。父子关系作为一种无数的将来产生出来,被生产出来的自我同时既作为世界上的唯一者又作为众兄弟中的一员而实存。我是我,我是被拣选的,但是是在我能够被拣选的地方而被拣选的,即使不是在其他被拣选者中间,也是在平等者中间。因此自我作为自我就从伦理上转向他者的面容——兄弟关系(**博爱**)是与面容的关系本身,在这一关系中,我的(被)拣选与平等,亦即**他者**对我的支配性,就同时实现出来了。自我的拣选、它的自我性本身,显示为一种优先和从属——因为它并没有把自我置于其他被拣选者中间,而恰恰是使其面对他们,以便侍奉他们;因为没有人能替代自我来衡量自我责任的程度。

如果生物学给我们提供所有这些关系的原型,这当然就证明生物学并不代表一种单纯偶然的存在秩序,这种存在秩序与存在的本质发生无关。但是这些关系从它们生物学的限制中解放出来了。人类自我在兄弟关系中确立;人人皆兄弟这一点并不是像一种道德成就那样被添加到人身上,而是构成人的自我性。因为我之作为我的身份已经在兄弟关系中形成自身了,面容能够把自己呈现给作为面容的我。在兄弟关系中,他人复又显现为与所有他者血脉相连;在这样的兄弟关系中,与面容的关系构造起社会秩序,构造起任何对话与第三者的关联;凭借这种关联,**我们**——或团体——就包含了面对面的对立,就使得爱欲性事物涌向社会生活,那充满表示、合乎情理的社会生活,它包含家庭结构本身。但是爱欲性事物以及将之关连起来的家庭为这种生活——在这种生活中,自我并不消失,而是被允诺给和被唤往善良——确保着胜利的无限时间,没有这种无限时间,善良就会是主观和疯狂。

第七章 时间的无限

无限地存在——无限化——意味着没有界限地实存,因此是以本原的形态实存,以开端的形态实存,就是说,仍然是作为一种存在者实存。有的绝对不定性——没有实存者的实存的绝对不定性——是一种无休止的否定,一种无限度的否定,因此是一种无限的限制。与有的无端(l'anarchie)针锋相对,存在者发生了,(它是)那能够到来者的主体,是本原和开端,是权能。没有那种从自身中获得其同一性的本原,无限化就不会可能。但是无限化是凭借这样一种存在者而发生,这种存在者并不陷入存在之中,它可以与存在保持一定距离,同时又与存在联系在一起;换言之,无限化是凭借在真理中实存的存在者而发生。与存在的距离——凭借这种距离存在者得以实存在真理中(或无限地实存)——是作为时间、作为意识甚或作为对可能者的预期而发生。通过这种时间距离,限定者就不是限定的了,存在者在存在的同时还不存在,仍保持在悬而未决中,且能够在任何时刻开始。意识的或时间性的结构——距离的或真理的结构——取决于那拒绝总体化的存在者的基本姿态。这一拒绝作为与那不可包含者的关系而发生,作为对他异性的欢迎而发生,具言之,作为面容的呈现而发生。面容中止总体化。对他异性的欢迎因此构成意识和时间的条件。死亡并不危及无限化作为存在的否定和虚无借之而发生的那种权能,它通过消除那种距离而威胁这一权能。由于权能,无限化在权能向主体的返回中受到限制;权能源自主体,且通过形成限定的事物而使主体衰老。存在在其中无限发生的时间走向超逾可能处。由于生育,与存在的距离不仅维系在实在的事物中;它还存在于一种与当前本身的距离之中,当前选择它的诸种可能,但是它也实现自己,并以某种方式变老,因此它凝固在限定的现实之中,已经牺牲了诸可能。回忆寻找失去的时间,这些回忆带来梦想,却并不能带回失去的机会。在真正的时间性中,限定者并不是限定的;这样的时间性因此就以下述可能性为前提:不是重新掌握人们本来可以是的所有那些事物,而是在面对将来之不受限制的无限时不再为失去的机会感到遗憾。这里的关键不是耽于某种我所不知道的、有关可能之物的浪漫主义,而是摆脱那转化为命运的实存之不可承受的责任,是在实存的历险中重新把握住自己,以便无限地存在。**自我**同时既是这种束缚(engagement)又是这种解脱(dégagement)——并在这个意义上是时间,是多幕剧。如果没有复多性、没有不连续性——没有生育——**自我**就会一直是一个这样的主体:在它里面,所有的历险都会回转为一种命运的历险。一个能够拥有一种有别于我自己之命运的命运的存在者,是一个能够生育的存在者。在父子关系中,**自我**穿过不可避免的死亡之限定而延续到**他者**中;在这样的父子关系中,时间凭借其不连续性而战胜衰老与命运。父子关系是这样一种存在方式:在是自己本身的同时又是完全不同的。如此这般的父子关系既与那样一种时间中的转化毫无共同之处——这种时间没有能力克服那穿过它的存在者的同一性;也与任意哪种灵魂转生毫无共同之处,在灵魂转生中,自我只能认识一个化身,而不能是一个其他的自我。我们必须坚持这种不连续性。

自我在那最轻飘的、最少持久性的、最仁慈和最大程度走向将来的存在中持存;这一持存本身产生出不可弥补者,并因此产生出界限。不可弥补不是在于这样的事实:即我们保存着对每一刻的回忆;相反,回忆奠定在过去的这种不可变质性之中,奠定在自我向自身的返回之中。但是,在每一新的瞬间浮现出来的回忆难道没有已经赋予过去以一种新的意义?在这个意义上,回忆难道没有——比与过去紧密相连更好——已经修补过去?因为在这一新的瞬间向旧的瞬间的返回中,寓居着连续性(对于过去)的拯救性。但是这一返回重压在当前的瞬间上,后者"承载着全部过去",即使它满心想着未来。它的衰老限制着它的权能,并使它开始迎向死亡的迫近。

生育的非连续的时间使一种绝对的青春、一种重新开端得以可能;

与此同时,它把一种与重新开始了的过去的关系留给这种重新开端,这种关系处于一种向着过去的自由返回之中(这是有别于记忆之自由的自由),处于自由的阐释和自由的选择之中,处于一种完全被宽恕了的实存之中。瞬间的这一重新开端,生育的时间对于必死的和衰老的存在之变化的这一胜利,是一种宽恕,是时间的作为本身。

在其直接意义上的宽恕与关于错误的道德现象联系在一起;宽恕的悖论在于它的追溯效力(la rétroaction),从流俗时间的视角看,它代表一种对于事物之自然秩序的颠倒,代表时间的可逆性。这种可逆性有许多方面。宽恕与流逝的瞬间有关,它允许那在一个流逝的瞬间曾经犯过错的主体如此存在,似乎这个瞬间没有流逝,似乎这个主体没有犯过错。宽恕在一种比遗忘更强的意义上是积极的;遗忘并不涉及被遗忘事件的现实,而宽恕则作用于过去,它以某种方式在纯化过去事件的同时重复着该事件。但是从另一方面看,遗忘取消了与过去的关系,而宽恕则在纯化了的当前中保存着已被宽恕的过去。被宽恕的存在者并不是清白无辜的存在者。这一区别并不允许把清白无辜置于宽恕之上,它允许在宽恕中辨别出幸福之盈余;这是和解的陌生的幸福,是 *felix culpa*(幸运之罪),后者是一种人们对之不再感到惊讶的日常经验的所予物。

宽恕错误的悖论指向那种构成时间本身的悖论。(构成时间的)诸瞬间并不是彼此漠不相关地连接在一起——而是从**他人**延伸到**自我**。将来并不是从众多不可辨别的可能那里来到我这里,这些可能会涌向我的当前,且会为我所掌握;它是穿过一个绝对的间隔来到我这里,唯有绝对别样的**他人**——即使他是我的儿子——能够标示出这一间隔的另一边,能够在那里与过去联结在一起;但是恰恰由此,他也能够从这一过去中扣留住那古老的**欲望**——那赋予这一过去以生命的**欲望**,那被每一个面容的他异性更为深刻地增加和深化的**欲望**。如果时间并不使数学时间之彼此漠不相关的诸瞬间前后相续,那么它就更没有实现一种柏格森式的持续的绵延。柏格森式的时间设想解释了为什么人们必定期待"糖溶解"(这一模式);时间不再传达那整个被包含在第一因中的存在之统一性在表面的、幻影似的因果序列中之不可理解的消散。时间给存在增添了某种新的因素,绝对新的因素。但是,那些在瞬间(它在好的逻辑上与前一个瞬间相似)内盛开的青春所具有的新颖,伴随着所有那些被体验的青春,已渐趋沉重。在一个与其父亲决裂的主体中,时间的深层作为从这一过去中解放出来。时间是限定者的非限定,是已完成者的总是重新开端的他异性——是这一重新开端的"总是"。时间的作为一往无前,超逾了对限定者的悬搁,绵延的连续性使这种悬搁得以可能。连续性的破裂和贯穿破裂的连续,皆为必须。时间的本质要素,在于它是一出戏剧,一出多幕剧,在其中,下一幕解开上一幕的情节。存在不再是作为不可避免的当前一下子发生。实在是它现在所是者,但它将再一次地是,在另一次它将被自由地恢复和宽恕。无限存在作为时间发生,就是说,穿越那把父亲与儿子分离开的死亡时间而在多重时间内发生。构成时间之本质的,并不是如海德格尔所认为的那样是存在的有限性,而是它的无限。死亡的终止并不是像存在的终点那样逼近,而是像一种未知之物那样逼近,这种未知之物作为未知之物悬搁起权能。那把存在者从命运的限制中解放出来的间隔之构成,召唤着死亡。间隔之虚无——一种死亡时间——是无限之产生。复活构成时间的首要事件。因此在存在中并没有连续性。时间是不连续的。一个瞬间并不是通过绽出不间断地从另一个瞬间中流出。在其连续中,瞬间——遭遇死亡并复活。死亡与复活构成时间。但是这样一种形式结构预设了从**自我**到**他人**的关系,并且在其根基处预设了生育,生育贯穿那构成时间的不连续。

因此,*felix culpa*(幸运之罪)的心理学事实——和解因整合断裂而带来的盈余——就指向时间的全部神秘。时间的事实与辩护存在于重新开端之中;在所有于当前牺牲了的可共存者之穿过生育的复活中,时间使重新开端得以可能。

为什么彼岸与此岸分离?为什么——为了走向善——必须要有恶、沧桑、悲剧与分离?非连续时间中的重新开端带来青春,并因此带来时间的无限化。时间的无限实存,在当今善良所遭遇到的失败的背后,确保着作为真理之条件的审判的处境。凭借生育,我拥有一种无限时间,它对于真理被言说出来是必要的;对于申辩的特殊论转化为有效的善良是必要的,这种善良把申辩的自我保持在它的特殊性之中——历史并没有粉碎这种据说仍然是主观的一致(accord)。

但是,无限时间也使它所允诺的真理重新成为问题。人身上除幸福之外还残存着的那对幸福的永恒的梦想,并不是一种单纯的迷误。真理同时既要求一种无限时间,又要求一种它能够封闭的时间——一种已完成的时间。时间的完成并不是死亡,而是弥赛亚的时间;在这种时间中,持久者(le perpétuel)变为永恒(éternel)。弥赛亚的胜利是纯粹的胜利。它已预先防止恶的复仇,无限时间并没有禁止恶的返回。这种永恒是时间的一种新的结构,抑或是弥赛亚意识的一种极端的警醒?——这一问题已超出本书的范围。

结　语

一、从相似到同一

这里全部的工作并非尝试描述一种关于社会关系的心理学,在这种心理学下面,一些以决定性的方式反映在形式逻辑内的基本范畴会一直进行着永恒的游戏。相反,社会关系、无限观念、某一内容以超出容纳者能力所及的方式而在容纳者中的在场——这一切在本书中被描述为存在的逻辑情节。一个概念在它达到它的个体化时(所获得)的规定并不是由于加入了某种最终的种差而产生,即使这种最终的种差来自质料。如此这般地在最后的种中获得的个体性就会无法辨别。与 τόδετί(这一个)的这种个体性相对,黑格尔的辩证法是全能的,它有能力将这种个体性还原为概念,因为用手指指出此时此地这个事实是以对处境的参照为前提;在这一处境中,手指的运动是从外部得到确定的。个体的同一性既不在于与它自身相似,也不在于让它自己由指示它的手指从外部确定,而在于成为同一(le même)——在于成为自身本身,在于从内部自我认同。从相似(le pareil)到同一有着某种逻辑过渡;独特性逻辑地从逻辑领域内涌现,此逻辑领域被展示给观看,并通过此逻辑领域向自我的内在性的反转、通过——如果可以这样说的话——从凸(la convexité)到凹(la concavité)的反转而被组织到总体之中。贯穿本书的对这一内在性的分析描述了此一反转的条件。观看的形式逻辑不可能毫无荒谬地让像无限观念这样的关系显露出来,这种逻辑促使我们用神学或心理学的术语(比如奇迹或幻觉)来解释此类关系。此类像无限观念这样的关系在内在性的逻辑中——在一种微—

逻辑中——重新获得它的位置;而在内在性的逻辑内,逻辑在τόδετί(这一个)的彼岸继续进行。社会关系不仅仅给我们提供一种高级的、有待根据种属逻辑来分析的经验质料。社会关系是这样一种**关系**(Relation)的原初开展:它不再将自身交给会吞没其对象的观看,而是在面对面(face à face)中以从**自我**到**他者**的方式获得实现。

二、存在是外在性

存在是外在性。这样一个表达不仅在于揭露主观之物的幻象,也不仅在于宣称只有那些与任意之思陷入并迷失其中的沙阵相对立的客观形式才配得上存之名。这样的一种设想最终会毁掉外在性,因为主体性本身会由于将自己揭示为一种全景式游戏的一个时刻而为外在性所吞没。外在性于是不再会有任何意谓,因为它会把那为(外在性)这种称呼进行辩护的内在性本身包含进来。

但是如果我们肯定一个不能溶解在客观性中的主体、一个外在性会与之对立的主体,那么外在性也并不会因此得到维持。(因为)这样外在性就会具有一种相对的意义,就如大相对于小一般。然而在绝对内,主体与客体仍会是同一个系统的部分,这一系统会以全景的方式进行游戏和揭示自身。外在性——或者他异性,如果人们愿意这样说的话——就会转变为**同一**;在内在与外在之间的关联之外,就会有一个位置,在这个位置上可以通过侧视来(横向)知觉这一关联。这一侧视会包含并知觉到(或洞穿)它们①的游戏,或者会提供一个最终的舞台,(内外之间的)这种关联就会在这一舞台上上演,其存在也会在这一舞台上真正地尽力展开。

存在是外在性:它的存在的运作本身即在于外在性,没有任何思想能比受这一外在性支配而更好地服从于存在。外在性之为真实并不是在一种侧视中;这种侧视在外在性与内在性的对立中统觉这种外在性;外在性在面对面中才是真实的,这一面对面不再完全是一种观看,它比

---

① "它们"指"内在"与"外在"。——中译注

观看走得更远;面对面从一个点出发来建立自身,这个点与外在性分离得如此彻底,以至于它凭其自身维持自己,这便是自我;这样一来,所有其他不是从此一分离的、并因此是任意的点(然而它的任意与分离是以一种作为自我这样的积极方式产生出来)出发的关系,都会缺少真理的那一必然也是主观的土壤。人的真正本质呈现在他的面容中;在其面容内,人无限地有别于暴力,有别于那种与我的暴力相似的暴力,那种与我的暴力针锋相对的暴力,那种已经在一个历史世界——我们于其中分有同一体系——中与我的暴力相搏斗的暴力。面容以其并不引起暴力的、且来自高处的呼唤制止和瘫痪我的暴力。存在的真理不是存在的形象,不是关于存在之本性的观念,而是一种置身于主观场域的存在,这种主观场域使观看变形,但恰恰因此而能够使外在性说出自身,满含命令与权威地、亦即带着完全的至上性说出自身。这种主体间性空间的弯曲(courbure)使距离转为上升;它不是歪曲存在,而恰恰使存在的真理成为可能。

我们无法"预期"这种由主观场域所"实施"的折射,以便对它进行"修正"。这种折射构成存在的外在性在其真理中实现自身的方式本身。"完全反思"的不可能性并非是由于主体性的缺陷。相反,存在物的那种会在此"空间之弯曲"之外显现出来的所谓"客观"性质——现象——恰恰会意味着形而上学真理的破灭,意味着在其本义上的至高真理的失落。必须要将主体间性空间的这种"弯曲"与"视角"的任意性区别开来:在前者中,外在性实现为至上性(我们并不说"外在性在主体间性空间的这种'弯曲'中显现出来");而后者则是(我们)针对显现着的客体所采取的。但是,作为错误与意见之源泉,那来自于与外在性相对立的暴力的视角之任意性,乃是主体间性空间之弯曲的代价。

"空间的弯曲"表达着人类存在者之间的关系。**他人**位**我**之上——但如果我对他人的欢迎只是"知觉"某种性质,那么这一说法就只会意味着一个单纯的错误。因此社会学、心理学、生理学对外在性无动于衷。作为**他人**的人从外面来到我们这里,作为(与我们)分离者——或圣者(saint)——作为面容来到我们这里。他的外在性,即他对我的呼唤,就是他的真理。我的回应并非像一种偶性那样附加到他的客观性的"内核"上,而是首次产生出他的真理(他对我的"视角"不会取消这种真理)。我们用"主体间性空间的弯曲"这一隐喻所暗示的真理相对于存在及其观念来说是一种盈余(surplus),后者意味着全部真理的神圣意向。这一"空间的弯曲"或许就是上帝的在场本身。

面对面——最终的和不可还原的关系,没有任何概念能够在掌握它的同时而思考该概念的思想者却又不立即面对一位新的对话者的;如此这般地面对面使社会的多元论成为可能。

三、有限与无限

作为存在之本质的外在性,意味着社会的复多性对那把复多总体化的逻辑的抵抗。对于这种逻辑来说,复多性是**一**或**无限**的沉沦,是存在中的弱化,各种存在者都应克服这种弱化,以便从复多回到**一**,从有限回到**无限**。相反,形而上学、与外在性亦即至上性的关联却意味着:对于有限来说,有限与无限的关联并不在于有限被其所面对者吸纳,而是在于有限寓于其本己存在,自存于己,在此世行动。如果善良所具有的素朴幸福把我们与上帝混为一体,那么这种幸福就会颠倒它的意义并且会变质。将存在理解为外在性——与存在的全景性生存、与外在性产生于其中的总体一刀两断——将让我们能够理解有限的意义,而无限中间的有限之限制也无须要求无限发生一种不可理喻的沉沦;有限性也无须是一种对无限的乡愁,一种思归之病。将存在确立为外在性,就是将无限领会为(有限)对它的**欲望**,进而认识到,无限的发生要求分离,要求产生自我或起源的绝对任意性。

分离所具有的限制的特征以及有限性的特征并不是对下面这种简单的"少"的认可,这种"少"根据"无限地多"、根据无限之毫无缺陷的完满而获得理解;这些特征所保证的是无限之溢出本身,或具体地说,它们所保证的是在社会关系中产生的所有相对于存在的盈余之溢出本身、所有**善**之溢出本身。有限的否定性应该从这**善**出发获得理解。社会关系孕育了**善**超出于存在的盈余、复多性超出于**一**的盈余。社会关系并非像《会饮篇》神话中那样在于重建阿里斯托芬讲到的完满存在的整体:既不是通过重新投入整体和融入永恒(以重建存在整体),也不是通过借助历史来赢得整体(从而重建存在整体)。相对于**一**的至福而言,相对于它的那种否定或吸收**他者**从而一无所遇的著名自由而言,分离所开辟的冒险绝对是闻所未闻的。一种超出于**存在**之外、超出于**一**的至福之外的**善**——就是它宣布了一种严格的创造概念,这种创造既不会是对一的否定和限制,也不会是从**一**中的流溢。外在性不是否定,而是优越。

四、创　造

神学粗鲁地用存在论的语言来处理上帝与受造物之关系的观念。它预设了与存在相符的总体在逻辑上的优先性。这样它就很难明白,无限的存在何以能够与某种在它自身之外的事物并行不悖或容忍之,或一个自由的存在者何以能够将自己的根子伸到上帝的无限内。但超越恰恰拒绝总体,它与一种会从外部包含它的观点格格不入。任何对超越的"理解"事实上都让超越者处在外部,并且它自己是在超越者的对面发挥作用。如果总体和存在的观念相互覆盖的话,那么超越观念就将我们置于超逾存在范畴处。在此,我们以我们的方式遇到了柏拉图关于**善**超逾**存在**的思想。超越者,就是那不会被包含者。在这里,对于超越观念来说有一种本质上的明确性,这种明确性不运用任何神学的观念。那使传统神学——它用存在论的语言来论述创造——举步维艰的东西,即上帝从他的永恒中走出来以便创造世界,对于一种以超越为出发点的哲学来说,就像一种第一真理一样非此不可:没有什么能比永恒与时间之间的差别更好地区别总体与分离了。然而这样一来,凭借着其先于我之创始的表示(signification),他人便与上帝相似。这种表示先于我之 Sinngebung(意义给予)的创始活动。

关键在于用抵抗着综合的分离观念代替总体观念,存在论哲学在这种总体观念中真正地合并——或统握——复多。肯定那凭借着创造的从无造有,就是质疑在永恒内存在着万物的预备性共同体(la communauté préable),存在论主导的哲学思想使存在物从这样一种预备性共同体中——就像从一个共同的母体中那样——涌现出来。对于超越所预设之分离的绝对间隔来说,没有比创造一词更好的词汇能述说它了;在创造中,被肯定的不仅有存在者之间的亲属关系,而且有它们之间的根本异质性以及它们出自虚无的彼此外在性。我们可以用受造物来刻画那些寓居在超越——它并不把自己封闭在总体之中——之内的存在者的特点。在面对面中,自我既没有主体的优先地位,也没有凭其在体系中之位置而得到界定的物的地位;自我是申辩,是为自己的(pro domo)话语,但这是一种在**他人**面前的辩护的话语;**他人**是最初的可理解者,因为**他人**可以为我的自由作辩护,而非从我之自由那里等待某种 Sinngebung(意义给予)或意义。在创造的情形中,自我是自为(pour soi)而非 causa sui(自因)。自我的意志将自己肯定为无限的(亦即自由的),肯定为作为依附的受限。自我的意志并不从他者的邻近中获得限制;他者作为超越者,并不限定自我的意志。诸我并不形成总体。并不存在某种优先的层次,在这个层次上诸我可以被从其原则上加以把握。对于复多性而言,无端(anarchie)②是本质性的。复多性这样地存在着,以致——由于对于总体来说不存在一个我们坚持寻找的共同层面以便把复多性关联到它上面来——我们从不知道在意志的自由游戏中是什么意志在暗中控制着游戏;我们不知道谁在和谁玩。但当面容呈现并要求正义的时候,便有一种原则穿透了所有这些晕眩和战栗。

五、外在性与语言

我们一直是从存在者对总体化的抵抗出发——从存在者所构成的非总体化的复多性出发,从存在者在**同一**中的和解的不可能性出发。

诸存在者之间的和解的这种不可能性——这种根本的异质性——

---

② "anarchie"或译为"无本原"。其中的"archie"既有开端、本原、原则义,也有支配、统治义。"Anarchie"亦即无本原、无开端、无原则或无政府。此句意思是:对于诸我来说,没有一个可由之出发以把握他们、统治他们的原则。——中译注

在事实上指示着一种发生的方式和一种存在论,这种存在论并不等于全景式实存和它的解蔽。对于常识而言,而且也是对于自柏拉图至海德格尔的哲学而言,全景式的实存和它的解蔽意味着存在的发生本身,因为,真理或解蔽既是存在——Seiendes(存在者)的 Sein(存在)——的作为或本质德能,③同时也是真理最终会引导的人的任何行为的作为或本质德能。海德格尔认为,人的全部才能就在于"揭示"④(现代技术本身不过是一种对事物的提取方式或者在"摆明"的意义上将它们生产出来的方式);海德格尔这一论断正建立在全景的首要性的基础之上。总体的破裂,对存在的全景结构的揭发抗议——所涉及的是存在的实存本身,而非拒绝系统的诸存在者的组合(collocation)或配置。与此相关,那种倾向于把意向性显示为对可见者和观念之瞄准的分析,则表明了这种作为存在的终极德能、作为存在者之存在的全景统治。在对情感、实践和生存的现代分析中,人们一直坚持着这种德能,尽管人们使沉思概念遭到了各种弱化。本书的主要论点之一就是,拒绝将意向行为—意向相关项(noèse-noème)的结构视为意向性的原始结构(这并不等于将意向性解释为一种逻辑关系或因果关系)。

事实上,存在的外在性并不意味着复多性之间是没有关联的。只是那联结这种复多性的关联并不填满分离的深渊,它证实这一分离。在这样的一种关联中,我们已认识到那只有在面对面中才产生出来的语言;并且在语言内我们也已认识到教导。教导是真理的这样一种自行产生的方式,以至于真理并非我的作品,我不能把它从我的内在性中引出来。肯定了真理的这样一种产生方式,我们也就改变了真理的原

---

③ "真理或解蔽既是存在——Seiendes(存在者)的 Sein(存在)——的作为或本质德能,同时也是真理最终会引导的人的任何行为的作为或本质德能。"这一句的原文是"la vérité ou le dévoilement est à la fois l'oeuvre ou la vertu essentielle de l'être-le Sein du Seiendes et de tout comportement humain qu'elle dirigerait en fin de compte."德译本的"译者附录"中的"法文版勘误"将此句订正为"la vérité ou le dévoilement est à la fois l'oeuvre ou la vertu essentielle de l'être-le Sein du Seiendes-et de tout comportement humain qu'elle dirigerait en fin de compte."此处根据德译本勘误译出。——中译注

④ 原文为"mettre en lumière",字面义为"把……弄到光明中来"。——中译注

初意义,改变了作为意向性意义的意向行为—意向相关项的结构。

事实上,那对我言说、我对它进行回应或质询的存在者,并不向我献出它自身,并不以下面这样一种方式给出自己,似乎我能够接受这种显示,使它适合我内在的尺度,并如同它是从我本身而出那样接纳它。观看,它即以这种在话语中完全不可能的方式运作。实际上,观看在本质上乃外在性与内在性的某种相即:外在性被吸收进沉思着的灵魂之中;作为相即性观念,它先天地被揭示为一种 Sinngebung(意义给予)的结果。话语的外在性不会转化为内在性。无论如何,对话者都不能在一种内心中找到位置。他总是在外面。分离着的诸存在者之间的关联不将这些存在者总体化,这是一种"没有关联的**关联**",任何人都无法包含它,无法对它主题化。或者更确切地说,那思考和总体化这一关联的人会由于这一"反思"而在存在内造成新的分裂,因为他还会将此总体说与某人。分离开的存在的各"段"间的关联是一种面对面,一种不可还原的终极关系。在思想刚刚把握住的对话者背后,一个对话者重又出现,就像在任何对确定性的否定之背后,仍有我思的确定性在。我们在此已经尝试的对于面对面的描述,被向**他者**说出,向在我的话语和智慧背后会重新显现出来的读者说出。哲学从来都不是智慧,因为哲学刚刚含括的对话者又已经挣脱了它。"一切"被向之说出的**他人**,无论教师还是学生,在一种本质上是礼仪的意义上,是哲学所要祈求的。所以,话语的面对面恰恰不将主体系缚在客体上,它不同于那本质上是相即的主题化行为,因为任何概念都不能抓住外在性。

被主题化的客体保持着自在,但(它)为我所知这一点却属于它的本质;自在之超出于我的知识的盈余,逐渐被知识所吞没。关于客体的知识与关于自在或客体之坚实性(solidité)的知识之间的差异,随着思想的发展——根据黑格尔,这一发展会是历史本身——而逐渐减少。客观性消融于绝对知识中。由此,在总体内部,思想者的存在、人的人性,便与自在的坚固之物的恒定性相一致;人的人性与客体的外在性被同时保持和吸收在总体之内。然而,外在性的超越难道只会见证一种未完成的思想,并会在总体内被克服? 外在性必须要转化为内在性吗? 这种外在性是恶的吗?

我们已经探讨了存在的外在性,不是把它作为存在在消散或其沉沦中可能会或偶尔具有的某种形式,而是把它作为它的实存本身——不可穷尽的和无限的外在性。如此一种外在性在**他人**中敞现,远离主题化。然而它之所以拒绝主题化,从积极方面看,那是因为它是在一种自我表达的存在者内产生出来的。在可塑的显示或把某物显示为某物的解蔽(dévoilement)中,被解蔽者放弃了它的本原性和它的闻所未闻的实存——与之相反,在表达中,显示与被显示者合二为一,被显示者出席到它自己的显示之中,因而一直处于任何会从它那里扣留下来的形象之外,并在我们谈到某人作自我介绍(se présente)的意义上自我呈现(se présente);这个人说出他的名字以便于称呼,尽管他总留在他的呈现的根源处。介绍就在于说"我,是我",而非某个人们会试图把我与之等同的别人。我们曾将外在存在者的这种呈现称为面容,这一存在者在我们的世界内找不到任何参照物。我们曾把这种与在言辞中呈现自己的面容的关系描述为欲望——善良和正义。

言辞拒绝观看,因为说话者不只交出自身的某些形象,而且他还亲身呈现于他的言辞内,绝对外在于他会留下的任何形象。在语言内,外在性自我运作、自我展开、自我用力。那说话者出席到他自己的显示之中,他与听者欲从他那里扣留下来的意义是不相即的;这种意义是作为获得的结果而被听者在话语关系本身之外扣留下来,似乎这经由言辞的在场(**呈现**)可以被还原为听者的 *Sinngebung*(**意义给予**)。语言是因着表示而对 *Sinngebung* 的不断越出。这种在大小上超出了自我之尺度的在场(**呈现**)并没有被重新吸纳入我的观看。外在性与那总是要度量它的观看并不相即,如此外在性的这种溢出恰恰构成了高度的向度或者说外在性的神圣性。神圣性保护着距离。根据柏拉图在《斐德罗篇》中所建立的区分,**话语**(le Discours)是与**神**的交谈(discours),而不是与平等者的交谈。形而上学就是这种与**神**之间的语言的本质,它通往高于存在之处。

六、表达与形象

他人的在场(**呈现**)或表达,所有表示(**含义**)的根源,并不是像一种智性本质那样被沉思(**观照**),而是作为语言被听到,因此是从外部起作用。表达或面容溢出了形象,形象总是内在于我的思想,有如出自于我一样。此溢出不可还原为一种溢出的形象,它按照**欲望**和善良的尺度或者说过度,而将自己作为自我与他者在道德上的非对称性产生出来。这种外在性的距离立即把自己向着高度展开。只是由于那种姿态,那作为从上向下的倾向而构成道德之基本事实的姿态,眼睛才能够看到这一高度。因为外在性的在场(**呈现**)和面容从来不会变成形象或直观。所有的直观都依据某种不能还原为直观的表示(**含义**)。表示(**含义**)来自比直观更遥远的地方,是唯一的远方来客。表示(含义),不可还原为直观,它为**欲望**、道德和善良所衡量,是对一个人自己的无限要求,是对**他者**的**欲望**或与无限的关系。

面容的在场(**呈现**)或表达并不是众多有意义的显示中的一种。人的作品无一例外具有某种意义,但人类存在者却立即从这些作品中离开,并被人们从它们出发进行推测;同样,人类存在者也在"作为"这样的联结中被给出。劳动产生对别人具有意义的作品,并可为别人获得——它已经是反映在货币之中的商品;而语言却是这样的场所:在这里,我出席到我的显示之中,那不可替换且时刻警觉的显示之中。在这种劳动和语言之间有一道深深的鸿沟。但这道鸿沟因警觉着的在场(**呈现**)之实现(l'én-ergie)而大开,这种警觉着的在场从不脱离表达。这种在场(**呈现**)之于表达,并不像意志之于其作品:意志通过把其作品交付给作品自身的命运而从作品中脱身出来,并发现要了"一堆"它并没有想要的"东西"。这是因为,这些作品的荒谬性并不是由于形成这些作品的思想的过失;它是由于这种思想随即陷入其中的匿名性,是由于工人的那种源自这一本质性匿名的无知。扬凯列维奇有理由认为,劳动不是一种表达。⑤ 在获得劳动成果的同时,我使生产它的邻人失去神圣性。只有在表达中,人才能真正是独特的和不可含括的;在表达中,人能够对自己的显示"伸出援手"。

在政治生活中,人性被毫无异议地从其作品出发进行理解。(这是)可互换之人的人性,(是)交互关系的人性。人们相互间的这种代替,这种原初的不尊重,使得剥削本身成为可能。在历史——**国家**的历史——内,人类存在者显现为他的作品的总和——(在他)活着时,他就成了他自己的遗产。正义就在于使表达重新成为可能,在表达中,人以非相互性的方式表现为独一无二的。正义是一种说话的权利。或许就是在这里,宗教的视角得以打开。宗教远离政治生活,那并不为哲学必然导向的政治生活。

七、反对关于中性之物的哲学

我们因此确信已经切断了与有关**中性之物**的哲学的关系:切断了与海德格尔的存在者之存在的关系,这种存在的无人格的中性曾为布朗肖(Blanchot)的批判性工作所着力凸显;我们也确信切断了与黑格尔的无人格的理性的关系,这种理性对人的意识只显示出它的狡计。关于**中性之物**的哲学,不管它的各种思想运动在其起源和影响上多么不同,它们都一致地宣布哲学终结。因为它们颂扬那种没有任何面容去命令的服从。那沉迷于似曾向前苏格拉底的哲学家们显示过自身的**中性之物**的**欲望**,或者,那被解释为需要、因而被引向行动之本质性暴力的欲望,打发走哲学,只在艺术或政治中得到满足。对**中性之物**的颂扬可表现为**我们**相对于**自我**的在先性,处境相对于处境中的存在者的在先性。本书对享受之分离的坚持一直受这样的必要性的引导,即那种要将**自我**从处境中解放出来的必要性:哲学家们已逐渐将**自我**融进处境中,就像在黑格尔的观念论中理性完全吞没掉主体一样。同样,唯物论也不存在于对感性的源始功能的发现中,而是存在于**中性之物**的

---

⑤ 《严肃与道德生活》(*L'Austérité et la vie morale*),第 34 页。

首要性中。将存在的**中性**置于这种存在会神不知鬼不觉地决定的存在者之上,将本质事件不知不觉地放到存在者之上,这就是在宣扬唯物论。海德格尔的后期哲学就变成了这种耻辱的唯物论。它把存在的开启置于人在**天地**间的居住之中,置于对诸神的等待和人的陪伴之中,它把风景或"静物"升格为人的本原。存在者的存在乃一并非人言的**逻各斯**。从诸意义于其中显现出来的、作为诸意义之源泉的面容出发,从绝对赤裸的、找不到安身之所的悲惨的面容出发,就是承认:存在是在人与人之间的关联内上演,是**欲望**而不是需要在命令着行为。**欲望**——形而上学的、不是出于欠缺的渴望——对一个人(格)的欲望。

八、主体性

存在是外在性,外在性产生于它自己的真理中,产生于一种主体域中,其产生是为了分离的存在者。从积极意义上看,分离将自己实现为一种与自身相关联、并由自身保持自身的存在者的内在性。直到非神论!与自身相关联是这样一种关联,它具体地将自己构建为或实现为享受或幸福。这是一种本质的自足,它在自我展开中——在知识中——甚至把握到了它的本原,而批判(对于其自身条件的重新掌握)则展开了知识的终极本质。

在形而上学的思想内,有限拥有无限观念;在这里,发生了根本的分离,同时也发生了与他者的关联——我们为这种形而上学的思想保留了意向性、对……意识这个术语。这种意向性是对于言辞的关注或者对面容的欢迎,是好客而不是主题化。自身意识并不是我所具有的对**他者**的形而上学意识的一种辩证反驳。意识之与自身的关联尤其不是对于自身的表象。在任何对于自身的观看之前,自身意识以保持自己的方式实现自己;它作为身体植入自身之内,它把自己保持在其内在性中,保持在其家中。于是,自身意识从积极方面实现了分离,没有被还原为一种对它与之分离开的存在的否定。但它恰恰因此而能够欢迎它与之分离的那个存在。主体是一个主人。

主体性的实存从分离中获得它的轮廓。一个其本质被同一性穷尽了的存在者的内在的同一化，**同一**（le Même）的同一化，亦即个体化，不会损害某种被称为分离的关系的关系项。分离是个体化的行为本身；对于一个置身于存在中的实体来说，分离是它按照下述方式置身于存在中的一般可能性：即它不是通过那种凭借其与大全的关系和其在系统中的位置以定义自身的方式置身于存在中，而是从自身出发置身于存在中。从自身出发这个事实就等于分离。然而，从自身出发这个事实和分离本身，只有通过打开内在性的维度才能在存在内发生。

九、主体性的维持——内在生活的现实和国家的现实——主体性的意义

形而上学或与**他者**的关联实现为侍奉和好客。由于**他人**的面容让我们与第三者（le tiers）发生了关系，**自我**与**他人**的形而上学关联就悄悄进入**我们**这样的形式，并催生了**国家**、机构、法律这些普遍性之根源。但自治的政治在其自身内蕴含着专制。政治使那引起它的自我与**他者**变形，因为它根据普遍的法则来审判自我与**他者**，因此就像（对自我与他者进行）缺席审判那样。在对**他人**的欢迎中，我欢迎的是我的自由所服从的**至高者**，但这一服从并非是一种缺席：它在我的道德主动性（initiative morale）（如果没有道德主动性，判断的真理就不可能产生）的一切个人作为中运作，在对作为唯一性和面容（政治的可见性让面容不可见）的**他人**的关注中运作，而且它只有在一个自我的唯一性内才会产生出来。就这样，主体性在真理的作为中被恢复了名誉，但不是作为一种自我主义，后者拒绝那伤害它的系统。与主体性的这种自我主义式的抗议针锋相对——与这种第一人称的抗议针锋相对——黑格尔式的现实的普遍主义或许不无道理。然而，如何能够将这些普遍的、亦即可见的原则傲慢地与他者的面容对立起来，而同时不在这种非人格的正义的残酷面前退却！并且从此，如何可能不引入作为善良之唯一可能源泉的自我的主体性？

形而上学因此将我们带入了作为唯一性的自我的实现内，**国家**的作为应当在与这种实现的关联中得到定位和形塑。

自我的不可代替的唯一性以对立于**国家**的方式而维持着自己,它通过生育来实现自身。我们在坚持个人(le personnel)不可以还原为国家的普遍性时所求助的,并不是某些纯粹主体性的事件,这些事件会迷失在理性现实所嘲笑的内在性的沙堆里;我们所求助的是超越的向度和视角,这种超越的向度和视角与政治的向度和视角同样实在,甚至更真实,因为在超越中,自我性(ipséité)的申辩并没有消失。由分离所开启的内在性并不是隐秘之物或地下之物的不可磨灭性,而是生育的无限时间。生育允许确保现时成为将来的前厅。它使得所谓内心的和只是主体的生活似乎躲避于其中的那种地下状态走向了存在。

出现在真理判断面前的主体性,因此就不能简单地还原为一种对总体和客观的总体化所作的无力的、地下的、不可预料的和从外部看不见的抗议。但是,它进入存在并不是作为整合入总体而进行,分离已经将那总体打碎了。生育及其打开的视角证明了分离的存在论特征。但生育并不在一种主体的历史内重新焊接一个破碎总体的诸片段。生育打开一种无限的和不连续的时间。它将主体置于超逾事实性所预设且并不越过的可能性之处,并由此把主体从其事实性中解放出来;它通过允许主体成为一个他者,而从主体那里剥夺掉了命定性的最后踪迹。主体性的根本要求保存于爱欲之中——但在这种他异性中,自我性是仁慈的(**优雅的**,gracieuse)⑥,它卸下了自我主义的重负。

十、超逾存在

主题化穷尽不了与外在性的关联的意义。主题化或客体化不仅被描述为一种冷静的观照,而且被描述为与坚固之物(le solide)、与物的关系;自亚里士多德以来,物就是用来类比存在的术语。坚固之物并不被归结为由观照它的观看所具有的冷静确立起来的结构,而是凭借它

---

⑥ "gracieuse"(grâce)这里含有双重含义:"优雅(的)"与"仁慈(的)""宽恕(的)"。——德译注

与它所穿过的时间的关系得到刻画的。⑦ 客体的存在是持续,是对空乏时间的填充,不带任何对作为终结的死亡的慰藉。如果外在性并不在于作为主题呈现自己,而是在于被欲望,那么,欲望着外在性的分离的存在者之实存就不再在于为存在而操心。实存在一种与总体之持续不同的向度上具有意义。它能走到超逾存在处。与斯宾诺莎主义的传统相反,这种对死亡的越过并非在思想的普遍性中产生,而是在多元关系中产生,在为他人而在的善良中产生,在正义中产生。从存在出发的对存在的越过——与外在性的关系——并不为绵延所度量。绵延本身乃是在与**他人**的关系中变得可见,存在就是在这种关系中越过自身。

十一、被授权的自由

语言以面容的在场(呈现,la présence)开始;外在性在如此这般的语言中的在场,并不是作为肯定而发生,后者的形式意义不会再有所发展。与面容的关系作为善良而发生。存在的外在性乃道德性本身。自由,这一构建了自我、处于任意性中的分离事件,同时也保持着与外在性的关系,这一外在性在道德上抵抗着存在内的任何居有活动和总体化活动。如果自由被置于这种与外在性的关系之外,那么在复多性内的任何关联都只会造成一个存在者被另一个存在者所掌有(la saisie),或它们对于理性的共同参与,而在理性中,任何存在者都看不到他者的面容,相反所有存在者都相互否定。知识或暴力在复多性内会显现为实现存在的事件。共同的知识走向统一;或者走向某个理性系统在存在者之复多性内部的显现,这些存在者在此理性系统中只会是些对象,它们会在这些对象内找回自身的存在;或者走向凭借暴力对体系外的存在者进行粗暴的征服。无论是在科学思想或是在科学对象中,还是

---

⑦ "而是凭借它与它所穿过的时间的关系得到刻画的"原文为"mais par sa relation avec le temps-qu'il traverse"。德译本"译者附录"中的"法文版勘误"将此句订正为"mais est caractérisé par sa relation avec le temps-qu'il traverse"。(见德译本第450页)此处据此勘误改译。——中译注

最终在被当作理性之显示的历史——暴力在此历史内将自身揭示为理性——中,哲学都通过取消复多性而将自身呈现为存在的实现,也就是说,呈现为存在的解放。知识就会是对**他者**的取消,这种取消通过掌有、通过把握或通过在掌有(la saisie)之前即已掌握(saisit)的看而进行。形而上学在本书中具有一种完全不同的意义。如果形而上学的运动所走向的是如其所是的超越者,那么超越就不是指对所是者(*ce qui est*)的居有,而是对它的敬重。真理是对存在的敬重,这便是形而上学真理的意义。

如果我们与以自由——作为存在的尺度——为首位的传统相反,质疑视觉在存在内的首要性,如果我们质疑人类的控制要伸展至逻各斯的层次这样一种要求——那么我们既没有(因此)远离理性主义,也没有(因此)远离自由的理想。我们并没有因为怀疑权力与逻各斯之间具有同一性就是非理性主义、神秘主义或实用主义。如果我们在为自由寻找辩护,我们也并不是在反对自由。理性和自由在我们看来乃是奠基在在先的存在结构中,这些存在结构的最初关连由形而上学的运动或敬重、正义——等同于真理——勾勒出来。(传统的)理解是把真理奠立在自由之上,这里的关键是要把这样一种理解中的关系项颠倒过来。真理中与辩护有关的东西,并不是建立在被设定为独立于任何外在性的自由之基础上。如果受到辩护的自由可能只是表达出理性秩序强加给主体的必然性,那么事情就会确乎如此。但真正的外在性是形而上的——它并不重压在分离的存在者之上,它把后者作为自由者进行命令。本书的目的就是努力描述这种形而上的外在性。这一观念所导致的后果之一,乃是将自由设定为对辩护的请求。真理以自由为基础,这就预设了一种由其自身辩护的自由。对于自由来说,不会有比发现自身为有限这事更大的丑闻了。未曾选择其自由,这就是实存最大的荒谬和最大的悲剧,这就是非理性。海德格尔的 *Geworfenheit*(被抛状态)标志着一种有限的自由,进而标志着非理性事物。在萨特那里,与**他人**的相遇威胁着我之自由,并等于我的自由因另一个自由的注视而减少。或许这就最为有力地表明了,存在与那真正保持为外在的事物是不相容的。但对于我们来说,这毋宁彰显出对自由的辩护问题:他人的在场难道没有对自由的素朴的合法性提出疑问吗? 自由难道没有作为一种对自身的羞愧而向它本身显现出来吗? 在还原为自身之时,它不是一种僭越吗? 自由的非理性并不在于它的界限,而在于它的任意性的无限。自由必须为它自身辩护。当它还原为它本身时,它并不是在至上性中获得实现,而是在任意性中获得实现。恰恰是通过它本身,而不是由于它的限制,自由在其完满中所应表达的存在才表现为在自身内没有理由。自由无法由自由进行辩护。为存在给出理由或处于真理之中,这既非统握(**理解**,comprendre)也非掌握(se saisir de…),相反,是非排斥性地与他人相遇,亦即在正义内与他人相遇。

接近**他人**,就是质疑我的自由、我之为生物的自发性、我对于物的统治,就是质疑这种"前冲之力"的自由、这种奔腾的激情,对于这种激情来说,什么都是允许的,甚至谋杀。"不可谋杀"勾画出**他人**出现于其中的面容,这一诫令将我的自由置于审判之下。于是,那对真理的自由依附,认识活动,那在笛卡尔看来于确定性中依附于某种清楚观念的自由意志,便寻求一种并不与这种清楚分明的观念本身之光辉相一致的理由。一种因其自身的清楚性而矗立起来的清楚观念,有赖于某种自由之——严格地说是——个人性的劳作;这种孤独的自由并不对其自己进行质疑,却可以最大限度地经受失败。唯有在道德中,这样的自由才被质疑。道德因此支配着真理的劳作。

人们会说,对确定性的彻底质疑归结为对另一种确定性的寻找:对自由的辩护将会以自由为参照。确乎如此。因为辩护不可能导致非确定性。但事实上,对自由的道德辩护既非确定性亦不是非确定性。它并没有一个结果的身份,而是作为运动和生活实现自身,它的本质在于对一个人自己的自由提出无限的要求,在于对其自由的彻底不宽容。自由不是从确定性的意识中获得辩护,而是在一种对于它自身的无限要求中、在对任何良好意识⑧的越过中得到辩护。但这种对于自身的无限要求——恰恰因为它质疑自由,它便将我置于且固定于这样一种处境中:我在其中并不是孤独一人,而是受到审判。(这便是)最初的

---

⑧ "La bonne conscience",或译"良知""安好意识"。——中译注

社会性:人与人的关联是在审判我的正义的严肃性中,而不是在为我开脱的爱之中。此审判事实上并不是从一种**中性之物**来到我这里。面对**中性之物**,我自发地就是自由的。而在对于自身的无限要求中,则产生着面对面的二元性。我们并没有因此证明上帝,因为这涉及一种处境,这种处境先于证明,并且就是形而上学本身。伦理,在观看和确定性之外,勾画出作为外在性的外在性的结构。道德并不是哲学的一个分枝,而是第一哲学。

十二、存在作为善良——自我——多元论——和平

我们已经把形而上学确定为**欲望**。我们已经把**欲望**描述为无限的"尺度",任何终点、任何满足都不能中止**欲望**(**欲望**与**需要**相反)。世代(des générations)的非连续性——亦即死亡与生育——使**欲望**走出其自己的主体性的囚穴,中止了它的同一性的单调。将形而上学视为**欲望**,就是将存在的发生——产生**欲望**的欲望——理解为善良,理解为对幸福的超逾;就是将存在的发生理解为为他人而在。

然而,"为他人而在"并非是对陷入普遍之中的**自我**的否定。普遍法则本身以面对面的状况为参照,这种面对面的状况拒绝任何从外部进行"取景"。说普遍性参照面对面的状况,这就是反对(与整个哲学传统相反)存在作为某种全景而发生、作为某种共存而发生,面对面会成为这种共存的一种模态。整个这部书都反对这样一种理解。面对面并不是共存的一种模态,甚至也不是一项所能拥有的关于另一项的知识(其本身是全景性的)的一种模态,而是存在的原初发生,关系项的所有可能组合都要回溯到存在的这一原初发生。第三者——它在面容内是不可避免的——的启示,只通过面容出现。善良并不是在某个以全景方式呈现出来的集体之匿名状态上流露出来,以便消失在这种匿名状态中。善良所涉及的是一种在面容中启示出来的存在者;但也正因此,善良并不拥有无始的永恒。它有一个原则、本原,它出自一个自我,它是主体性的。善良既不以那些铭刻在某种特殊存在者——它显示出善良——之性质中的原则为指南(因为如果这样的话,善良就仍

然会是出于普遍性而非是对面容的回应),也不以那些铭刻在**国家法典**中的原则为指南。善良乃在于前往这样一种地方:任何照亮一切、亦即全景性的思想都不会先行到此,善良就是前往其不知所往之处。作为在一种源始冒失中的绝对冒险,善良乃是超越本身。超越乃一自我的超越。只有自我才能回应面容的指令。

自我因此被保存于善良之中,而它对体系的反抗并不表现为克尔凯戈尔的主体性那种自我主义式的呼叫,这种主体性仍然忧虑于((它自己的)幸福或得救。把存在视为**欲望**,就是同时排斥孤立主体的存在论和在历史内实现自己的非人格理性的存在论。

将存在视为**欲望**和善良,并不是要先将自我孤立起来,好似这个自我随后会追求某种彼岸。这是在肯定:从内部掌握自己——把自己作为自我产生出来——乃是由那已经转向外部的同一种姿态掌握自己,这一姿态之转向外部乃是为了向外倾注(extra-verser),为了显示(manifester)——为了回应其所掌握者——为了表达;这是在肯定:成为有意识的已经是语言;是在肯定:语言的本质则是善良,或者说,语言的本质是友爱和好客。**他者**并不像黑格尔会认为的那样是对**同一**的否定。**同一**与**他者**在存在论上的分裂这一基本事实,乃是**同一**与**他者**的非排斥性的关联。

超越或善良作为多元论发生。存在的多元论并不是作为一种在可能的观看之前展开的星座的多数性而产生出来,因为这样一来,这种多数性就会被总体化,就会重新消融于实体之中。多元论在从自我出发而达于他者的善良之中实现出来;唯有在此善良中,那作为绝对他者的他者才可以产生出来,同时不存在这样的事情:一种对此运动的所谓侧视(une vue latérale)⑨会拥有某种在这一运动中掌握某种真理的权利,这种真理要高于那在善良本身中发生的真理。如果不是通过言辞(善良即发生于其中)而永远留在外面,我们就进入不了这种多元论的社会关联;但我们并不是仅仅为了在(社会关联)内部观看自己而走出社

---

⑨ "所谓侧视",即指那种超出从自我走向他人的善良,置身这种善良之外,从一个外部视角出发,从侧面横向地统观这一面对面的善良运动。——中译注

会关联。多元性的统一是和平,而不是构成多元性之成分的融贯一致。和平因此不等同于斗争的终结,斗争的结束是由于没了斗争者,是由于胜败已定,就是说,是由于一切都归于死寂,或未来成了普遍王国。和平应是我的和平,它存在于一种从自我出发而走向**他者**的关系之中,存在于欲望和善良中;在欲望与善良中,自我既维持着自己又不带自我主义地实存着。和平从一个自我出发得到设想,这个自我确保道德与现实的汇合,就是说,确保无限时间,后者通过生育而就是这个自我的时间。在真理于其中被陈述出来的审判面前,依然会有人格性的自我持留下来,此审判将从这个自我的外部到来;它不是来自某种非人格的理性,这理性用诡计欺骗人(格),并在他们的缺席中进行宣判。

  自我在其中通过将其主体性道德置入其生育的无限时间从而处于真理之前这样的处境——情欲的瞬间与父子关系的无限在其中结合为一的处境——在家庭的奇迹中具体化了。家庭不单是来源于一种对动物性的理性治理,也不单标志着通往**国家**之匿名普遍性的一个阶段。它在**国家**之外自我认同,尽管**国家**给它保留某种界线。作为人的时间的源泉,家庭让主体性置身于审判之下的同时又保持说话。它是一种在形而上学上不可避免的结构,**国家**既不能像在柏拉图那里那样开除它,也不能像在黑格尔那里一样让它存在,以便使它自行消失。生育的生物学结构并不局限于生物学的事实。在生育的生物学事实中,通常意义上的生育的轮廓被勾画为人与人、**自我**与自身的关系,它与**国家**的组成结构不同,它是这样一种现实之物的轮廓:这种现实之物既不像工具那样从属于**国家**,也尤其不代表**国家**的一种被化约了的范例。

  在那生活于生育之无限时间内的主体的对立面,端坐着**国家**以其阳刚的德性所产生的孤立的和英雄式的存在者。它以纯粹的勇气走近死亡,而根本不管为何而死。它承担起有限的时间,承担起死亡—终结或死亡—过渡,后者并不中止那永不中断的存在之连续性。英雄式的实存和孤立的灵魂,能够通过为自己寻找永生来获得拯救;这就好像它的主体性通过在一种连续的时间中返回自身而能够避免反对自身,就好像同一性本身在这种连续的时间内并不被确立为某种纠缠,就好像在那于千变万化中仍持续着的同一性之内,"烦闷,这一拥有不朽范围的忧愁无趣的果实"⑩一直不曾胜出。

---

⑩ 此为波德莱尔(Baudelaire)《恶之花》"忧郁"(Spleen)中的一句诗。原诗为"l'ennui, fruit de la morne incuriosité qui prend les proportions de l'immortalité"。在郭宏安的中译本《恶之花》中该句被译为"烦闷,这忧愁无趣生出的果实/就具有了永生那样的无边无际。"(见波德莱尔:《恶之花》,郭宏安译,广西师范大学出版社,2002年,第271页)。此处因上下文语法搭配需要而对译文有所调整。——中译注

术语对照表

acte 行为,(实现)活动,现实
action 行动
activité 活动,行动,主动性
actualisation 现时化
actuel 现时的,现时之物
adéquation 相即(性)
affection 感受
affectivité 感受性
affirmer, affirmation 肯定,断言
agrément 认可
aimé 爱人,被爱者
aliéner 异化
aliment 食品
alimentation 进食
s'alimenter 进食
allergie 排异反应
altération 变异
alterite 他异性
amant 爱者(复数:"相爱者")
âme 灵魂
ambiguïté 两可,两可性
ambivalence 二值性,双重性
amitié 友爱
amorphe 无形的
amour 爱

anarchie(anarchique) 无端(无端的)
angoisse 焦虑
anonymat 匿名性,匿名状态
apeiron 无定性
apologie 申辩
apostasie 背弃
apparaire(apparition) 显现
apparence 外表
appropriation 居有活动,居有
arbitraire 任意的,任意性
articulation 关联,环节
aspiration 渴望
asservir, asservissement 奴役
assister à 参加,出席
assistance 到场
assumer (主动)承担、接受
as-sociation 连一结
l'ataraxie 不动心
athéisme 非神论
attention 关注
au delà 超逾
l'au-dela 彼岸,超逾(处)
authenticité 本真性
autochtone 本土(性)的
autonome 自治的

autonomie　自治
autre　他者
autrui　他人
avatar　化身
avenir　将来
besoin　需要
Bien　善,财产
bienveillance　善意
bipolarité　两极性
bon　善
bonheur　幸福
la "bonne intention"　"好意"
bonté　善良
canon　法则
capacité　能力(所及)
caresse　抚爱
carpe diem　享受当下
cause efficiente　动力因
cause finale　目的因
causa sui　自因
centripète　向心性的
certitude　确定性
chair　身体
chance　机运
charnel　肉体
chez soi　居家,在家,家,与自身在一起
chute　跌落,堕落
clair　清楚的
clarté　光明,清楚性
clandestinité　隐秘性
cogitation　思

cohéherence　融贯性
cohérent　融贯(一致)的
coincidence　符合,一致
Commandement　命令,支配
commencement　开端
commerce　商业
communauté　共同体
communication　交往,交流
communion　相通
compassion　同情
compatir　同情,感同身受
se complaire　满意,心满意足
complaisance　满意,心满意足
compréhension, comprendre, comprise　统握,理解
conception　构想,设想,概念把握,孕育
concevoir　构想,设想
concupiscence　色欲
conditionnement　受制约性,制约作用
confirmer　证实
conjecture　推测
connaissance　知识,认识
connaitre　认识
consentement　认同
consommer　食用
contempler, contemplation　观照/沉思
contentement　满足(状态),满意
contenu affectif　感受性内容
contenu représentatif　表象性内容
contexte　语境
contraction　收缩

contradiction 矛盾	dire 言说
corps 身体	discours 话语
corporéité 身体性	distinct 分明
créateur 造物主、创造者	dit 所说
créature 受造物,创造物	divin 神圣(的)
culpabilité 有罪	divers 多样性
cynisme 犬儒主义	diversité 多样性
déborder 溢出	domicile 住所
déchirement 分裂	domination 统治
déchéance 沉沦,失效	don 馈赠
découvre 揭蔽,揭示	donation 赠予
dé-couvre 揭—蔽	donné(e) 所与物
le découvert 被揭蔽者	donnée 材料,已知物
la découverte 去蔽	douceur 柔和
délire 迷狂	droiture 率直
démesure 过度(者)	durée 绵延
demeure 居所,栖居	dynamisme 潜能
demeurer 栖居	écart 间距
démiurgique 创造主的	économie 经济、家政
démon 神灵	ego 自我
dénuement 贫乏	égoïsme 自我主义
dépasser 越出,越过	égoïté 自我性
dépaysement 无家可归	élection 拣选
désintéress 无利害的	élément 元素
désintéressement 无利害,无私	élémental, élemental 元素的,基元
desire 欲望	éloignement 疏离
déterminisme 决定论	émanation 流溢
dévoiler, dévoilement 解蔽	éminent 卓越的
devoir 义务	empirie 经验
diachronie 历时性	emprise 控制
Dieu 上帝,神	én-ergie 实现(亚里士多德意义上)
differentiam specificam 种差	énergie 能量

énigme　谜
enseignement　教导
entendement　知性
entité infinie　无限的实体
épiphanie　临显
épiphénomène　副现象
eros　爱欲
érotique　爱欲(性)的,情色的;爱欲性事物
érotisme　情欲
errance　迷途
erreur　谬误
espace　空间
espèce　种
essence　本质,实质
étant　存在者
Etat　国家
étendue　外延,延展,广延
éther　以太
éthique　伦理学,伦理,伦理的
étonnement　惊异
étranger　陌异的;陌生者,陌生人
étrangeté　陌异性
être　存在,存在者
être contre la mort　逆死而在
être pour autrui　为他人而在
être pour la mort　向死而在
évasion　逃避
éventualité　可能性
s'évertuer　竭力进行
évidence　明见性
exaltation　提高,提升

exceptionnel　例外的
exhibition　展示
exhibitionisme　裸露癖
exil　流放
existence　实存
l'exister　实存
exorbitant　过度的,越界的
s'exposer　展露自身
expositon　展露
expression　表达
extase　忘我,绽出
extatique　忘我的
extraterritorialité　治外法权
façade　外观
face　面孔,面
face à face　面对面
faim　饥饿
familiarité　亲熟性
famille　家庭
fatigue　疲乏
fatalité　命定(性)
fécondité　生育
féminin　女性
féminité　女性状态
fidélité　忠实
filialité　子亲关系
fils　儿子
fin　终结,终点,目的
finalité　合目的性,最终目的
finalisme　目的论
fini　有限
finition　终结

finitude	有限性	Idealisme	观念论,唯心论
fondation	奠基	Ideatum	所观念化者
fondement	根据	Idee	观念,理念
fonder	奠基	l'idée de l'infini	无限观念
fraternité	兄弟关系(**博爱**)	identité	同一性
future	未来	idolâtrie	偶像崇拜
génerosité	慷慨	illimité	不受限制
génialité	天赋	Illeity	他性
génie	守护神	illusion	幻觉
genre(genesim ou genus)	属	il y a	有
germe	胚胎	image	图像
gnose	真知,诺斯	Immanence	内在性
gratuité	无据状态	impératif	命令
guerre	战争	impérialisme	帝国主义
habitation	居住	impersonnalité	非人格性
haine	憎恨	impersonnel	非人格的
harmonie préétablie	先定和谐	incarnation	肉身化
Hauteur	高度,高	incarnée	肉身化的
hégémonie	霸权	inconditionné	无条件的
hétérogénéité	异质性	indéfini	未被界定的;未被界定者
hétéronome	他律的	indétermination	不定性
hétéronomie	他律	indicible	难以言说的(者)
heureux	幸福的,愉悦的	indigence	匮乏
heurt	冲突	indignité	可耻
heurter	触犯	indiscret	泄露性的
honte	羞愧	indiscrétion	泄露
horizon	视域,境域	individuel	个体的,个体之物
hospitalité	好客	individualité	个体性
hostil	敌对的,敌意的	individuation	个体化
humiliation	屈辱	individu	个体
humain	人,人类性的	indulgence	宽容
humilité	谦卑	ineffable	难以言传的

inégalité 不平等
inexorable 无可逃避的
infini 无限
infinité 无限性
infinition 无限化
informe 无定形者
infrastructure 底层结构
inhumanité 非人道
initial 最初的
initiative 创始(性),肇始之物,主动性
injuste 非正义的
injustice 非正义
inquiétude 不安
insécurité 不稳靠性
insensibiliser 麻木不仁
insomnie 失眠
inspiration 感召
installation 定居
intellect 理智
intellect active 能动的理智
intellectualisme 理智主义
Intelligence 理解,智性,智性之物
intelligibilité 可理解性
intelligible 可理解的,可理解者,智性的
interdiction 禁令
interhumain 人与人之间的(关系)
interlocuteur 对话者
intermédiaire 中间物,中间项
interpellation 呼唤
interprétation 阐释

interrogation 讯问
intervalle 间隔
intime 内心的,私密的
intimité 内部性,私密性,惬意
intuition 直观
intuition intellectuelle 理智直观
inversion 颠倒
investir 向(或对)……授权
investiture 授权
invoquer 祈求,呼告
ipséité 自我性
ipso facto 根据这一事实
isolement 隔离
jouissance 享受
jugement 审判
juger 判断,审判
juridiction 裁决
justice 正义
justifier 辩护
καθ'αὑτό 据其自身
langage 语言
langue 言语
lascif 色情的
lendemain 未来
lieu 处所,位置
limite 界限
limitation 限制
loi 法则
lumière 光
lutte 斗争
maïeutique 助产术
maison 家

maître	老师,主人	naïveté	素朴(性)
maîtrise	支配性,掌控	néant	虚无
majesté	庄严	neutre	中性(之)物,中性状态
mal	不幸,恶	noème	意向相关项
malin génie	恶魔	nominalisme	唯名论
malveillance	恶意	non-conditionné	不受制约的
manifester, manifestation	显示	noumène	本体
matière	质料,题材	nourrir	维持,喂养,滋养
mécansime	机械论,机械机构,机制	se nourrir	吸取营养
médiation	中介化	se nourrir de	沉湎于
le métaphysicien	形而上学者	nourriture	食物,吸取营养
le métaphysique	形而上者	nudité	赤裸,裸露,裸体
meubles	动产	nulle part	无处
meurtre	谋杀	numinaux	守护神的,超自然的
milieu	环境	obéissance	顺从
misère	不幸的,赤贫的	objectivant	客体化的(行为、意向性),客观化的,对象化的
modalité	模态		
mode	模式	objectivation	客观化,客体化;对象化
modèle	典范	objectivité	客观性,对象性
moi	自我,我	objet	对象,客体
moment	瞬间,环节	obligation	义务
monade	单子	obscène	淫秽
monologue	独白	obscurité	晦暗(性),黑暗
monothéisme	唯一神论	oeuvre	工作,作为,作品,成就
morale	道德	oeuvrer	工作
moralité	道德	offense	冒犯
mortalité	必死性	offrir	呈交,提供
mortel	必死的,必死	optique	看法
mot	语词	original	本原的,独特的
multiplicité	多数性,复多性	originalité	本原性,独特性
mystère	神秘	origine	本原,起源
mythe	神话,神秘,迷思	originel	原初的

pacifique 和平的
panoramique 全景(式)的
panthéisme 泛神论
paradoxe 悖论
par-delà 超出
par-delà qch. ……之外,超出于……(之外)
parenté 亲属关系
parfait 完善
parler 说话
parole 言辞,话,说话
participation 参与,分有
particularité 特殊性
particulier 特殊的
passion 激情、爱情
passivité 被动性
la patence 开显
paternité 父子关系
patience 忍耐
patrie 祖国
pauvre 穷人
pauvreté 贫困,贫乏
péché 罪恶
pédagogie 教育
peine 痛苦
perception 感知
perennité 永久
perfection 完美
permanence 持久性,持存性
personne 人格
pessimisme 悲观主义
peur 害怕

philologie 语文学
physiologiste 生理学家
physique 物理学,(le-)身体,
pitié 恻隐
plaisir 愉快,快乐
plénitude 完满,充实性
pluralisme 多元论,多元制
pluralité 复数,多元性,
position 安置,位置,放置
possession 占有
pouvoir 权力,权能
prendre, prise 把握
présence 呈现,在场,当前,出席
présent 当前(的),在场(的)
présentation 呈现,当前化
présenter 呈现
présupposer 预设,以……为前提
primat 首要性
primitif 原始的
primordial 原真的,源始的
principe 原则,本原
priorité 优先性
prise 把握
privation 缺乏,失去
privilège 优先权,优先性
problème 疑难
prochain 邻人
profaner, profanation 亵渎
projection 筹划
propagande 宣传
proposition 陈述,呈示活动
propre 本己的;自己的

le propre	特性，专有之物	regarder	注视
propriété	所有权，所有物，性质	réification	物化
protestation	抗议	relation	关系
prototype	原型	réminiscence	回忆
provoquer	激发	remplir	充实
proximité	临近，亲近性	renouvellement	更新
prudence	明智	repli	后撤
psychanalyse	精神分析	se reprend, la reprise	（得到）恢复。
psychique	心灵（的）	représentation	表象
psychisme	心灵现象	résidu	剩余物
pudeur	羞耻	résignation	屈从
puissance	强力，潜能	résistance	抵抗，抵制
qualification	定性	respect	尊敬，敬重
qualité	性质，质	responsabilité	责任
quid	什么	restauration	复原
quiddité	本质	résurrection	复活
racheter	补救	retrait	回撤
radicalisme	激进主义	révélation	启示，揭示
raison	理性	révéler	启示，揭示
raisonnable	理性的	révolution	革命
raisonnement	推理	rupture	破裂
rapport	关联	sacré	圣物
rationalité	合理性	sainteté	圣洁
réalité	现实（性），实在性	saisie	掌有
réciprocité	相互性	saisir	掌握
réciproque	对应的（物），相互的	salto mortale	致死的一跃
réconciliation	和解	satiété	饱足
reconnaître	承认	satisfaction	满足
recours	求援	savoir	知，知道，知识
recueillement	自身聚集，聚集自身	se-	自己
se recueillir	自身聚集	sécurité	稳靠（性）
regard	目光，注视	seigneur	主宰者

séjour 逗留	solitude 孤独,寂静,独群索居
sénescence 老化	sollicitation 恳求,刺激
sens 意义,感官	sommer/summation 敦促
sensation 感觉	souci 操心
sensée 有意义的,富有意义的	souffrance 受苦,痛苦
sensible 感性的	soumission 顺从
sensibilité 感性	soupçonner 疑惑
le sentant 感觉者	souvenir 回忆
le senti 被感觉者	souverain 至高无上的
sentiment 感情	souveraineté 主权,至高权力,君权
sentir 感觉活动,感受活动	spécification 规定
séparation 分离	spécificité 特性
séparé (与……)分离的,(从……)分离开的	spectacle 景象
servitude 侍奉,受奴役	spiritualism 唯灵论
sexualité 性欲	spirituel 精神之物
(se)signaler 示意	spontanéité 自发性
signifiance 有所表示	subjectivité 主体性
signifiant 能指,表示者,意指者	sublimation 升华
signification 表示、含义	sublime 崇高
signifié 所指,被意指者	substance 实体
signifier (进行)表示,意指	substantialité 实体性
sincérité 真诚	substitution 替代
singularité 个别的,个别性,独特性	suffisance 自足
singulier 个别的,独特的	supériorité 至上性
situation 处境,情境	supposer 设定,预设
socialité 社会性	suprématie 最高权利
société 社会、社会关联	suppression 消除
soi 自身	surplus 盈余
solide 固体,坚固之物	survivant 尚存者
solidité 坚实性	suspension 悬搁、悬置
solitaire 孤独的	symbole 象征
	symboliser 象征

symbolisme 象征体系(符号体系);象征表示(符号表示)
sympathie 共感
synoptique 概观的
taedium vitae 厌世
tautologie 重言式
terrestre 人间的
tiers 第三者
Toi 你,汝
toucher 触摸
Tout 全体,大全
trace 踪迹
transcendant 超越的,超越者
transcendantal 先验的
transcendence 超越
trans-substatiation 实体转化
traumatisme 创伤
travail 劳动
Très-Haut 至高者
tuer 杀死
typologie 类型学
tyrannie 专制
ultramatérialité 超物质性
unicité 唯一性
unité 统一、统一体、统一性、单位
univers 天地万物
universel 普遍的,普遍之物,普遍
univocité 单义性,一义性
usage 使用,用途
ustensile 用具
valeur 价值
valorisation 价值提升
vécu 体验

verbe 言词
verbal 口头的
verbalisme 言词主义
verbaux signes 口头符号
véracité 诚实
verdict 判决
véridique 诚实的
vertige 眩晕
vertu 德能,德性
vice 邪恶
vide 空乏,虚空
vieillesse 衰老
vierge 童贞女
violable 可侵犯的
violence 暴力
violenter 强暴
violer 侵犯
virginité 贞洁
virtualité 潜在性
visage 面容
vis-à-vis 面对面
vision 视见,观看,视觉,景象
vivre 过(生活),体验
vivre de… 享用
vocatif 呼告
voisinage 邻近关系
volontaire 意志的
volonté 意志
volupté 快感
vouloir 意愿
vulnérabilité 可伤害性
whole 整体

专有名词对照表

Aristophane　阿里斯托芬
Aristote　亚里士多德
Augustin　奥古斯丁
Baudelaire　波德莱尔
Bergson　柏格森
Berkeley　贝克莱
Blanchot　布朗肖
Boutroux　布特鲁
Brunschvicg　布伦士维格
Buber, Matin　马丁·布伯
Caïn　该隐
Cohen, Hermann　赫尔曼·柯亨
Cratyle　克拉底鲁
Descartes　笛卡尔
Deucalion　丢卡利翁
de Waelhens　德维尔汉
Durkheim　涂尔干
Poë, Edgar　埃德加·爱伦·坡
Feuerbach　费尔巴哈
Freud　弗洛伊德
Glaucon　格老孔
Goethe　歌德
Gygès　古各斯
Hegel　黑格尔
Heidegger　海德格尔
Héraclite　赫拉克利特

Husserl　胡塞尔
Jankélévitch　扬凯列维奇
Kierkegaard　克尔凯戈尔
Leibnitz　莱布尼兹
Levy-Bruhl　列维-布留尔
Macbeth　麦克白
Marcel　马塞尔
Merleau-Ponty　梅洛-庞蒂
Montaigne　蒙田
Parménide　巴门尼德
Pascal　帕斯卡尔
Platon　柏拉图
Plotin　普罗提诺
Pouchkine　普希金
Prométhée　普罗米修斯
Protée　普罗透斯
Proust　普鲁斯特
Pygmalion　皮格马利翁
Rosenzweig　罗森茨威格
Sganarelle　斯加纳列尔
Shakespeare　莎士比亚
Spinoza　斯宾诺莎
Socrate　苏格拉底
Thrasymaque　塞拉西马柯
Yochanan　约沙南

译后记

列维纳斯的哲学在当代法国哲学中独树一帜。无疑,他的哲学处于巨大的争论之中。你可以不同意他的观点,却无法忽视他在当代法国哲学中的深远影响。是他以现象学或希腊的方式,把犹太文化的一些基本经验转渡到哲学之中,转渡到现象学之中。由此不仅造成了哲学讨论主题在他那里——当然远不止在他那里——的转变、更新与丰富,而且也造成了哲学言说方式的某种变异。不夸张地说,如果没有他,也许就没有所谓的现象学的神学转向,也不会有后来所谓解构主义的伦理学转向。马里翁曾说他是法国自柏格森以来最伟大的哲学家,而且是第一个试图摆脱其思想渊源(海德格尔哲学)的哲学家。此语或许会有许多人不同意,但无论如何,他对于存在论的批判和他关于他者的现象学与伦理学已在更为广泛的社会与人文科学领域产生深刻影响,并因此已跻身当代法国最重要的哲学家和现象学家的行列。然而就是这样一位哲学家,他的代表作《总体与无限》却始终没有被翻译为中文,这不能不说是汉语现象学界和法国哲学研究界的遗憾。希望这本译著的出版能多少弥补这个遗憾。附录《从"多元"到"无端"》是笔者自己对列维纳斯哲学的理解,有兴趣的读者可以参考。

但说到这里,译者心中更多的却是惶恐。因为列维纳斯著作的难读、难解也是众所周知的。有人不无夸张地将他的《总体与无限》称为"有字之天书"。译者翻译这本书遭遇到的困难主要有三方面:首先,书中涉及许多背景知识,如犹太教方面的,欧洲文学方面的,等等——所有这些,有的列维纳斯给出了注释,但更多的却没有。这个给笔者的翻译造成了相当大的困难。其次,这本书具体论述中的内在思路非常难以把握;很多句子都是名词性的,连谓语动词都没有,更不要说提示上下文之间思想联系的连接词了。这种表达方式读起来很享受,像读诗,但翻译起来却备受折磨:总得把它内在思路、内在思想关系弄清楚才能翻译出来,否则以己之昏昏怎能使人昭昭?这是译者面临的最大困扰,也是最易出错之处。第三个困难是译名的确定。列维纳斯讨论的许多主题都是传统哲学不怎么讨论的,即使是一些传统哲学概念,他往往也旧词新用。所以许多译名没有前例可循,译者在确定译名时也颇费周折。好在国内对列维纳斯的研究已有经年,笔者在翻译时也尽可能参考了既有的研究成果以及相关译名。我们在译文后附了一份译名对照表,可供读者参考。

此外,为了弥补部分译文的语气不足,译者会在相应地方用( )增加一些文字,这些文字用楷体表示,以示区别。有的词语用一个译法难以准确、完整地传递出其意思,我们也会用( )提供补充的译法,用圆体表示,请读者留意。

由于上述的以及其他一些困难,译文肯定存在着许多不当和错误。每一位读者都是教师:在此还请读者诸君不吝赐教,以利有机会修订再版。在此先行致谢!

在此也可以提一下 Levinas 这一姓氏的中译:目前汉语学界主要有"勒维纳斯""列维纳斯"和"莱维纳斯"三种译法。译者自己以前一直习惯于译为"勒维纳斯"。此书译稿初成后,译者曾发给国内 Levinas 研究专家请他/她们指正。其中友人王恒教授和刘文瑾女士不约而同给本人回信,建议改为"列维纳斯"的译法。王恒的理由是:他曾当面请教过一个立陶宛人,据说"列维纳斯"更接近他们的发音。此外,王恒和刘文瑾还都指出港台学者大多用"列维纳斯"译法。有鉴于此,译者决定还是改为"列维纳斯",以便交流和沟通。

本书的翻译是根据 Martinus Nijhoff 出版社 1971 年的第四版(1984年第四次印刷)。在翻译过程中参考了英译本和德译本,其中尤其是德译本给译者帮助巨大:它不仅用严谨的德语表达方式把法文原版中一些难解的语句表达得更清楚了,而且在附录中还提供了一份对法文原版的勘误——而据德译者的说明,他的这份勘误是经过列维纳斯的首肯的。这解决了译者的许多困惑;因为在没接触到这份勘误之前,笔者对其中有些地方也确实是百思不得其解。现在在我们的译文中,我们已根据德译本勘误对有关地方做了订正,并在注释中给出了说明。

最后要对一些给译者的翻译工作以具体帮助的人表示感谢:

感谢巴黎第十大学列维纳斯研究专家 C. Chalier 教授,她不仅在译者于巴黎十大随她做访问研究时给予译者以热情的帮助和指导,还曾通过邮件和面谈给译者解答了许多翻译中的困惑;

感谢中山大学哲学系的倪梁康教授,他一直给我的科研工作以大力支持;

感谢友人伍晓明教授,本书的部分章节曾承其校对;

感谢我的同事梅谦立教授、郝亿春副教授和江璐老师,他/她们或曾给译者指出过一些翻译上的问题,或曾给译者解答了一些语言上的疑难;

感谢国内研究列维纳斯哲学的老师和同行们,他/她们对于列维纳斯的精深研究给译者的翻译提供了很多借鉴和帮助;

感谢参加我的"《总体与无限》讨论班"的同学们,译者从他/她们的热情参与和激烈讨论甚至争论中受益良多。由于几年来有太多的同学参与,请恕不一一列举他/她们的名字。

译稿完成后曾请刘晓、周磊、张荔君、王光耀、林东明、王大帅、周轩宇等同学通读校对,他/她们都不同程度地指出译文中存在的许多疏漏与错误,在此也要对他/她们表示诚挚的感谢。

也要感谢北京大学出版社为购买此书版权所付出的努力,尤其要感谢田炜女士为此书的编辑、校对和出版所付出的耐心与辛劳。

最后要感谢但又难以感谢的是我的家人,我的妻子和孩子——对于我来说,她们永远是总体之外的无限与未来,是无端世界中的开端与意义源头……

附 录

从"多元"到"无端"
——理解列维纳斯哲学的一条线索

每个哲学家都有至少一个属于他自己的主导问题。

列维纳斯哲学的主导问题是什么?

英国学者柯林·戴维斯在其所著《列维纳斯》开篇即说:"伊曼纽尔·列维纳斯的思想为一种简单而又影响深远的观念所支配:西方哲学始终在实行对他者的压制。"①然而,西方哲学如何压制他者?回答这一问题同样不难:以其总体性和同一化思维及其构造出来的各种同一性总体——国家、历史、民族、种属、概念等等②——压制他者。所以我们可以如其他研究者一样毫不困难地指出,列维纳斯的哲学就是与这样一种西方哲学进行抗争,与西方哲学的总体性、同一化思维进行抗争,抗争其对他者的压制,以解放他者、拯救他者。进而人们还会提出这样的问题:批判西方哲学的总体性、同一化思维容易,然则在批判之后,又如何拯救他者?如何把他者作为他者来对待,以维护和尊重他者的他异性?回答是:通过伦理!所以列维纳斯说:伦理学是第一哲学。③在我们与绝对他者或他人的关系中,伦理先于存在。然而问题仍然存在:难道传统西方哲学竟一直没有以伦理的方式对待他人?比

---

① 柯林·戴维斯:《列维纳斯》,李瑞华译,江苏人民出版社,2006年,第1页。
② 参见 Levinas, *Totalité et Infini*, *essai sur l' extériorité*, Martinus Nijhoff Publishers, the Hague/Boston/Lancaster, 1961/1971, "Préface(前言)"部分。
③ 参见 Levinas, *Éthique comme philosophie première*, Préfacé et annoté par Jacques Rolland, Éditions Payot & Rivages, 1998。

如康德,难道没有已经提出要把人当作目的而非手段？当然有。那么列维纳斯为何仍不满于传统西方哲学？这是因为,在他看来,传统西方哲学虽然也强调以伦理的方式对待他人,但多数情况下没有把与他人的伦理关系视为与他人最优先的关系、第一性的关系,而往往是把存在关系、认识关系视为第一性的,因此传统西方哲学往往把存在论视为第一哲学。其次,在列维纳斯看来,即使有的哲学家如康德,把尊重人视为首要,强调要把人视为目的而不只是手段,但这种哲学对待他人的方式仍是总体性的、同一化的,因而最终仍会把他人的他异性抹消,从而构成对他者的压制与暴力。

所以问题不仅在于批判西方哲学的总体化和同一化思维方式,不仅在于揭露总体性对他异性的压制,更在于揭示这种总体化和同一化思维的根源何在？总体化究竟是如何可能的？唯有揭示出这一点,并解构这一点,才能最终解放他者、拯救他人。

然则这一根源何在？笔者认为,就在于传统西方哲学中根深蒂固的一元开端论。所谓一元开端论,指的是传统西方哲学中这样一种思想:即认为世界(或世界的任何领域,包括哲学思考本身)总有一个而且只有一个最终的开端—本原—原则(arche, origin, principle),哲学的基本任务就是对这个最终的开端—本原—原则的追寻。而 arche 这个希腊词不仅有开端—本原—原则之义,同时也有支配和统治之义。因此,一旦追寻到这个最终的开端—本原—原则,就不仅拥有了解释世界的最终根据,而且也就拥有了据以统治世界(包括他者、他人)的最终权杖。进而,从这个最终本原、根据、开端出发,人们就可以把一切理解为一个奠基于唯一原则之上的总体,一个至大无外、无所不包的总体。比如,我的视域构成一个总体,那是因为我的视域是以我为本原或根据的,视域内的一切都是由我出发、被我构成的,所以在我的视域内就没有他异性,没有绝对的他者。又如,任何存在者作为存在者都属于存在的总体,那是因为自古希腊以来,存在就一直被理解为最终的本原、根据和原则:"从哲学开端以来,并且凭借于这一开端,存在者之存在就把自身显示为根据【arche（本原）,aition（原因）,Prinzip（原理、原则）】"。④

所以,任何总体——无论是历史、国家还是存在——之所以为总体,都是因为它有这样一个唯一的本原、原则、开端,古希腊人从哲学的诞生之初就追寻、而且哲学之为哲学始终在追寻的那个 arche。由此就导致了一种我称之为"一元—总体"的思维机制。

在西方哲学的两千年历程中,虽偶有多元开端论闪现其中,但这种一元开端论以及由此导致的"一元—总体"的思维机制,一直是传统西方哲学的主流。也正因为这种一元开端论始终支配着传统西方哲学,所以在西方哲学中,绝对他者、他人,从根本上、从开端处、从本原处,就是被排斥的,就没有立足之地,更遑论被尊重、被维护了。他异性,对于西方哲学来说,对于"一元—总体"的思维机制来说,其实一直是一个要被还原、要被消除的丑闻。

也因此,要想彻底拯救绝对他者,尊重他人的他异性,就不仅要消解各种总体,更要去解构那使得总体得以可能的前提:一元开端论的思维模式。亦即,对总体的解构要深化到对一元开端论的解构。唯有这样,他者才可能,真正的多元（pluralité）才可能,多样性（multiplicité）才可能。而正是这一解构,在笔者看来,构成了列维纳斯哲学的最终任务。所以,如果要冒简单化的危险给列维纳斯的哲学规定一个主导问题,那么我们不妨可以说,这一问题就是:如何解构"一元—总体",以拯救绝对他者?然则如何解构呢?综观列维纳斯的前后期哲学,我们可以发现,其解构的策略则经历了从"多元"到"无端"这样一个逐步深化的过程:在以《总体与无限》为代表的前期哲学中,列维纳斯诉诸的是"多元论"（pluralisme）,以多元来消解传统哲学的一元;而在以《别于存在或超逾去在》为代表的后期哲学中,列维纳斯则是诉诸"无端学"（an-archéologie）,以"无端"来解构"开端"。

在以《总体与无限》为核心的前期思想中,列维纳斯是通过对传统西方哲学中之本原、开端、原则的"唯一性"或"一元性"的解构——而

---

④ 海德格尔:《面向思的事情》,孙周兴译,商务印书馆,1999年,第68页。

不是通过对开端本身的解构——来解构"一元开端论"及其造成的各种"总体"。如何解构开端的"唯一性"或"一元性"？通过"多元性"或"多元论"。即，确立每一个存在者的独一性，确立每一个自我的内在性和不可还原性（不可还原到任何一种总体上，无论是国家、人类、还是历史），把每一个自我、内在性、心灵、主体性都确立为新的起源或绝对的开端，建立起真正的多元性（多重开端），从而消解一元性，最终使总体破裂。

在这部著作中，列维纳斯把西方传统的存在论哲学视作一种总体哲学。他揭示出，这种哲学以作为总体（无论是作为理论体系的总体，还是作为历史或国家的总体）的存在为最终的意义来源，抹消作为个体的每一个人的意义与价值，同化、还原并最终消灭总体之外的他者。因此这种总体哲学充满了对于他者的暴力。与这种总体哲学相反，列维纳斯本人则通过对面容的现象学分析表明，在面容中呈现出来的他人标志着绝对的外在性，是真正的无限。如此这般的外在性不可还原为内在性。他进而证明，自我与他人的伦理关联既先于自我与他人的存在关系，也先于自我与对象的存在关系。在此意义上，伦理学先于存在论。该书最终表明，自我与他人之间的"与"标志着一种不可还原的非同一性，自我与他人的面对面是存在中的终极关系。因此哲学最终必然是"多元论"：世界的本原、开端是多元而非一元，是每一个表达着的自我。这多元之间，则通过作为主体性的善良而最终走向和平。《总体与无限》结语的最后一节"标题"即"存在作为善良——自我——多元论——和平"：由此可见，解构"一元—总体"，走向"多元和平"乃该书哲学的最终追求。

然而问题在于：多元之间，多重开端之间，必然会走向和平吗？当然并不必然！如果那作为诸开端、诸原则的每一个自我，以及他人，仍遵循着存在的利己主义法则，那么多元之间不仅不会走向很和平，甚至还会走向霍布斯所说的一切人反对一切人的战争！而这种可能性又的确存在：因为在《总体与无限》中，我对自我之权力－权利的质疑，是由他人的在场唤醒的。然而自我又如何可能因为他人的出场而必定对自己感到羞愧？如何可能在面对他人的召唤时必定会挺身而出说"我在此",从而为他人负责?如果我,就是不回应他的吁请,就是要谋杀,就是要把他还原掉:把他还原为中性的存在,还原为概念、表象,就是要把他的外在性消解掉,甚至把他的肉体直接抹去——如纳粹的大屠杀以及其他的屡屡发生的种族屠杀那样,你又能奈我何?因为我完全可以说:我干吗要回应他呢?干吗要为他负责?他人与我何干?是的,这正是列维纳斯要回应的问题:"他人与我何关?赫卡柏(Hécube)于我又算是什么人呢?我岂是看守我兄弟的吗?"⑤于是,问题就在于,这种对于他人的责任,是否在我的心灵中有其根据?是否在主体性本身中有其不可逃避的"先天的""条件"?这就是《总体与无限》留给列维纳斯的问题。如果不解决这个问题,那么即使他人、外在性、无限是可能的,我们仍然可以再一次把它们抹消。直面并深入这个问题,正是列维纳斯后期最重要的著作《别于存在或超逾去在》的任务所在。而列维纳斯对这个问题的探讨,又再一次把他引向了对一元开端论的解构。只是这一次的解构将更艰难,也更彻底。因为它不再是通过解构开端的"唯一性"或"一元性"、不再是通过确立"多元性"与"多元论"来解构"一元—总体",而是对"开端"本身的解构,是要展示出在任何开端之前早已有"无端"之维:那在存在论—自我学上找不到任何开端、因而毫无根据和理由的"无端"之维。这一维就是伦理,就是善良,就是自我对他人的替代……所有这些,从存在论和自我学上看都是"无端的",没有根据的。它别于存在、先于自我,它处在自我的"前史"之中,来自"不可记忆的过去"。

于是,列维纳斯对传统西方哲学中"一元—总体"思维机制的解构,就从确立"多元"走向展示"无端",从"多元论"走向"无端学"。由此出发,列维纳斯的哲学将对我们呈现出某种新的面相与意义。

(朱 刚)

---

⑤ Levinas: *Autrement qu'être ou au‑delà de l'essence*(《别于存在或超逾去在》), Martinus Nijhoff, La Haye, 1974, p.150.